Aktuelle Forschung Medizintechnik

Editor-in-Chief:
Th. M. Buzug, Lübeck, Deutschland

Unter den Zukunftstechnologien mit hohem Innovationspotenzial ist die Medizintechnik in Wissenschaft und Wirtschaft hervorragend aufgestellt, erzielt überdurchschnittliche Wachstumsraten und gilt als krisensichere Branche. Wesentliche Trends der Medizintechnik sind die Computerisierung, Miniaturisierung und Molekularisierung. Die Computerisierung stellt beispielsweise die Grundlage für die medizinische Bildgebung, Bildverarbeitung und bildgeführte Chirurgie dar. Die Miniaturisierung spielt bei intelligenten Implantaten, der minimalinvasiven Chirurgie, aber auch bei der Entwicklung von neuen nanostrukturierten Materialien eine wichtige Rolle in der Medizin. Die Molekularisierung ist unter anderem in der regenerativen Medizin, aber auch im Rahmen der sogenannten molekularen Bildgebung ein entscheidender Aspekt. Disziplinen übergreifend sind daher Querschnittstechnologien wie die Nano- und Mikrosystemtechnik, optische Technologien und Softwaresysteme von großem Interesse.

Diese Schriftenreihe für herausragende Dissertationen und Habilitationsschriften aus dem Themengebiet Medizintechnik spannt den Bogen vom Klinikingenieurwesen und der Medizinischen Informatik bis hin zur Medizinischen Physik, Biomedizintechnik und Medizinischen Ingenieurwissenschaft.

May Oehler

Interpolations-basierte Sinogrammrestauration zur Metallartefaktreduktion in der Computertomographie

May Oehler
Universität zu Lübeck, Deutschland

Dissertation Universität zu Lübeck, 2013

ISBN 978-3-658-06081-7 ISBN 978-3-658-06082-4 (eBook)
DOI 10.1007/978-3-658-06082-4

Die Deutsche Nationalbibliothek verzeichnet diese Publikation in der Deutschen Nationalbibliografie; detaillierte bibliografische Daten sind im Internet über http://dnb.d-nb.de abrufbar.

Springer Vieweg

Gedruckt auf säurefreiem und chlorfrei gebleichtem Papier

Springer Vieweg ist eine Marke von Springer DE. Springer DE ist Teil der Fachverlagsgruppe Springer Science+Business Media.
www.springer-vieweg.de

Vorwort des Reihenherausgebers

Das Werk *Interpolations-basierte Sinogrammrestauration zur Metallartefaktreduktion in der Computertomographie* von Dr. May Oehler ist der 13. Band der Reihe exzellenter Dissertationen des Forschungsbereiches Medizintechnik im Springer Vieweg Verlag. Die Arbeit von Dr. Oehler wurde durch einen hochrangigen wissenschaftlichen Beirat dieser Reihe ausgewählt. Springer Vieweg verfolgt mit dieser Reihe das Ziel, für den Bereich Medizintechnik eine Plattform für junge Wissenschaftlerinnen und Wissenschaftler zur Verfügung zu stellen, auf der ihre Ergebnisse schnell eine breite Öffentlichkeit erreichen. Autorinnen und Autoren von Dissertationen mit exzellentem Ergebnis können sich bei Interesse an einer Veröffentlichung ihrer Arbeit in dieser Reihe direkt an den Herausgeber wenden:

Prof. Dr. Thorsten M. Buzug
Reihenherausgeber Medizintechnik
Institut für Medizintechnik
Universität zu Lübeck
Ratzeburger Allee 160
23562 Lübeck
Web: www.imt.uni-luebeck.de
Email: buzug@imt.uni-luebeck.de

Geleitwort

Das vorliegende Buch von May Oehler behandelt einen wichtigen Aspekt der Computertomographie (CT), einem Verfahren der medizinischen Bildgebung, das heute aus der klinischen Routine nicht mehr wegzudenken ist. Diese neue Technik war in den siebziger Jahren des letzten Jahrhunderts ein enormer Schritt innerhalb der diagnostischen Möglichkeiten der Medizin.

Artefakte in der CT sind Bildfehler, die durch die Art der Rekonstruktion – das ist heute in der Praxis die gefilterte Rückprojektion (FBP) – oder durch den Einsatz spezieller Technologien oder Anordnungen bei der Messwerterfassung entstehen. Hierauf fokussiert May Oehler in ihrem Werk. Die Kenntnis der Ursachen von Artefakten ist die Voraussetzung für Gegenmaßnahmen. Diese Gegenmaßnahmen sind umso wichtiger, da es in der Natur der gefilterten Rückprojektion liegt, Artefakte über das gesamte Bild zu verschmieren und so den diagnostischen Wert des gesamten Bildes zu reduzieren oder ganz zu vernichten. Wenn Materialien mit hohen Schwächungskoeffizienten im zu untersuchenden Objekt vorhanden sind, dann ergeben sich starke streifenförmige Artefakte, die sich über das gesamte Bild ausbreiten. Dies ist typischerweise bei metallischen Implantaten wie z. B. künstlichen Hüftgelenken, aber auch schon bei Zahnfüllungen aus Amalgam der Fall. Insbesondere dann, wenn es aufgrund der Dicken der Materialien praktisch zu einer Totalabsorption der Röntgenstrahlung kommt, gehen sehr helle Streifen strahlenförmig von diesem Objekt aus, so dass das Bild diagnostisch unbrauchbar wird.

Das Buch von May Oehler behandelt die mathematische Ursache, also die Inkonsistenz der Projektionswerte, aus unterschiedlichen Richtungen. Die Artefakte gehen strahlenartig vom Metallgegenstand aus. Dies hat seine geometrische Ursache in der gefilterten Rückprojektion, die die fehlerhaften Werte über das gesamte Bild verschmiert. Da die physikalische Ursache immer im jeweiligen Strahlenweg der Rückprojektion unter den unterschiedlichen Winkeln liegt, erscheinen die Streifen strahlenförmig um diesen Ursprung. Wie mehrfach bereits erwähnt, kann die diagnostische Beurteilung dadurch erschwert werden bzw. in einigen Fällen nicht mehr durchführbar sein und im schlimmsten Fall zu einer Fehldiagnose führen. Aus diesem Grund besteht ein großes Interesse in der Reduktion der Metallartefakte.

Das Werk von May Oehler ist in vielerlei Hinsicht als herausragend zu beurteilen. Sprachlich schnörkellos in einwandfreiem Deutsch und mit hoher Präzision reihen sich Originalbeiträge in dieser Arbeit aneinander. May Oehler stellt hier ein Verfahren zur Metallartefaktreduktion vor, das neu ist und den Stand der Technik auf diesem Gebiet wesentlich verbessert.

Prof. Dr. Thorsten M. Buzug
Institut für Medizintechnik
Universität zu Lübeck

Danksagung

Mein besonderer Dank gilt an erster Stelle meinem Doktorvater Herrn Prof. Dr. Thorsten M. Buzug, dem ich für die freundliche Überlassung des hochinteressanten Themas danken möchte. Jederzeit gewährte er mir bei der Planung, Durchführung und Auswertung der vorliegenden Arbeit außerordentlich sachkundige, erfahrene und wertvolle Unterstützung. Seine wegweisenden und kreativen Ideen haben wesentlich zum Erstellen der Arbeit beigetragen. Nur seiner unermüdlichen Geduld und Beharrlichkeit ist die letztendliche Vollendung der Arbeit zu verdanken.

Des Weiteren möchte ich mich herzlich bei Prof. Dr. Heinz Handels bedanken für seine Bereitschaft, das Amt des Zweitgutachters zu übernehmen. Weiterhin möchte ich mich bei Prof. Dr. Dietrich Holz für seine immerwährende Unterstützung in meiner Zeit als wissenschaftliche Mitarbeiterin am RheinAhrCampus in Remagen bedanken. Ein besonderer Dank gilt Frau Bärbel Kratz und Frau Svitlana Ens für die vielen tollen Gespräche und anregenden Diskussionen. Herrn Prof. Dr. Ruhlmann und dem MC-Bonn danke ich für die Möglichkeit, die Aufnahme der CT-Daten des Torsophantoms durchführen zu können sowie für die Zurverfügungstellung der in dieser Arbeit verwendeten klinischen Datensätze. Dabei gilt mein besonderer Dank Frau Maria Kluge für die hervorragende Unterstützung bei der Aufnahme der Daten und ihre Bemühungen, die klinischen Datensätze herauszusuchen.

Für die vielen hilfreichen Kommentare, Anmerkungen und Korrekturen meiner Arbeit möchte ich mich ganz herzlich bei Bärbel Kratz, Vyara Tonkova und Julia Hamer bedanken. Mein außerordentlicher Dank gilt meiner Freundin Vyara Tonkova, die während der gesamten Zeit immer für mich da war und mich immer wieder ermutigt hat, nicht aufzugeben. Ebenso sei allen denen ein Dankeschön ausgesprochen, die nicht namentlich Erwähnung finden, aber zum Gelingen dieser Arbeit beigetragen haben.

Von Herzen danke ich meinem Verlobten Gabriel Klein für seine endlose Unterstützung, diese Arbeit erfolgreich abzuschließen.

Über alle dem steht der Dank an meine wundervollen Eltern, die immer an mich geglaubt haben und mich mein ganzes Leben in allen Entscheidungen uneingeschränkt unterstützt haben. Ich möchte mich an dieser Stelle bei Euch für alles, was Ihr für mich getan habt, ganz herzlich bedanken und widme Euch diese Arbeit!

Inhaltsverzeichnis

1 Einleitung

Die Computertomographie (CT) zählt heute in der klinischen Routine zu einem der wichtigsten bildgebenden Verfahren zur Erstellung von überlagerungsfreien Schnittbildern des menschlichen Körpers. Ein großes Problem bei der diagnostischen Beurteilung von CT-Bildern stellen Metallartefakte dar. Metalle in Form von Zahnfüllungen – wie Amalgam oder Gold aber auch Hüftprothesen aus Stahl sowie Nägel, Schrauben oder metallische Clips nach chirurgischen Eingriffen – führen zu falschen inkonsistenten Projektionswerten innerhalb der aufgenommenen Rohdaten, dem so genannten Sinogramm. Als Hauptursachen hierfür sind ein schlechtes Signal- zu Rausch-Verhältnis im Metallschatten [1], Strahlaufhärtung [1–6], der nichtlineare Partialvolumeneffekt [7] sowie Streuung [8, 9] zu nennen [10, 11]. Innerhalb eines mit der Standardrekonstruktionsmethode für die Computertomographie, der so genannten gefilterten Rückprojektion (engl. filtered backprojection (FBP)), rekonstruierten CT-Bildes führen diese Inkonsistenzen zu, vom Metallobjekt sternförmig ausgehenden, nadelstrahlförmigen Streifenartfakten, die das umliegende Gewebe überlagern. Hierdurch kann die diagnostische Beurteilung erschwert werden bzw. in einigen Fällen nicht mehr durchführbar sein und im schlimmsten Fall zu einer Fehldiagnose führen. Aus diesem Grund besteht ein großes Interesse in der Reduktion der Metallartefakte. Insbesondere bei der Planung von Prothesen und der Beurteilung des Erfolges nach vorangegangener Implantation einer Prothese ist eine Betrachtung des umliegenden Gewebes von Bedeutung.

Innerhalb der letzten dreißig Jahre wurden viele verschiedene Verfahren zur Reduktion von Metallartefakten in der Computertomographie entwickelt. Insgesamt lassen sich die unterschiedlichen Metallartefaktreduktions (MAR)-Verfahren in vier Kategorien unterteilen. Innerhalb der ersten Gruppe der MAR-Methoden, die auch häufig als so genannte Projektionsvervollständigungsverfahren (engl. projection completion methods) bezeichnet werden, werden die inkonsistenten Daten meist als „fehlend" betrachtet und die so entstandene Lücke in den aufgenommenen Rohdaten mit Hilfe künstlich generierter Daten gefüllt [12–16]. Zur Berechnung der fehlenden Daten werden unterschiedliche Interpolationsmechanismen im Radonraum [12, 17, 18], im Fourierraum [19] oder auch der Waveletdomäne [20, 21] verwendet. Die zweite Gruppe der MAR-Methoden verwendet zur Rekonstruktion der aufgenommenen Rohdaten iterative Verfahren, die derart modifiziert werden, dass sie die Inkonsistenzen ignorieren, bzw. in geeigneter Weise behandeln [22, 23]. Eine Kombination beider Herangehensweisen führt zur dritten Gruppe der MAR-Mechanismen. Hier werden die inkonsistenten Daten in einem ersten Schritt mittels Interpolation ersetzt und in einem zweiten Schritt mit einem modifizierten iterativen Verfahren rekonstruiert [24–27]. Die letzte Gruppe der MAR-Methoden stellen Nachverarbeitungsverfahren dar, wie z.B. die Filterung der bereits rekonstruierten CT-Bilder zur Unterdrückung der Artefakte im Bild [28, 29]. In dieser Arbeit werden unterschiedliche MAR-Methoden vorgestellt und verglichen, die zur dritten Kategorie zählen. Zunächst werden die inkonsistenten Daten mittels unterschiedlicher Interpolationsverfahren im Radonraum ersetzt, d.h. es findet eine Restauration der aufgenommen Rohdaten statt. Insgesamt wird hierbei zwischen drei Interpolationsformen unterschieden. Der 1D-Interpolation, hierzu zählen die klassischen polynomialen Interpolationen, wobei die neu generierten Daten ermittelt werden, indem zwischen den aufgenommenen Projektionswerten innerhalb einer Projektion unter einem Winkel interpoliert wird. Die zweite Kategorie sind die so genannten 1.5D-Interpolationen. In diesem Fall wird wiederum eine 1D-Interpolation durchgeführt, jedoch wird zur Bestimmung der Interpolationsrichtung die umliegende 2D-Information genutzt. Die dritte Gruppe stellen die 2D-Interpolationen dar. Hierbei wird die gesamte umliegende Information um die inkonsistenten Projektionsdaten zur Berechnung der Interpolationsrichtung, wie auch der fehlenden Daten verwendet.

Die unterschiedlichen Restaurationsergebnisse führen jedoch nie zu perfekten Rohdaten sondern beinhalten durch den Interpolationsschritt immer restliche Inkonsistenzen. Daher handelt es sich bei der FBP um kein geeignetes Rekonstruktionsverfahren für diese neuen Rohdaten. Aus diesem Grund wird zur Rekonstruktion der reparierten Rohdaten in dieser Arbeit ein modifiziertes gewichtetes statistisches Maximum-Likelihood-Expectation-Maximization (MLEM)-Verfahren, das so genannte λ-MLEM-Verfahren, zur CT-Bildrekonstruktion verwendet.

Getestet wurden die unterschiedlichen MAR-Verfahren sowohl auf Phantom-, als auch auf klinischen Datensätzen. Für die Phantomdatensätze wurden Rohdaten eines Torsophantoms mit ein, zwei und drei Stahlmarkern und Daten derselben Schnittebene durch das Torsophantom ohne Metallmarker aufgenommen. Die aufgenommenen Rohdaten des Torsophantoms ohne Stahlmarker dienen zur Evaluation der Metallartefaktreduktion innerhalb der rekonstruierten CT-Bilder. Zum anderen wurden die unterschiedlichen MAR-Verfahren auf klinischen CT-Datensätzen mit unterschiedlichen Metallartefakten in verschiedenen Regionen (Hüftprothese, Aortenklappe und einem Nagel in der Hüfte) getestet.

1.1 Gliederung der Arbeit

Im folgenden Kapitel 2 wird zunächst eine Einführung in die Computertomographie gegeben. Diese beinhaltet, neben der Beschreibung des Aufbaus und des Funktionsprinzips eines CTs, die Erklärung der unterschiedlichen Bildrekonstruktionsmechanismen der Computertomographie sowie die Beschreibung der Ursachen für die Entstehung von 2D-Artefakten in der Computertomographie im Allgemeinen.

In Kapitel 3 werden alle für diese Arbeit verwendeten Materialien aufgeführt. Hierzu zählt die Aufnahme der oben beschriebenen Rohdaten eines Torsophantoms sowie die Darstellung der unterschiedlichen klinischen Datensätze, die zur Beurteilung der Metallartefaktreduktion innerhalb dieser Arbeit Verwendung finden.

In Kapitel 4 wird ein detaillierter Überblick über den derzeitigen Stand der Wissenschaft der Reduktion von Metallartefakten in der Computertomographie gegeben.

Kapitel 5 beschreibt im ersten Abschnitt die Detektion der inkonsistenten Projektionen innerhalb der aufgenommenen Rohdaten. Daran anschließend werden detailliert die unterschiedlichen Interpolationsmechanismen zur Restauration der Sinogrammdaten erklärt.

Die oben beschriebene angepasste Rekonstruktion, das λ-MLEM-Verfahren sowie die regularisierte Version dieses Verfahrens, das λ-MAP-Verfahren, werden in Kapitel 6 erläutert.

Kapitel 7 beschreibt die in dieser Arbeit verwendeten Artefaktmaße.

In dem Kapitel 8 werden zunächst die Ergebnisse der unterschiedlichen Restaurationen der Sinogramme und anschließend die Ergebnisse der CT-Bildrekonstruktion einerseits mit der FBP und andererseits mit dem modifizierten λ-MLEM-Verfahren und deren regularisierten Form, dem λ-MAP-Verfahren evaluiert.

Abschließend werden in Kapitel 9 die Ergebnisse aller drei Rekonstruktionsmethoden untereinander verglichen und diskutiert.

2

Die Computertomographie (CT)

Erstmalig wurde die Darstellung des menschlichen Körperinneren durch die von W. K. Röntgen 1895 entdeckte Röntgenstrahlung möglich. Röntgenstrahlung wird von verschieden dichtem Gewebe unterschiedlich stark abgeschwächt und ermöglicht auf diese Weise eine Visualisierung des Körperinneren in Form von Röntgenbildern, welche eine überlagerte Darstellung der zu untersuchenden Region darstellen. W. K. Röntgen legte hierdurch den Grundstein für die heutige radiologische Bildgebung und für die Entwicklung der Computertomographie.

Im Gegensatz zum herkömmlichen Röntgen, bei welchem eine genaue Ortszuweisung auf Grund der überlagerten Darstellung nicht mehr möglich ist, lässt sich diese mit der Computertomographie realisieren. Die Computertomographie stellt heute eines der wichtigsten, nicht invasiven bildgebenden Verfahren in der Medizin dar. Sie ermöglicht die überlagerungsfreie Darstellung axialer Schnittbilder des menschlichen Körpers.

Der erste Computertomograph wurde im Jahre 1972 von G. N. Hounsfield und J. Ambrose in den EMI-Laboratorien in London gebaut, welche die ersten axialen Schnittbilder eines Kopfes mit einem CT-Scanner aufnahmen. Die ersten mathematischen Grundlagen zur Rekonstruktion von tomographischen Bildern lieferte 1963 A. M. Cormack[1]. Zusammen mit G. N. Hounsfield erhielt er im Jahre 1979 für seine Arbeit den Nobelpreis für Medizin. Zum damaligen Zeitpunkt dauerte die Rekonstruktion eines Schnittbildes, mit einer Bildgröße von 80 x 80 Pixeln, mehrere Tage. Der hohe Zeitaufwand begründete sich in der begrenzten Leistungsfähigkeit damaliger Computer. Durch die schnelle Entwicklung der Computertechnologie wurde der klinische Einsatz der Computertomographie erstmals möglich. Heutige CT-Scanner sind in der Lage, mehrere Schichten im

---

[1] Erstmalig wurde die Berechnung zur Lösung des inversen Problems der Rekonstruktion von dem Österreicher J. Radon im Jahre 1917 veröffentlicht, diese war jedoch zum damaligen Zeitpunkt noch nicht allgemein bekannt.

Subsekundenbereich zu akquirieren (Multislice-CT) sowie komplette 3D-Datensätz aufzunehmen.

Neben der Computertomographie existieren noch weitere konkurrierende Verfahren zur Darstellung von Schnittbildern des menschlichen Körpers, wie z.B. die Magnetresonanztomographie (MRT), häufig auch als Kernspintomographie bezeichnet, die Positronen-Emissions-Tomographie (PET) und die Single-Photonen-Emissions-Computer-Tomographie (SPECT) (siehe z.B. [30, 31]). Jedoch werden diese Verfahren meist erst nach Durchführung einer Computertomographie zur Abklärung spezieller Fragestellungen eingesetzt, da z.B. im Falle der Notfalldiagnostik nicht bekannt ist, ob ein MRT durchgeführt werden kann (z.B. bei Patienten mit Herzschrittmachern oder größeren Metallobjekten im Körper).

2.1 Grundlagen der Computertomographie

Im folgenden Abschnitt wird der Aufbau und die Funktionsweise eines Computertomographen am Beispiel einer Aufnahme eines 2D-CT-Bildes beschrieben. Ein Computertomograph besteht im Allgemeinen aus einer Gantry, einem Untersuchungstisch und einer Bedieneinheit. Innerhalb der Gantry befindet sich die rotierende Abtasteinheit, die so genannte Disk, des Computertomographen. Diese rotiert während der Aufnahme eines Schnittbildes einmal um das zu untersuchende Objekt. Auf dieser Disk ist i.d.R. eine Röntgenröhre montiert, die mit einem Hochspannungsgenerator betrieben wird. Auf der gegenüberliegenden Seite der Röntgenröhre sind die Detektorelemente in Form eines Detektorfeldes kreisförmig angeordnet. Die Röntgenröhre strahlt senkrecht zur Körperachse des Patienten einen schmalen Strahlenfächer aus. Die Schwächung der Röntgenstrahlen nach Durchstrahlung des zu untersuchenden Objektes wird durch das gegenüberliegende Detektorfeld erfasst. Die so gewonnenen Informationen in Form von Schwächungswerten werden an einen Computer weitergeleitet und können mit Hilfe geeigneter Rekonstruktionsmethoden zu digitalen Schnittbildern rekonstruiert werden.

Abbildung 2.1 veranschaulicht den Ablauf einer CT-Aufnahme schematisch. Zunächst wird das zu untersuchende Objekt (hier dargestellt durch das Torsophantom der Firma CIRS Inc., siehe Abbildung 2.1 (a)) auf dem Untersuchungstisch des CTs Siemens SOMATOM Emotion Duo (siehe Abb 2.1 (b)) platziert. Von diesem Objekt werden Rohdaten in Form eines Sinogrammes (siehe Abbildung 2.1 (d)) aufgenommen, welche anschließend z.B. mit der Standardrekonstruktionsmethode der CT, der gefilterten Rückprojektion, zu einem Schnittbild (siehe Abbildung 2.1 (c)) rekonstruiert werden können. Die einzelnen Schritte werden folgend detailliert betrachtet.

Um eine Schnittbildaufnahme des Untersuchungsobjektes zu erhalten, wird zunächst Röntgenstrahlung mit einer Röntgenröhre erzeugt. Eine Röntgenröhre besteht aus einer Kathode und einer Anode, die sich in einem Vakuumbehälter befinden (siehe Abbildung 2.2). Zuerst wird die Glühkathode K, bestehend aus einem Wolframdraht, auf ca. 2400 K

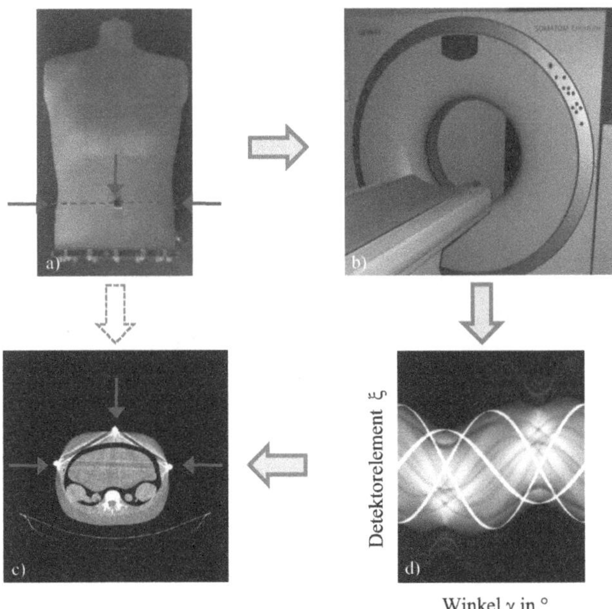

Abbildung 2.1: Prinzip der Computertomographie: Das zu untersuchende Objekt (Torsophantom CIRS Inc.) (a) versehen mit drei Stahlmarkern (rote Pfeile), wird mit dem Computertomograph Siemens SOMATOM Emotion Duo (b) gescannt. Hierbei erhält man Rohdaten in Form eines Sinogramms (d), die mit Hilfe geeigneter Rekonstruktionsmethoden in ein Schnittbild des Objektes (Torsophantoms) (d) auf Höhe der gestrichelten Linie (a) umgerechnet werden können.

erhitzt, wodurch thermische Elektronen e^- frei werden. Diese werden durch Anlegen einer Beschleunigungsspannung U_B (80-140 kV) zur gegenüberliegenden Drehanode A, z.B. bestehend aus einer Wolfram-Rhenium-Legierung oder Molybdän, beschleunigt. Im Anodenmaterial werden die beschleunigten Elektronen abgelenkt und abgebremst und es entsteht zu 1 % charakteristische Röntgenstrahlung und Röntgenbremsstrahlung sowie zu 99 % Wärme. Röntgenstrahlen sind elektromagnetische Wellen mit einer Wellenlänge λ von 10^{-8} bis 10^{-13} m. Im Teilchenbild bestehen sie aus Photonen mit einer Energie von $E = h \cdot c/\lambda = h \cdot \nu = e \cdot U_B$. Hierbei entspricht $h = 6,6 \cdot 10^{-34}$ Js dem Plankschen Wirkungsquantum, $c = 2,998 \cdot 10^8$ m/s der Lichtgeschwindigkeit im Vakuum, $e = 1,6 \cdot 10^{-19}$ As der Elementarladung des Elektrons und ν der Frequenz.

Die auf diese Weise erzeugte Röntgenstrahlung wird mittels eines Schlitzkollimators in einen fächerförmigen Strahl verwandelt. Die Dicke des Kollimators bestimmt die Fächerstrahldicke und entspricht der Schichtdicke des aufgenommenen Schnittbildes. Sie

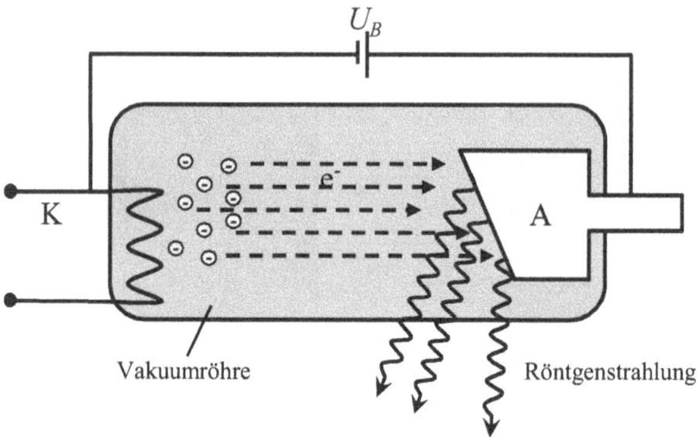

Abbildung 2.2: Aufbau einer Röntgenröhre.

ist die Begrenzung für die axiale Auflösung des Computertomographen. Der so erzeugte Fächerstrahl durchstrahlt das zu untersuchende Objekt und wird in Abhängigkeit von der Wellenlänge λ, der Ordnungszahl Z, der Dichte ρ und der Dicke η des Materials abgeschwächt (siehe Abbildung 2.3). Die Abschwächung der Röntgenstrahlung

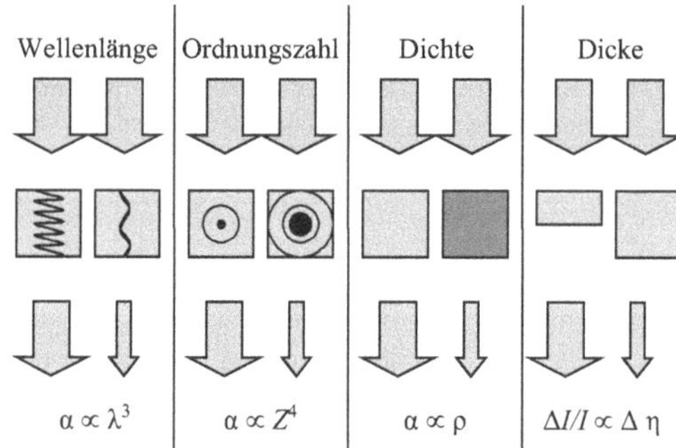

Abbildung 2.3: Schematische Darstellung der Schwächungsursachen von Röntgenstrahlung beim Durchgang durch Materie (α= Absorptionskoeffizient, I= Intensität) in Anlehnung an [32].

beruht physikalisch auf Absorptions- und Streuprozessen. Insgesamt werden vier physikalische Wechselwirkungen zwischen Röntgenstrahlung und Materie unterschieden, die

die Abschwächung der Strahlung verursachen: die Rayleighstreuung, der Photoeffekt, der Comptoneffekt (auch als Comptonstreuung bezeichnet) und die Paarbildung (tritt nur bei CTs mit MeV-Röntgenstrahlen auf).

Bei der Rayleighstreuung handelt es sich um elastische Streuung, die hier in der Regel eine untergeordnete Rolle spielt. Sie tritt auf wenn der Durchmesser der Streuteilchen klein gegenüber der Wellenlänge λ der Strahlung ist.

Bei dem Photoeffekt (häufig auch als Photoabsorption bezeichnet) wird das einfallende Photon der Energie $h\nu$ komplett vom Atom absorbiert und es wird ein Elektron aus einer kernnahen Schale herausgeschlagen. Das Atom wird somit ionisiert (siehe Abbildung 2.4 (a)).

Der Comptoneffekt stellt sowohl einen Streu- als auch einen Absorptionsprozess dar. Der Röntgenquant stößt hierbei mit einem quasi freien Valenzelektron zusammen. Dieses wird aus dem Atomverband herausgelöst (siehe Abbildung 2.4 (b)). Da der Röntgenquant hierfür nicht seine gesamte Energie benötigt, verbleibt ein gestreutes Röntgenphoton mit geringerer Energie und höherer Wellenlänge (inelastische Streuung).

Die Paarbildung tritt bei Energien $E > 1,022\,\text{MeV}$ auf und hat daher für die Computertomographie (80 keV – 140 keV) keine Bedeutung. Hierbei kann ein Röntgenquant in Wechselwirkung mit dem Feld des Atomkerns Materie in Form eines Positronen-Elektronen-Paares bilden (siehe Abbildung 2.4 (c)). Das Positron trifft im Verlauf seines Weges durch Materie nach kurzer Zeit auf ein Elektron und zerstrahlt unter einem Winkel von ca. 180° vollständig in zwei Gammaquanten. Diese Paarvernichtung spielt bei der Bildgebung in der PET eine zentrale Rolle. Mathematisch lässt sich die Abschwächung der Röntgenstrahlung beim Durchgang durch ein homogenes Objekt der Dicke η (siehe Abbildung 2.5) durch das Lambert-Beer'sche Schwächungsgesetz

$$I(\eta) = I_0 e^{-\mu\eta}. \tag{2.1}$$

beschreiben. Hierbei entspricht I_0 der Intensität der Röntgenstrahlung beim Verlassen der Röntgenröhre und I der Intensität des abgeschwächten Röntgenstrahls nach Durchgang durch die Materie der Dicke η. Der Schwächungskoeffizient μ setzt sich aus dem Streukoeffizienten μ_s und dem Absorptionskoeffizienten α zusammen. Im Fall der Computertomographie besteht das zu untersuchende Objekt (z.B. der Mensch) jedoch im Normalfall nicht nur aus einem Material (siehe Abbildung 2.5 (a)), sondern setzt sicht aus einer Vielzahl unterschiedlicher Materialien (Gewebearten) mit variierendem Schwächungskoeffizienten zusammen (siehe Abbildung 2.5 (b)). Hierdurch ist es möglich, nach der Rekonstruktion die verschiedenen Materialien anhand der unterschiedlichen Schwächungskoeffizienten innerhalb des Schnittbildes zu differenzieren, wodurch die Computertomographie erst diagnostisch interessant wird. Somit muss Gleichung (2.1) wie folgt abgeändert werden

$$I(s) = I_0 e^{-\int_0^s \mu(\eta)d\eta}. \tag{2.2}$$

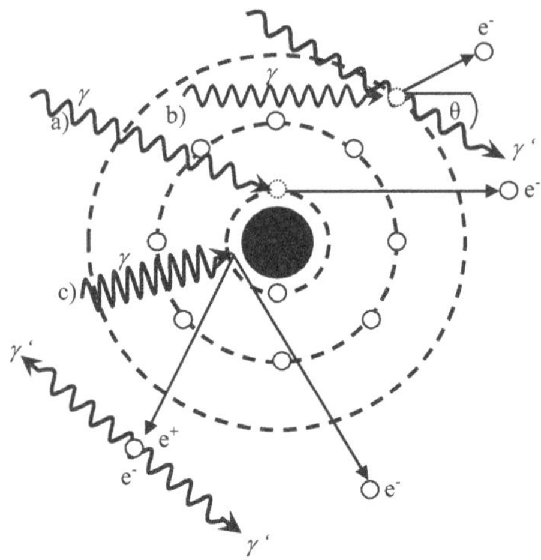

Abbildung 2.4: Wechselwirkungen zwischen Röntgenstrahlung und Materie.

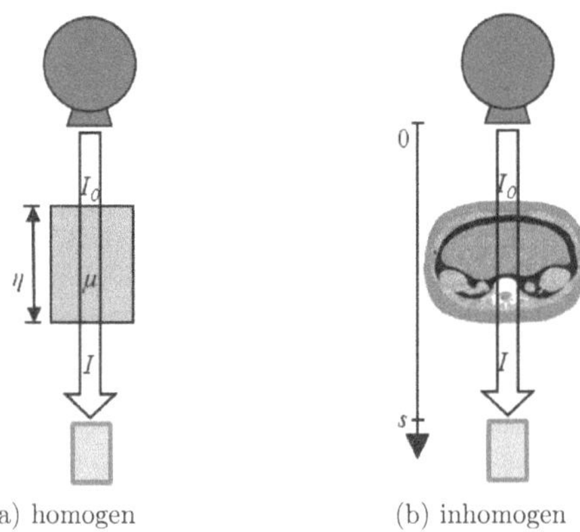

(a) homogen (b) inhomogen

Abbildung 2.5: Schwächung der Röntgenstrahlung beim Durchgang durch (a) homogene Materie und (b) inhomogene Materie.

Die Schwächungskoeffizienten μ entlang des Weges s werden nun im Exponenten aufsummiert.

In der CT-Bildrekonstruktion spielt das so genannte Projektionsintegral $p(s)$, das dem negativen logarithmischen Quotienten von Ausgangs- zur Eingangsintensität entspricht, eine besondere Rolle

$$p(s) = -\ln\left(\frac{I(s)}{I_0}\right) = \int_0^s \mu(\eta)\, d\eta. \tag{2.3}$$

Es entspricht der Aufsummierung der Schwächungswerte entlang des Weges eines Röntgenstrahls beim Durchgang durch das Objekt (Körper).

Die Röntgenstrahlung wird durch ein Detektorfeld in Abhängigkeit von ihrer Abschwächung beim Durchgang durch das Objekt detektiert und in elektrische Signale umgewandelt, die die Intensitäten des Röntgenstrahls widerspiegeln.

Wie die Abschwächung der Röntgenstrahlung, so beruht auch die Detektion der Röntgenstrahlung auf Wechselwirkungen des Röntgenstrahls mit der Materie. In den meisten Computertomographen werden zur Detektion der Röntgenstrahlung Szintillationsdetektoren verwendet. Diese bestehen aus einem Szintillationskristall, wie z.B. Cäsiumjodid oder Wismutgermanat, der die einfallende Röntgenstrahlung in langwelliges Licht umwandelt. Eine nachgeschaltete Photodiode misst die Intensität dieses Lichtblitzes und wandelt sie in ein elektrisches Signal um. Durch ein vorgelagertes Streustrahlenraster aus Bleilammellen wird gewährleistet, dass nur geradlinig auf den Detektor auftreffende Röntgenstrahlung detektiert wird. Hierdurch wird der Einfluss der Streustrahlung deutlich minimiert (siehe Abbildung 2.6). Nachdem die Projektion unter einem Winkel γ aufgenommen wurde, wird die Disk um einen Winkelschritt $\Delta\gamma$ gedreht und es wird erneut ein Fächerstrahl ausgesendet und detektiert. Auf diese Weise werden Projektionen unter einem Winkel von mindestens 180° plus Öffnungswinkel ϕ aufgenommen. Hierdurch erhält man ausreichend Projektionen aus genügend Winkeln, um das gesamte Objekt anschließend rekonstruieren zu können.

Da die meisten Bildverarbeitungsalgorithmen auf der Parallelstrahlgeometrie basieren und nicht auf der bei der Aufnahme der Projektionsdaten verwendeten Fächerstrahlgeometrie, wird anschließend ein Rebinning (eine Umsortierung) von der Fächerstrahlgeometrie zur Parallelstrahlgeometrie durchgeführt. Der Darstellung in [33] folgend lässt sich aus Abbildung 2.7 folgender mathematischer Zusammenhang zwischen der Fächerstrahl- $\phi_\theta(\zeta)$ und der Parallelstrahlgeometrie $p_\gamma(\xi)$ herleiten. Es gilt

$$\xi = \mathrm{FCD} \sin(\psi) \tag{2.4}$$

und analog

$$\zeta = \mathrm{FDD}\psi, \tag{2.5}$$

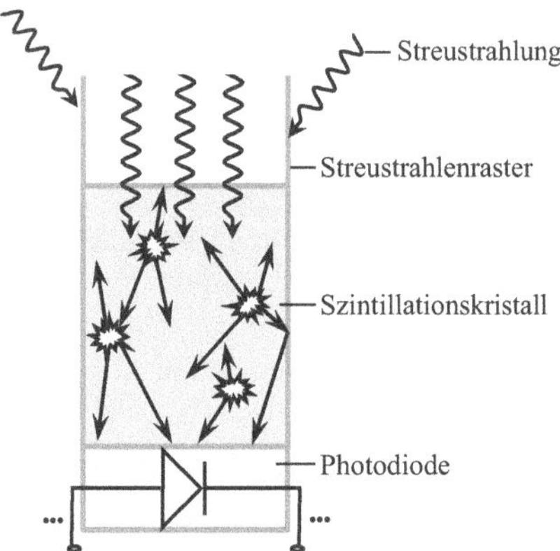

Abbildung 2.6: Aufbau eines Szintillationsdetektors

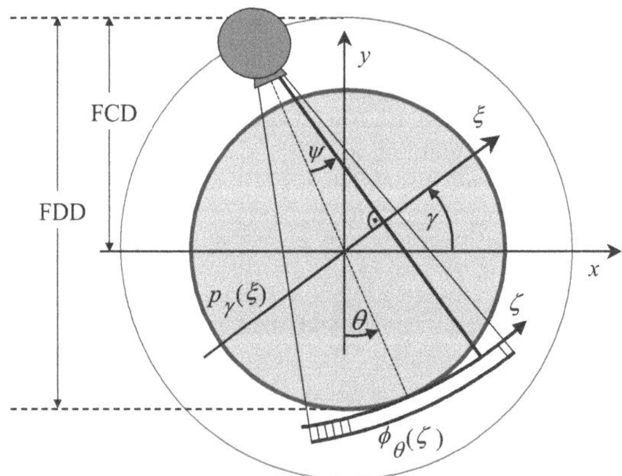

Abbildung 2.7: Prinzip des Rebinnings von der Fächerstrahl- $\phi_\theta(\zeta)$ zur Parallelstrahlgeometrie $p_\gamma(\xi)$ [33].

wobei FCD für Fokus-Center-Distanz und FDD für Fokus-Detektor-Distanz steht. Aus Gleichung (2.4) folgt

$$\psi = \arcsin\left(\frac{\xi}{\mathrm{FCD}}\right) \tag{2.6}$$

und mit $\theta = \gamma - \psi$ ergibt sich insgesamt

$$p_\gamma(\xi) = \phi_{\gamma-\psi}(\zeta) \tag{2.7}$$

und

$$p_\gamma(\xi) = \phi_{\gamma-\arcsin\left(\frac{\xi}{\mathrm{FCD}}\right)} \cdot \left(\mathrm{FDD}\arcsin\left(\frac{\xi}{\mathrm{FCD}}\right)\right). \tag{2.8}$$

Das Prinzip der Parallelstrahlgeometrie basiert auf folgender veränderter Situation: Die Röntgenstrahlung durchdringt das zu untersuchende Objekt linienförmig. Anschließend wird das Röhren-Detektor-System linear verschoben und erneut ein Röntgenstrahl ausgesendet. Ist das Objekt vollständig linear abgetastet, wird das Röhren-Detektor-System um einen Winkel $\Delta\gamma$ gedreht und der beschriebene Vorgang wiederholt sich. Dies geschieht solange, bis das gesamte Objekt über mindestens 180° abgetastet wurde. Das Prinzip der Parallelstrahlgeometrie ist in Abbildung 2.8 dargestellt. Hierbei erhält man Projektionsintegrale in Abhängigkeit des aufgenommenen Projektionswinkels γ und der Detektorposition ξ (entspricht der linearen Verschiebung des Röhren-Detektor-Systems) und nicht mehr in Abhängigkeit von der konstanten Wegstrecke s (vgl. Gleichung (2.3))

$$p_\gamma(\xi) = \int_0^s \mu(\xi,\eta)d\eta. \tag{2.9}$$

Stellt man die aufgenommenen Projektionsintegrale in Form eines γ–ξ- Diagrammes dar, erhält man ein so genanntes Sinogramm. Der Begriff Sinogramm ist darauf zurück zu führen, dass Punkte außerhalb des Drehzentrums (siehe Abbildung 2.8 (a) roter Punkt) in Form einer Sinuskurve dargestellt werden (siehe in Abbildung 2.8 (b)). Bei der Aufnahme z.B. eines Schnittbildes durch das Abdomen erhält man so eine Überlagerung einer Vielzahl von Sinuskurven (siehe Abbildung 2.8 (b)). $p_\gamma(\xi)$ wird auch Radontransformierte $\mathcal{R}$ des Objektes $f(x,y)$ genannt und man schreibt

$$p_\gamma(\xi) = \mathcal{R}\{f(x,y)\}. \tag{2.10}$$

Der Name Radontransformation stammt von ihrem Entdecker J. Radon, der 1917 erstmalig die Lösung des inversen Problems veröffentlichte [34]. Das inverse Problem der Computertomographie besteht darin, aus den gegeben Projektionswerten $p_\gamma(\xi)$ wieder eine Verteilung der Schwächungswerte μ im Ortsraum zu berechnen. Diese entspricht dem gesuchten Bild $f(x,y)$. In der Medizin ist man hauptsächlich daran interessiert, den Schwächungswerten μ, die durch die entsprechenden Grauwerte im Bild gegeben sind, unterschiedlichen Gewebestrukturen und Knochen zuzuordnen, um somit pathologisches und gesundes Gewebe differenzieren zu können. Aus diesem Grund hat G. N.

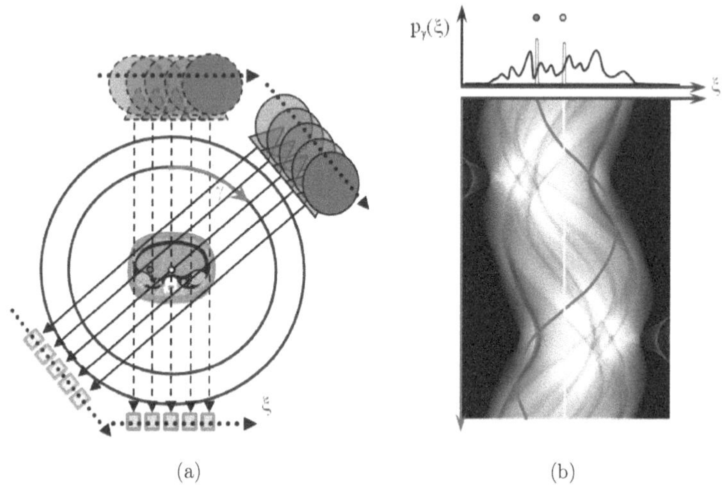

Abbildung 2.8: (a) Prinzip der Computertomographie in Parallelstrahlgeometrie; (b) Sinogramm.

Hounsfield die Hounsfield-Einheiten (engl. Hounsfield Units [HU]) eingeführt, gegeben durch

$$\text{CT-Wert in HU} = \frac{\mu - \mu_{Wasser}}{\mu_{Wasser}} \cdot 1000. \tag{2.11}$$

Hierbei werden die gemessenen Schwächungswerte auf die beiden Bezugswerte Wasser = 0 HU und Luft = -1000 HU skaliert. Abbildung 2.9 zeigt eine Hounsfieldskala unterschiedlicher Organe des menschlichen Körpers. Um diese Umrechnung vornehmen zu können, muss der Schwächungswert von Wasser μ_{Wasser} bekannt sein. Da dieser nicht bekannt war, wird hier μ_{Wasser} experimentell mit Hilfe eines Wasserphantoms wie folgt ermittelt: Es wird eine Aufnahme des Wasserphantoms mit dem Siemens SOMATOM Emotion Duo gemacht. Innerhalb des Wasserphantoms werden vier homogene Regionen von Interesse (engl. region of interest (ROI)) mit Wasser (siehe Abbildung 2.10 rot umrandete ROIs) gemittelt und man erhält einen Schwächungswert $\mu_{Wasser}(E) \approx 0,1595\,\text{cm}^{-1}$.

Im Vorfeld der Umrechnung in Hounsfieldwerte findet bei medizinischen CT-Scannern eine Wasservorkorrektur statt. Diese dient dazu, die Verteilung der Schwächungskoeffizienten bei einer äquivalenten Energie E_q darzustellen. Das ist notwendig, da der Schwä-

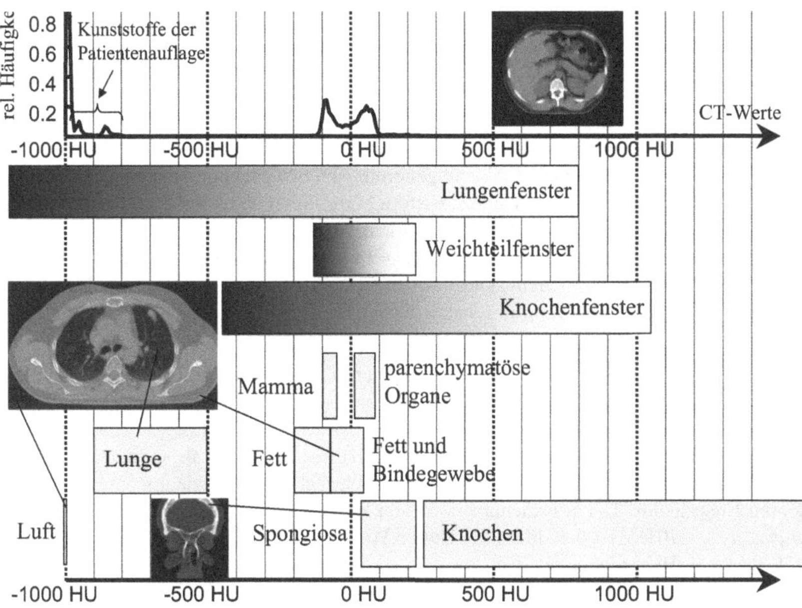

Abbildung 2.9: Hounsfieldskala unterschiedlicher Organe des menschlichen Körpers[33].

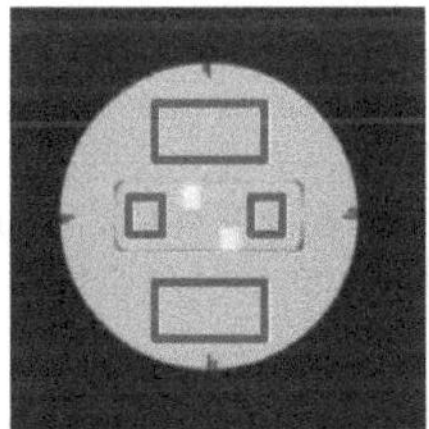

Abbildung 2.10: Schnittbild des Wasserphantoms (Regionen die zur Berechnung des Schwächungswertes von Wasser $\mu_{Wasser}(E)$ verwendet wurden sind rot umrandet (Aufnahmeparameter: 110 kV, 80 mA, 2.5 mm)).

chungskoeffizient μ ebenfalls von der Energie abhängt und hierdurch eine Strahlaufhärtungskorrektur vorgenommen werden kann (vgl. Kapitel 2.2), d.h. es gilt

$$\mu_r(E) = f_r \sum_X \varpi_X(E) 1_{X_r} \tag{2.12}$$

[35], mit $\varpi_X(E) = (\mu/\rho)_X(E)/(\mu/\rho)_X(E_q)$, wobei X = Wasser im Falle der Wasservorkorrektur, und $(\mu/\rho)_X(E)$ dem mit Hilfe des Wasserphantoms ermittelten Wert entspricht. Es ist ebenfalls möglich, die aufgenommenen Schwächungswerte nicht nur in Bezug auf Wasser zu korrigieren, sondern weitere Materialien X als Vorwissen in die Berechnung mit einfließen zu lassen. Dabei entspricht 1_{X_r} den Indikatorfunktionen, dem vom Anwender eingebrachten Vorwissen über die räumliche Verteilung der einzelnen Materialien, ohne die diese Schwächungskorrektur nicht möglich wäre. Eine andere Möglichkeit hierfür bietet die Verwendung unterschiedlicher Energien (Dual-Energy-Verfahren).

In dieser Arbeit wird eine Korrektur für Wasser durchgeführt. Es wird eine äquivalente Energie $E_q = 70\,\text{keV}$ angenommen. Diese entspricht der äquivalenten Energie für ein monochromatisches Bild eines polychromatischen Spektrums mit $E_{max} = 120\,\text{keV}$ (70 keV entspricht hierbei dem Schwerpunkt des Spektrums)[2]. f wird als monochromatisches Bild bezeichnet und stellt die Verteilung der Schwächungskoeffizienten bei der äquivalenten Energie dar. Der Schwächungswert von Wasser bei dieser Energie ist gegeben mit $\mu_{Wasser}(E_q = 70\,\text{keV}) = 0.1946\,\text{cm}^{-1}$.[3] Dieser Wert wird nun folgend zur Berechnung der CT-Bilder in HU verwendet.

Die Hounsfieldskala ist nach oben hin theoretisch offen, in der Praxis geht sie jedoch von −1024 HU bis 3072 HU. Dieser Wertebereich lässt sich mit Bildern der Graustufentiefe von 12 Bit gut erfassen. Das menschliche Auge ist jedoch nur in der Lage, ca. 20-50 unterschiedliche Graustufen zu unterscheiden. Deshalb werden die Bilder mit einem Graustufenbereich von 256 Graustufen dargestellt und auf die aufgenommenen Bilder in HU so genannte Fensterungen angewendet, die je nach Fragestellung die unterschiedlichen Bildstrukturen hervorheben. Die Hauptfenster in der Medizin stellen das Weichteilfenster, das Knochenfenster und das Lungenfenster dar (siehe Abbildung 2.11). Das Prinzip der Fensterung besteht darin, nur einen kleinen Bereich von Interesse detailliert abzubilden. Alle Werte, die unterhalb dieses Fensters liegen, werden im CT-Bild schwarz und alle oberhalb der Fenstergrenze weiß dargestellt. Charakterisiert wird dieses Fenster von der Lage der Fenstermitte (engl. Windows Level (WL)) innerhalb der Hounsfieldskala

[2] Das genaue Spektrum des hier Verwendeten CT-Scanners war leider nicht bekannt (es war nicht bekannt welche Vorfilterung (Aluminium, Kupfer usw.) stattgefunden hat). Es wurden Aufnahmen bei Spannungen von 110 kV und 130 kV akquiriert. Der hier verwendete äquivalente Energiewert von 70 keV stellt somit eine Näherung der tatsächlichen Werte dar.

[3] Diese Information wurde der Internetseite des National Institute of Standards and Technology http://physics.nist.gov/PhysRefData/ entnommen und basiert auf [36].

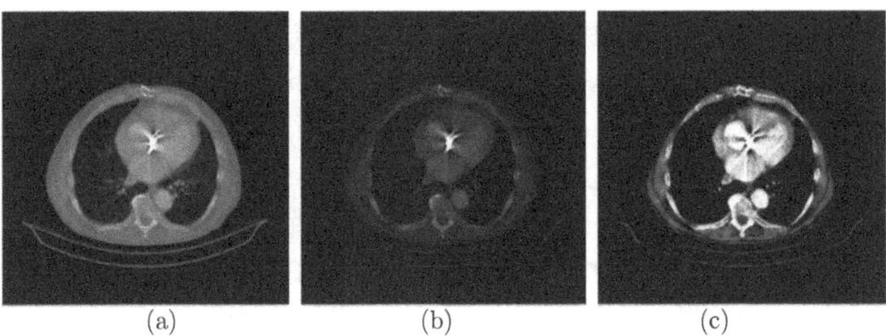

(a) (b) (c)

Abbildung 2.11: Darstellung unterschiedlicher Fensterungen am Beispiel eines Patientendatensatzes: (a) Lungenfenster: WW: 2000 HU, WL: -200 HU; (b) Knochenfenster: WW: 3000 HU, WL: 1500 HU; (c) Weichteilfenster: WW: 400 HU, WL: -50 HU.

und der Fensterbreite (engl. Windows Width (WW)). Die Fensterung kann somit wie folgt berechnet werden

$$Grauwert = 255 \cdot \begin{cases} 0, & \text{für CT-Werte} \le WL - \frac{WW}{2} \\ 1, & \text{für CT-Werte} \ge WL + \frac{WW}{2} \\ WW^{-1}\left(\text{CT-Wert} - WL + \frac{WW}{2}\right), & \text{sonst.} \end{cases} \tag{2.13}$$

Abbildung 2.11 zeigt ein Schnittbild durch die Lunge (siehe Kapitel 3) bei unterschiedlicher Wahl der Fensterung. Je nach Einstellung können unterschiedliche Organe innerhalb der Bilder beurteilt werden. In der hier vorliegenden Arbeit liegt der Schwerpunkt jedoch nicht auf der Beurteilung unterschiedlicher Organe, sondern auf der unterschiedlicher Metallartefakte und deren Reduktion. Als gute Fensterung zur Darstellung der hier betrachteten Phantombilder mit Metallartefakten (siehe Kapitel 3) hat sich eine Fensterung von WW = 600 HU und WL = -200 HU als sinnvoll erwiesen. Abbildung 2.12 stellt ein Torsophantom markiert mit drei Stahlmarkern mit unterschiedlicher Fensterwahl dar. Im Fall der unterschiedlichen Patientendatensätze ist die beste Fensterung abhängig von der Lokalisation des Metallobjektes im Körper sowie der medizinischen Fragestellung und wird dementsprechend gewählt.

Bei den Projektionsdaten handelt es sich des Weiteren nicht um Daten in Fächerstrahlgeometrie, sondern um komplette Spiraldatensätze. Das bedeutet, dass sich zur Aufnahme der Rohdaten die Röntgenröhre um den Patienten dreht, während dieser kontinuierlich mit dem Tisch durch die Gantry geschoben wird. Dabei werden Daten in Form einer Spirale aufgenommen. Abbildung 2.13 verdeutlicht das Prinzip des Spiral-CTs schematisch.

Um nun aus dem aufgenommenen Spiraldatensatz ein Sinogramm in Fächerstrahlgeometrie zu erhalten (das im Anschluss in Rohdaten in Parallelstrahlgeometrie rebinnt werden kann), wird wie folgt verfahren. Betrachtet man die Schichtposition z_r, an der das gewünschte Sinogramm in Fächerstrahlgeometrie berechnet werden soll, so kann dies

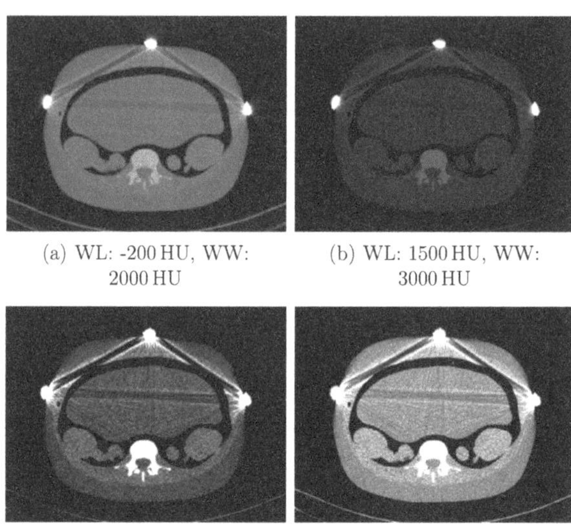

(a) WL: -200 HU, WW: 2000 HU

(b) WL: 1500 HU, WW: 3000 HU

(c) WL: -50 HU, WW: 400 HU

(d) WL: -200 HU, WW: 600 HU

Abbildung 2.12: Torsophantom bei unterschiedlicher Wahl der Fensterung: (a) Lungenfenster; (b) Knochenfenster; (c) Weichteilfenster; (d) frei gewähltes Fenster.

mit Hilfe von Interpolation aus den benachbarten, bekannten Informationen der Spiraldaten z_i und z_i+s durchgeführt werden (siehe Abbildung 2.13). Hierzu wird zunächst der betrachtete Projektionswinkel mit $\gamma_i = \frac{z_i}{s}360°$ bzw. $\gamma_i + 360° = \frac{z_i+s}{s}$ bestimmt. Insgesamt kann die Projektion an der Stelle $p_{\gamma_r}(\xi)$ somit wie folgt berechnet werden

$$p_{\gamma_r}(\xi) = (1 - \epsilon_s)p_{\gamma_i}(\xi) + \epsilon_s p_{\gamma_i+360°}(\xi)\,, \tag{2.14}$$

wobei $\epsilon_s = \frac{z_r - z_i}{s}$. Diese Form der Berechnung der Rohdaten wird auch als 360°-LI-Verfahren bezeichnet. Durch Spiegelung der Spiraldaten an der z-Achse erhält man eine inverse Spirale (gestrichelte Linie in Abbildung 2.13), die es ermöglicht, die Menge der zur Interpolation notwendigen Daten zu halbieren. Wird die inverse Spirale ebenfalls zur Interpolation verwendet, spricht man von dem 180°-LI-Verfahren. Das in dieser Arbeit zur Aufnahme der Daten verwendete CT-Gerät SOMATOM Emotion Duo der Firma Siemens ist außerdem ein Multi-Slice-CT, bestehend aus zwei Detektorzeilen, somit besitzt man zwei Spiralen direkt hintereinander, wodurch das Interpolationsverfahren noch weiter verfeinert werden kann. In dem Fall der Verwendung von Multi-Slice-CT-Daten spricht man dann in Analogie von dem 360°-MLI-Verfahren bzw. dem 180°-MLI-Verfahren (für nähere Details siehe z.B. [33, 37]). In dieser Arbeit wird zur Berechnung der Daten in Fächerstrahlgeometrie das 180° MLI-Verfahren verwendet. Hierzu werden

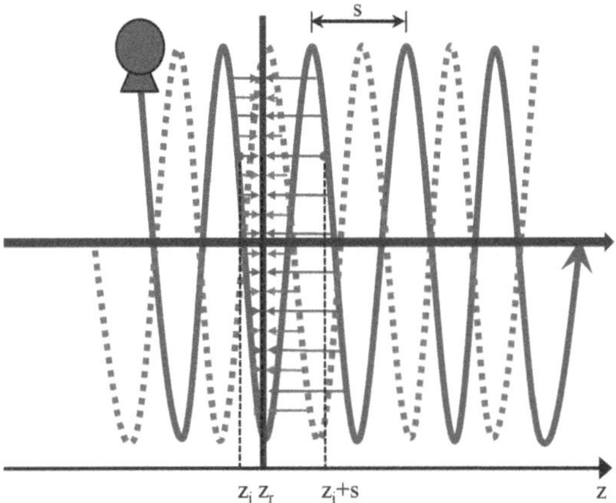

Abbildung 2.13: Prinzip Spiral-CT: Die durchgezogene (–) Linie entspricht hierbei den aufgenommenen Spiraldaten und die gestrichelte (– –) Linie den an der z-Achse gespiegelten Daten. z_r stellt die Position dar an der die Projektion in Fächerstrahlgeometrie $p_{\gamma_r}(\xi)$ mit Hilfe der Interpolation aus den gegebenen Informationen bei z_i und $z_i + s$ berechnet werden soll.

teilweise Programme verwendet, die von der Firma Siemens zur Verfügung gestellt wurden.

2.2 2D-Artefakte in der Computertomographie

Artefakte sind Fehler im rekonstruierten Bild, die die diagnostische Beurteilung des Bildes erschweren oder gar unmöglich machen. Hervorgerufen werden sie durch inkonsistente Projektionswerte in den aufgenommen Projektionsdaten. Gerade bei der Verwendung der FBP haben diese Inkonsistenzen einen erheblichen Einfluss auf das rekonstruierte Bild, da sie hierbei über das gesamte Bild verschmiert werden. Insgesamt lassen sich in der 2D-Computertomographie sieben Artefakte unterscheiden [33]:

- **Streustrahlartefakte**

  In Kapitel 2.1 wurden die Wechselwirkungen von Röntgenstrahlung mit Materie beschrieben. Hierbei entsteht unter anderem Streustrahlung. Diese ist bei einem homogenen Objekt im Allgemeinen aus unterschiedlichen Projektionsrichtungen in etwa gleich groß. Innerhalb des menschlichen Körpers befinden sich jedoch verschiedene Organe, die die Röntgenstrahlung unterschiedlich stark abschwächen. Gerade wenn mehrere stark schwächende Materialien im Strahlengang direkt hintereinander liegen, kann es passieren, dass der Anteil der Streustrahlung dem der Nutzstrahlung überwiegt. Der gemessene Schwächungswert entspricht dann einer nicht-linearen Funktion in Abhängigkeit von der Weglänge durch das Objekt. Dies führt zu Inkonsistenzen in den aufgenommenen Projektionsdaten und zu streifenförmigen Artefakten im rekonstruierten Bild.

Um die Streustrahlung in den aufgenommenen Projektionsdaten so gering wie möglich zu halten, werden bei CT-Geräten der dritten Generation (für eine detaillierte Erklärung siehe z.B. [33]) Streustrahlenraster bestehend aus Bleilamellen vor den Detektoren angebracht, so dass nur senkrecht einfallende Strahlung auf den Detektor auftreffen kann (siehe Abbildung 2.6).

Ein weiterer Effekt ist der so genannte Cupping-Effekt, der dem der Strahlaufhärtung ähnelt [35]. Bei konvexen homogenen Objekten hoher Ordnungszahl erhält man mit zunehmender Objekttiefe geringere Schwächungswerte, d.h. die Abschwächung im Randbereich erscheint geringer als in der Mitte (siehe [11, 35]).

- **Aufhärtungsartefakte**

  Bei der in der CT verwendeten Röntgenstrahlung handelt es sich nicht um monochromatische Strahlung, die beim Durchgang durch den Körper immer gleichmäßig abgeschwächt wird, sondern um polychromatische Strahlung, d.h. kurzwellige harte Röntgenstrahlung wird weniger stark absorbiert als weiche langwellige Röntgenstrahlung (siehe Abbildung 2.14). Dieser Effekt ist umso stärker, je länger der zurückgelegte Weg des Röntgenstrahls durch das Objekt ist, bzw. je dichter das durchstrahlte Objekt ist.

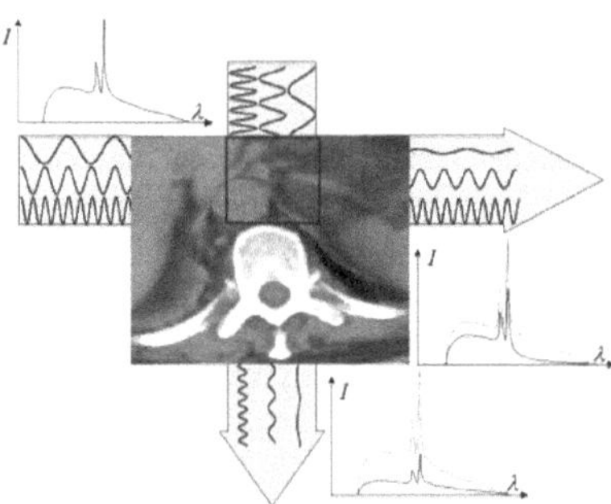

Abbildung 2.14: Abschwächung der Röntgenstrahlung in Abhängigkeit von der durchlaufenen Wegstrecke und ihrer Energie [33].

Aus diesem Grund kann die Abschwächung der Röntgenstrahlung beim Durchgang durch Materie nicht wie in Gleichung 2.2 beschrieben werden, sondern die Schwächung muss ebenfalls in Abhängigkeit von der Energie betrachtet werden und es ergibt sich

$$I(s) = \int_{0}^{E_{max}} I_{0(E)} e^{-\int_{0}^{s} \mu(\xi,\eta,E) d\eta} dE. \tag{2.15}$$

Die Energieabhängigkeit des Schwächungskoeffizienten μ führt dazu, dass der negative logarithmische Quotient der Intensitäten (siehe Gleichung (2.3)) für die verschiedenen Energien unter einem Projektionswinkel nicht gleich ist, jedoch wird jeder am Detektor eintreffende Röntgenquant gleichermaßen integriert. Dies führt zu einer Inkonsistenz der Projektionswerte. Die hierdurch entstehenden Bildfehler, die sich im rekonstruierten Bild in Form von dunklen Streifen zwischen Objekten mit hoher Ordnungszahl (z.B. Knochen oder Metallobjekte) bemerkbar machen, werden als Aufhärtungsartefakte bezeichnet.

Eine Reduktion der Strahlaufhärtung kann erzielt werden, indem eine Vorfilterung der weichen Röntgenstrahlung direkt nach Austritt aus der Röntgenröhre vorgenommen wird. Die Filterung wird mit einer dünnen Aluminium- oder Kupferfolie realisiert, wodurch das Spektrum eine definierte Aufhärtung erfährt. Des Weiteren ist es möglich, die Strahlaufhärtung für Materialien mit bekannten Schwächungseigenschaften mathematisch zu korrigieren. Dies wird in heutigen CTs für Wasser realisiert, da es ähnliche Schwächungseigenschaften wie Weichteilgewebe aufweist. Allerdings hat dies keinen Einfluss auf stark schwächende Materialien, wie Knochen oder Metall. Wären die unterschiedlichen Eigenschaften der Schwächung für alle Materialien bei verschiedenen Energien jedoch bekannt, so ließe sich ein strahlaufhärtungsartefaktfreies Bild rekonstruieren [33, 38]. Diese Möglichkeit nutzen so genannte polychromatische Algorithmen zur Artefaktreduktion, wie z.B. [11, 39–42].

- **Partialvolumenartefakte**

Partialvolumenartefakte, auch häufig als Teilvolumenartefakte bezeichnet, treten auf, wenn Kanteninformationen im Bild nicht genau auf Übergängen zwischen zwei Detektorelementen liegen. In diesem Fall, wenn also die Kante innerhalb eines Detektorelementes liegt, wird die Intensität der Röntgenstrahlung innerhalb des Detektorelementes gemittelt. Diese Mittelung führt zu einer Verschmierung der Objektkante im Bild. Ursache hierfür stellt wieder die Inkonsistenz der Rohdaten aus den unterschiedlichen Projektionsrichtungen dar. Mathematisch liegt das Problem darin, dass der Logarithmus der Mittelung zweier Intensitäten nicht identisch ist mit der Summe der Logarithmen der zwei Intensitäten und somit das Projektionsintegral nicht mehr linear ist. Im rekonstruierten Bild führen Teilvolumenartefakte zu Streifen an ausgedehnten Kanten und deren Verlängerungen. Minimieren lassen sich die Teilvolumenartefakte durch eine möglichst große Anzahl von verwendeten Detektorelementen, sowie einem möglichst schmalen Röntgenstrahlfächer.

- **Metallartefakte**

  Metallobjekte, die sich in Form von Nägeln, Clips und Schrauben sowie Zahnfüllungen innerhalb des menschlichen Körpers befinden, verursachen im CT eine starke Schwächung der Röntgenstrahlung. Sie besitzen einen hohen Schwächungskoeffizienten μ und verursachen im rekonstruierten Bild helle Streifen, die strahlenförmig vom Metallobjekt ausgehen sowie im Fall mehrerer Metallobjekte dunkle Streifen zwischen diesen. Die Ursache hierfür ist, wie bei der Entstehung der Aufhärtungsartefakte, die Inkonsistenz der Projektionswerte aus unterschiedlichen Richtungen im Bereich der Metallobjekte. Diese fehlerhaften inkonsistenten Projektionswerte verursachen bei der FBP unter bestimmten Winkeln zu hohe Werte, die nicht durch die anderen Projektionsrichtungen kompensiert werden können. Hierdurch entstehen die vom Metallteil ausgehenden streifenförmigen Artefakte. Die dunklen Verbindungslinien zwischen den Metallobjekten im rekonstruierten Bild sind auf Aufhärtungsartefakte zurückzuführen. Diese Inkonsistenz der Daten wird hervorgerufen durch ein Zusammenspiel unterschiedlicher Artefakte, wie der Aufhärtungsartefakte, der Streustrahlungsartefakte, der Teilvolumenartefakte und durch ein niedriges Signal-zu-Rausch-Verhältnis (engl. signal to noise ratio (SNR)) im Metallschatten [35]. Eine ausführliche Betrachtung der Metallartefakte und deren Reduktion wird in Kapitel 4.1 gegeben.

- **Abtastartefakte**

  Auch in der Computertomographie muss das Shannon'sche Abtasttheorem eingehalten werden, da eine Unterabtastung des Signals zu den typischen Aliasingartefakten führen würde. Für ein CT bedeutet dies, dass die Detektorelemente im halben Abstand ihrer eigenen Breite angeordnet sein müssten. Die maximale Frequenz müsste somit gegeben sein durch $\nu_{max} = \frac{1}{(\Delta\xi/2)}$. Tatsächlich gilt jedoch $\nu_{max} = \frac{1}{\Delta\xi}$. Dies ist bautechnisch nicht realisierbar. Daher behilft man sich an dieser Stelle zur Einhaltung des Abtasttheorems mit zwei anderen Methoden, dem Prinzip des Flying-Fokus oder dem Detektorviertelversatz.

- **elektronische Artefakte**

  Eines der bekanntesten elektronischen Artefakte stellt der Ausfall bzw. eine Fehlkalibration eines Detektorelementes dar. Dies führt in den aufgenommenen Projektionsdaten zu einer horizontalen Geraden, die keine Informationen über das Objekt enthält. Innerhalb der FBP stellen diese fehlenden Informationen Tangenten an einen Kreis im rekonstruierten Bild dar. Außerhalb des Kreises ist die Bildinformation von diesem Artefakt betroffen, während das Kreisinnere nahezu unbetroffen bleibt. Das hier beschriebene elektronische Artefakt wird als Ringartefakt bezeichnet.

- **Bewegungsartefakte**

  Bei der Aufnahme der Daten wird davon ausgegangen, dass sich die Informationen über das Objekt während der Aufnahme nicht ändern, d.h. die Schwächungswerte sind nicht zeitlich abhängig. In der Realität können sich Patienten jedoch während der Aufnahme bewegen bzw. bewegen sie sich grundsätzlich durch Herzschlag, Atmung und Darmperistaltik und somit sind die Daten auch zeitlich abhängig. Dies führt wieder zu einer Inkonsistenz der Projektionsdaten, die im rekonstruierten Bild zu Artefakten in Form von Streifen und Unschärfen führt.

In der Literatur findet man viele verschiedene Ansätze zur Minimierung der Artefakte wie z.B. der Strahlaufhärtungsartefakte [6, 43–46], der Bewegungsartefakte [47] der Streustrahlungsartefakte [48] und der daraus resultierenden Streifenartefakte [49–54] im Bild.

2.3 Rekonstruktionsmethoden

Generell lassen sich zwei Arten von Rekonstruktionsmethoden unterscheiden: die analytischen und die algebraischen. Während die analytischen Verfahren von einer kontinuierlichen Erfassung der Projektionsdaten ausgehen und erst anschließend nach Aufstellung der Rekonstruktionsvorschrift diskretisiert werden, geht man bei den algebraischen Methoden von Beginn an von einer diskreten Verteilung der Projektionen $p_\gamma(\xi)$ aus. Die Diskretisierung ist dabei durch das Detektorarray gegeben.

Das Ziel aller Rekonstruktionsverfahren besteht in der Lösung des inversen Problems der Computertomographie, der Berechnung des gesuchten Bildes $f(x, y)$ aus den aufgenommenen Projektionsdaten $p_\gamma(\xi)$.

Im nun folgenden Kapitel 2.3.1 wird das Verfahren der FBP beschrieben. Hierbei handelt es sich um ein analytisches Verfahren, das auf Grund seiner Geschwindigkeit das Verfahren der Wahl bei der heutigen Bildrekonstruktion in der CT-Bildgebung darstellt. Durch die rasante Entwicklung der Rechnergeschwindigkeiten gewinnen aber auch die algebraischen iterativen Verfahren immer mehr an Bedeutung. Einen Schwerpunkt innerhalb dieser Arbeit stellt das iterative statistische Maximum-Likelihood-Expectation-Maximization (MLEM)-Rekonstruktionsverfahren für die Computertomographie dar, welches in Abschnitt 2.3.2.1 beschrieben wird.

2.3.1 Gefilterte Rückprojektion (FBP)

Erstmals eingesetzt wurde die FBP in der medizinischen Tomographie von Shepp und Logan im Jahre 1974. Bis heute stellt sie das Standardrekonstruktionsverfahren in der Computertomographie dar.

Die aufgenommenen Rohdaten liegen in Form der Radontransformierten $\mathcal{R}$ des Objektes $f(x,y)$ vor, die sich im 2D-Fall wie folgt berechnen lässt

$$f(x,y) \overset{\mathcal{R}}{\circ\!\!-\!\!\bullet} p_\gamma(\xi) = \int_{+\infty}^{-\infty}\int_{+\infty}^{-\infty} f(x,y)\cdot\delta(\xi - x\cos\gamma - y\sin\gamma)\,dxdy. \tag{2.16}$$

Die Geradengleichung

$$(\xi - x\cos\gamma - y\sin\gamma) = 0 \tag{2.17}$$

spiegelt hierbei den Verlauf der Integrationslinie wider. Durch die δ-Distribution wird das Integral auf eine einzelne Projektionslinie (entspricht dem Verlauf eines Röntgenstrahls durch den Körper) im Abstand ξ vom Ursprung unter dem Projektionswinkel γ reduziert. Um nun die Verteilung der Schwächungswerte $f(x,y)$ zu erhalten, muss die Radontransformation invertiert werden und man erhält

$$f(x,y) = \frac{1}{2\pi^2}\int_0^{\pi}\int_{-\infty}^{+\infty}\frac{\partial p_\gamma(\xi')}{\partial\xi'}\cdot\frac{1}{\xi-\xi'}d\xi' d\gamma. \tag{2.18}$$

Dieses Faltungsintegral wird jedoch auf Grund der enthaltenen Unstetigkeitstelle bei $(\xi' \to \xi)$ und dem partiellen Differential kaum zur Rekonstruktion verwendet, da es sich nur aufwendig mit einer numerischen Approximation bestimmen lässt. Anstatt dessen werden andere Verfahren, wie die FBP oder die direkte Fourierinversion, zur Rekonstruktion verwendet. Diese Verfahren basieren auf dem Fourier-Slice-Theorem, welches einen Zusammenhang zwischen $P_\gamma(q)$, der 1D-Fouriertransformierten der Projektionen und der 2D-Fouriertransformierten des Objektes $F(u,v)$ herstellt und wie folgt bewiesen werden kann. Die 1D-Fouriertransformierte der Projektionen bezüglich ξ liefert

$$P_\gamma(q) = \int_{-\infty}^{+\infty} p_\gamma(\xi)\cdot e^{-i2\pi q\xi}d\xi. \tag{2.19}$$

Durch Einsetzen der Gleichung (2.16) ergibt sich

$$P_\gamma(q) = \int_{-\infty}^{+\infty}\int_{-\infty}^{+\infty}\int_{-\infty}^{+\infty} f(x,y)\,\delta(\xi - x\cos\gamma - y\sin\gamma)\cdot e^{-i2\pi q\xi}dxdyd\xi \tag{2.20}$$

und berücksichtigt man weiterhin Gleichung (2.17), so erhält man insgesamt

$$P_\gamma(q) = \int_{-\infty}^{+\infty}\int_{-\infty}^{+\infty} f(x,y)\cdot e^{-i2\pi(xq\cos\gamma + yq\sin\gamma)}dxdy. \tag{2.21}$$

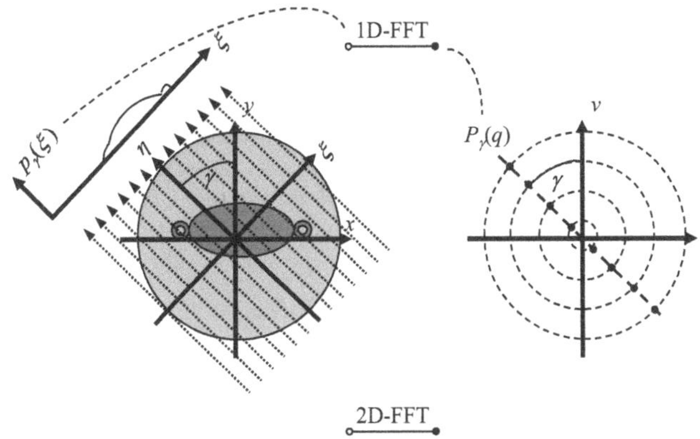

Abbildung 2.15: Schematische Darstellung des Fourier-Slice-Theorems.

In kartesichen Koordianten mit $u = q\cos\gamma$ und $v = q\sin\gamma$, ergibt sich folgend

$$P_\gamma(q) = \int_{-\infty}^{+\infty}\int_{-\infty}^{+\infty} f(x,y)\cdot e^{-i2\pi(xu+yv)}dxdy = F(u,v). \tag{2.22}$$

Das Fourier-Slice-Theorem besagt, dass die eindimensionale Fouriertransformierte $P_\gamma(q)$ der Projektionen $p_\gamma(\xi)$ einer Geraden durch den Ursprung unter dem aufgenommenen Projektionswinkel γ in der 2D-Fouriertransformierten $F(u,v)$ des Bildes $f(x,y)$ entspricht. Betrachtet man andererseits die zweidimensionale Fouriertransformierte $F(u,v)$ des Bildes $f(x,y)$ in Polarkoordinaten, d.h. mit $u = q\cos\gamma$ und $v = q\sin\gamma$, so ist

$$f(x,y) = \int_0^{2\pi}\int_0^{+\infty} q\cdot F_\gamma(q)\, e^{i2\pi q(x\cos\gamma+y\sin\gamma)}dqd\gamma. \tag{2.23}$$

Aus Symmetriebetrachtungen zur Fouriertransformation ergibt sich nach [33],

$$f(x,y) = \int_0^{\pi}\int_{-\infty}^{+\infty} |q|\cdot F_\gamma(q)\, e^{i2\pi q(x\cos\gamma+y\sin\gamma)}dqd\gamma. \tag{2.24}$$

Dadurch ergibt sich

$$f(x,y) = \int_0^{\pi}\left\{\int_{-\infty}^{+\infty} |q|\cdot P_\gamma(q)\, e^{i2\pi q\xi}dq\right\}d\gamma. \tag{2.25}$$

Gleichung (2.25) wird als FBP bezeichnet. Hierbei entspricht das äußere Integral der

Rückprojektion der gefilterten Sinogrammdaten über alle aufgenommenen Projektionswinkel γ. Die Filterung erfolgt im einfachsten Fall mit dem so genannten Rampenfilter $|q|$. Dies stellt eine Hochpassfilterung der 1D-Fouriertransformierten Projektionsdaten dar. Ein Problem, das sich bei der Hochpassfilterung ergibt, liegt in der stärkeren Gewichtung höherer Frequenzen. Da in den hohen Frequenzen neben den Kanteninformationen auch Rauschen enthalten ist, wird dieses ebenfalls verstärkt. Dieser unerwünschte Effekt wird in der Realität unterdrückt, indem man den Rampenfilter $|q|$ mit einer symmetrischen, bandbegrenzten Fensterfunktion $W(q)$ multipliziert und somit die Rampenfunktion bei einer endlichen Grenzfrequenz q_G abbricht.

Die am häufigsten verwendeten Fensterfunktionen lauten [55]

- Ram-Lak:

$$W(q) = 1 \tag{2.26}$$

- Shepp-Logan:

$$W(q) = sinc\frac{q}{2q_G} \tag{2.27}$$

- Hanning:

$$W(q) = \frac{1 + \cos(\pi\frac{q}{q_G})}{2} \tag{2.28}$$

- Hamming:

$$W(q) = 0.54 + 0.46\cos(\pi\frac{q}{q_G}) \tag{2.29}$$

wobei jeweils $W(q) = 0$ für $|q| > q_G$ gilt.

Jedoch bedeutet jede Veränderung des idealerweise unbegrenzten Spektrums $|q| \cdot P_\gamma(q)$ durch eine Fensterung mit einer Wichtungsfunktion $W(q)$ eine Verfälschung des Rekonstruktionsergebnisses. Alle oben aufgelisteten Fensterfunktionen beeinflussen das Rekonstruktionsergebnis hinsichtlich des Rauschens, der Auflösung und der Artefaktentstehung [56]. Abbildung 2.16 zeigt die Ergebnisse der Rekonstruktion mit der FBP bei unterschiedlicher Filterwahl. Hierbei zeigt sich, dass bei Verwendung der Hamming- (d) und der Hanning-Fensterung (c) die Bilder glatter erscheinen als im Fall des Rampenfilters (a) bzw. der Shepp-Logan-Fensterfunktion (b). Dieser Eindruck wird bestätigt, wenn ein Profil durch die Rekonstruktionen betrachtet wird, wie es Abbildung 2.17 zeigt. Das verrauschteste Ergebnis liefert die Rekonstruktion mit der FBP in Kombination mit dem Rampenfilter (siehe Abbildung 2.17 schwarzer Kurvenverlauf). Wesentlich glattere und fast identische Ergebnisse erzielen die Filterungen mit der Hamming- und der Hanning-Fensterfunktion (siehe Abbildung 2.17 blauer und roter Kurvenverlauf). Einen guten Kompromiss bildet der Standardfilterkern von Shepp-Logan, der folgend in dieser Arbeit als Fensterfunktion Verwendung findet (siehe Abbildung 2.17 türkisfarbener Kurvenverlauf).

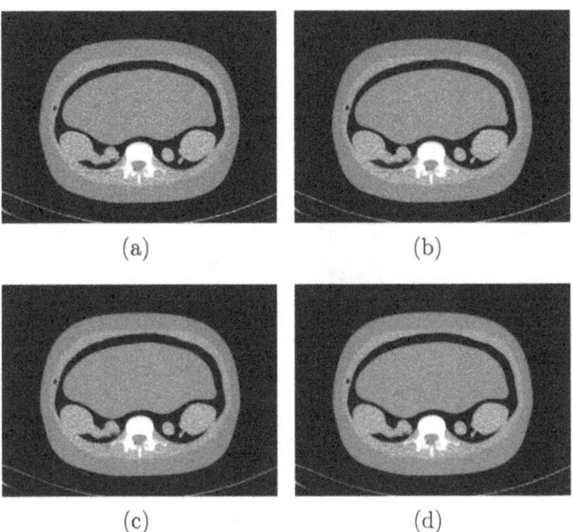

Abbildung 2.16: FBP bei Verwendung unterschiedlicher Filter: (a) Ramp, (b) Shepp-Logan, (c) Hanning, (d) Hamming (Aufnahmeparameter: 110 kV, 60 mAs, 1 mm; Fensterung: WL : -200 HU, WW = 600 HU).

2.3.2 Algebraische und statistische Rekonstruktionsverfahren

Einen alternativen Ansatz stellen die algebraischen Rekonstruktionsmethoden dar, auch häufig als iterative Verfahren bezeichnet. Dabei wird sowohl der Mess- als auch der Objektraum von Anfang an als diskret angesehen. Die Diskretisierung der aufgenommenen Projektionsdaten wird durch die Geometrie des Computertomographen, d.h. durch die Größe des Detektorfeldes, vorgegeben. Im Fall des rekonstruierten Objektes ist die Diskretisierung in gewisser Form frei wählbar. Durch die Wahl der Bildgröße von z.B. 512 x 512 Pixel wird der Objektraum in eine Matrix dieser Größe unterteilt. Jedes Pixel repräsentiert einen Schwächungswert $f_j = \mu_j, j = 1...N$ im rekonstruierten Bild der Größe N (in dieser Arbeit wird eine Bildgröße von $N = 512 \times 512$ Pixeln verwendet). Abbildung 2.18 verdeutlicht das Prinzip der algebraischen Rekonstruktionsmethoden anhand eines Bildbeispieles mit einer Größe von 4 x 4 Pixeln. Die aufgenommenen Projektionen p_i, mit $i = 1...M$ der Anzahl der aufgenommenen Projektionswinkel γ, multipliziert mit der Anzahl der Detektorwerte, lässt sich als Summe der Schwächungswerte f_j der einzelnen Pixel in Form eines linearen Gleichungssystems beschreiben

$$\begin{aligned} p_1 &= f_1 + f_5 + f_9 + f_{13} \\ p_2 &= f_2 + f_6 + f_{10} + f_{14} \\ &\text{....usw.} \end{aligned} \tag{2.30}$$

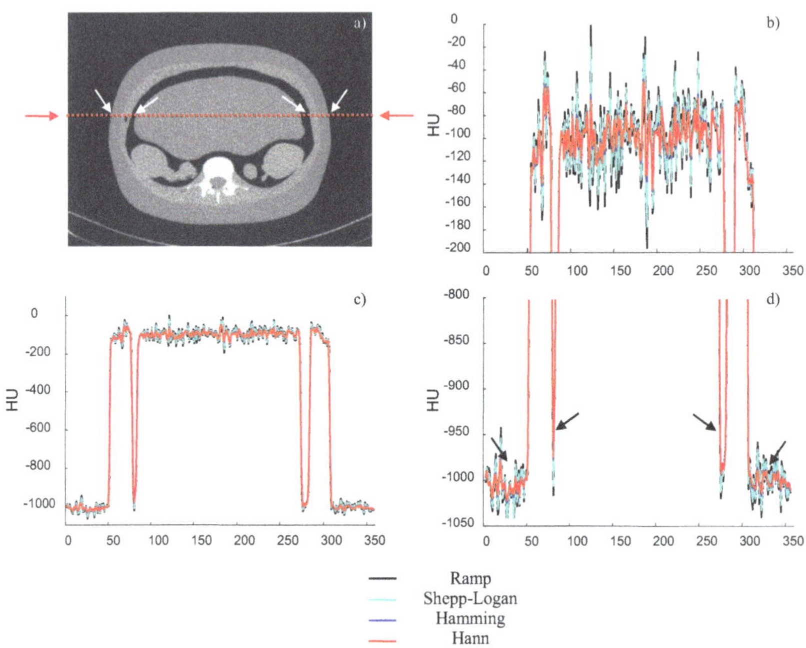

Abbildung 2.17: (a) FBP-Rekonstruktion mit einem Shepp-Logan-Filter. Die rote Linie repräsentiert die Linie, durch die die Profile bei unterschiedlicher Filterwahl im Vergleich betrachtet werden. (c) Profile durch die FBP-Ergebnisse mit unterschiedlichen Filtern: – Ram-Lak, – Shepp-Logan, – Hamming, – Hanning. (b): Vergrößerte Darstellung des grau unterlegten Bereiches (oberer Teil). (d) Vergrößerte Darstellung des grauen Bereiches (unterer Teil in der Abbildung (c)).

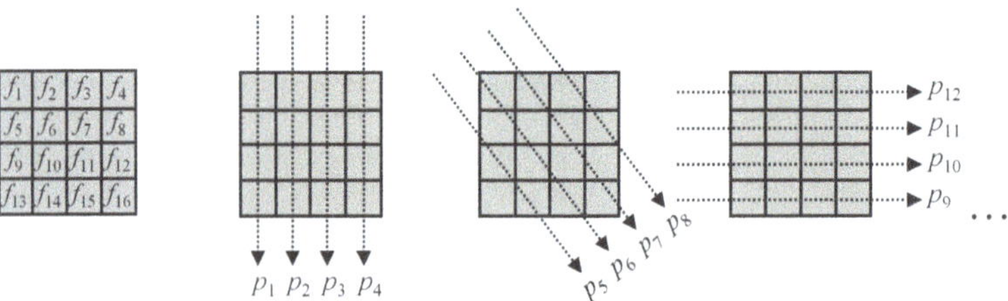

Abbildung 2.18: Schematische Darstellung des algebraischen Rekonstruktionsprinzips.

Je nach Anzahl der durchlaufenen Winkel und der Größe der Bildmatrix erhält man somit ein Gleichungssystem bestehend aus M Gleichungen mit N Unbekannten. Um dieses Gleichungssystem eindeutig lösen zu können, d.h. ein eindeutiges Bild f berechnen zu können, muss es sich hierbei um ein bestimmtes Gleichungssystem, d.h. $M = N$ oder idealerweise $N < M$, ein überbestimmtes Gleichungssystem handeln. Je größer die aufgenommene Projektionsanzahl M und je größer die Anzahl der Bildpixel N, umso feiner und genauer ist die Auflösung des berechneten rekonstruierten Bildes f.

Zur Abtastung des Objektes wurde bei den analytischen Rekonstruktionsmethoden der δ-Impuls verwendet. Hier wird die Abtastung durch die Breite des Detektorfeldes $\Delta\xi$ vorgegeben. Betrachtet man den Strahlenweg durch ein Pixel im Fall der senkrechten Durchstrahlung sowie einer Durchstrahlung unter einem gekippten Winkel, so sieht man deutlich, dass sie sich unterscheiden (siehe Abbildung 2.18). Um dieser Tatsache bei der Berechnung der Rekonstruktion des Bildes Rechnung zu tragen wird eine so genannte Systemmatrix $\mathbf{A}$ der Größe $N \times M$ eingeführt. Sie enthält die Gewichtungen a_{ij} in Form der unterschiedlichen Weglängen, die ein Strahl beim Durchgang durch ein Pixel unter einem bestimmten Winkel besitzt. Innerhalb der Systemmatrix $\mathbf{A}$ sind die Gewichtungsfaktoren a_{ij} wie folgt angeordnet

$$\mathbf{A} = \begin{pmatrix} a_{11} & a_{12} & \dots & a_{1N} \\ a_{21} & \ddots & & \vdots \\ \vdots & & \ddots & \vdots \\ a_{m1} & \dots & \dots & a_{MN} \end{pmatrix}. \qquad (2.31)$$

Gleichung (2.30) lässt sich nun in abgeänderter Form, wie folgt schreiben

$$p_i = \sum_{j=1}^{N} a_{ij} f_j, \quad (i = 1 \dots M, \ j = 1 \dots N). \qquad (2.32)$$

bzw. in Vektor-Matrix Schreibweise

$$\mathbf{p} = \mathbf{A}\mathbf{f}. \qquad (2.33)$$

Hierbei entspricht $\mathbf{p}$ dem Vektor aller aufgenommenen Projektionen, $\mathbf{f}$ dem aller Schwächungswerte im Bild und $\mathbf{A}$ der Matrix mit entsprechenden Wichtungsfaktoren. Gleichung (2.33) wird auch als Vorwärtsprojektion des Bildes f in den Radonraum bezeichnet. Da $\mathbf{A}$ im Allgemeinen weder symmetrisch noch regulär ist [57], lässt sich Gleichung (2.33) zur Bestimmung des Bildes f nicht wie folgt direkt lösen

$$\mathbf{f} = \mathbf{A}^{-1}\mathbf{p}. \qquad (2.34)$$

Vielmehr besteht die Aufgabe darin, das Bild $\widehat{\mathbf{f}}$ zu finden das den Fehler

$$\chi^2 = \|\mathbf{p} - \mathbf{A}\mathbf{f}\|^2 \qquad (2.35)$$

minimiert. Es gilt

$$0 = \frac{\partial}{\partial \widehat{f}} \|\mathbf{p} - \mathbf{A}\mathbf{f}\|^2 = 2\mathbf{A}^T(\mathbf{p} - \mathbf{A}\mathbf{f}) \tag{2.36}$$

und folglich ist

$$\mathbf{f} = \left(\mathbf{A}^T\mathbf{A}\right)^{-1} A^T\mathbf{p} \tag{2.37}$$

$$\mathbf{f} = \mathbf{A}^T\left(\mathbf{A}\mathbf{A}^T\right)^{-1}\mathbf{p} \tag{2.38}$$

die Least-Squares-Lösung, die Gleichung (2.35) minimiert [35]. Innerhalb dieser Gleichung entspricht $\mathbf{A}^T\left(\mathbf{A}\mathbf{A}^T\right)^{-1}$ der so genannten Pseudoinversen der Systemmatrix $\mathbf{A}$, welche sich mit Hilfe der Singulärwertzerlegung berechnen lässt [33]. Insgesamt kann Gleichung (2.38) in Form der gefilterten Rückprojektion interpretiert werden, wobei $\mathbf{A}^T$ der eigentlichen Rückprojektion und $\left(\mathbf{A}\mathbf{A}^T\right)^{-1}$ dem Hochpassfilter $|q|$ entspricht [33].

Da aber die zu lösenden Gleichungssysteme in der Realität sehr groß werden, ist diese Methode der Berechnung äußerst speicherintensiv und wird im Allgemeinen nicht verwendet. Als Alternative bieten sich hierfür die verschiedenen iterativen Lösungsansätze an. Im Fall der iterativen Rekonstruktionsmethoden geht man von folgender Situation aus: $\mathbf{f}^{(0)}$ entspricht hierbei dem Startbild, $\mathbf{f}^{(n)}$ dem n-ten Iterationswert des Bildes und $\mathbf{p}^{(n)}$ der Projektion des n-ten Iterationsschrittes. Somit ergibt sich

$$\mathbf{p}^{(n)} = \mathbf{A}\mathbf{f}^{(n)}. \tag{2.39}$$

Der Korrekturvektor von Iterationsschritt (n) zu Iterationsschritt $(n+1)$ sei $\Delta\mathbf{f}^{(n)}$

$$\mathbf{f}^{(n+1)} = \mathbf{f}^{(n)} + \boldsymbol{\Delta}\mathbf{f}^{(n)}, \tag{2.40}$$

welcher sich mittels des Gradienten (siehe Gleichung (2.36))

$$\mathrm{grad}(\mathbf{f}^{(n)}) = \mathbf{A}^T(\mathbf{p} - \mathbf{A}\mathbf{f}^{(n)}) \tag{2.41}$$

und einer Konvergenz bestimmenden Diagonalmatrix $\mathbf{D}^{(n)}$ wie folgt schreiben lässt

$$\boldsymbol{\Delta}\mathbf{f}^{(n)} = \mathbf{D}^{(n)}\mathrm{grad}(\mathbf{f}^{(n)}). \tag{2.42}$$

Insgesamt ergibt sich folgende Berechnungsvorschrift

$$\mathbf{f}^{(n+1)} = \mathbf{f}^{(n)} + \mathbf{D}^{(n)}\mathrm{grad}(\mathbf{f}^{(n)}). \tag{2.43}$$

Die iterativen Verfahren gewinnen im Bereich der CT-Bildrekonstruktion auf Grund der schnellen Entwicklung in der Computertechnologie und der damit verbundenen möglichen Beschleunigung der Algorithmen immer mehr an Bedeutung. Das erste algebraische Rekonstruktionsverfahren, das so genannte ART (Kurzform für engl. algebraic reconstruction technique), das in der CT-Bildrekonstruktion Verwendung fand, wurde erstmals im Jahre 1937 von Kaczmarz [58] beschrieben.

Generell lassen sich die iterativen Verfahren auf Grund ihrer unterschiedlichen Optimierungsstrategien in zwei Kategorien einteilen: Entweder findet eine Minimierung der Least-Squares-Funktion bzw. der I-Divergenz statt, oder aber die Likelihood-Funktion der gegebenen Wahrscheinlichkeitsverteilung (z.B. Gauss oder Poisson) wird maximiert [59]. Die statistischen iterativen Verfahren stellen eine Alternative zu den algebraischen Rekonstruktionsmethoden dar. Hierbei wird zur Berechnung des Rekonstruktionsergebnisses auch die statistische Natur der Daten in die Berechnung mit einbezogen. Im folgenden Kapitel 2.3.2.1 wird das statistische MLEM-Verfahren für die Computertomographie im Detail erläutert.

2.3.2.1 Maximum-Likelihood-Expectation-Maximization (MLEM)

Bei dem MLEM-Verfahren für die Computertomographie handelt es sich um ein iteratives statistisches Schätzverfahren, in dem in jedem Iterationsschritt (n) das Bild $\mathbf{f}^*$ gesucht wird, das unter Berücksichtigung von statistischen Schwankungen am wahrscheinlichsten zu den gemessenen Projektionswerten $\mathbf{p}$ passt. Das Bild $\mathbf{f}^*$ entspricht dabei dem Erwartungswert für die Schwächung des Röntgenstrahls nach Durchgang durch den Körper [33]. Der iterative Expectation-Maximization (EM)-Algorithmus zur Berechnung des Maximum-Likelihoods (ML) wurde erstmals von Dempster, Laird und Rudin im Jahre 1977 [60] beschrieben. Alternativ können auch Verfahren wie z.B. Gauss-Seidel- [61] oder „Coordinate-Descent"-Verfahren [62] zur Maximierung des Likelihoods oder einer Approximation hiervon verwendet werden. Einen Überblick über die unterschiedlichen Optimierungsalgorithmen findet man z.B. in [63].

Erstmals zur Bildrekonstruktion in der Emissionstomographie wurde der EM-Algorithmus von Shepp und Vardi [64] im Jahre 1982 eingesetzt. Auch heute stellt das MLEM-Verfahren im Bereich der Emissionstomographie, wie der PET und der SPECT, meist das Rekonstruktionsverfahren der Wahl dar. Diese nuklearmedizinischen Verfahren besitzen ein sehr schlechtes Signal-zu-Rausch-Verhältnis, d.h. die Anzahl der auf den Detektor auftreffenden Quanten ist gering. Mit herkömmlichen Rekonstruktionsverfahren, wie der FBP, ergeben sich dadurch stark verrauschte Ergebnisse nach der Bildrekonstruktion. Im Gegensatz hierzu liefert die Rekonstruktion mit dem MLEM-Verfahren ein rauscharmes Ergebnis. Eine Variante dieses MLEM-Verfahrens für die Transmissions-Computertomographie wurde 1984 von Lange und Carson [65] entwickelt. Einen detaillierten Vergleich der beiden Verfahren für die Transmissions- und die Emissionstomographie ist bei Lange, Bahn und Little aus dem Jahre 1987 [66] zu finden. In der Computertomographie fand dieses Verfahren auf Grund der hier vorhandenen wesentlich besseren Statistik und des hohen Zeitaufwandes bei iterativen Rekonstruktionsverfahren im Vergleich zur FBP jedoch kaum Verwendung.

Allerdings bietet das MLEM-Verfahren auch für die Computertomographie neue Möglichkeiten. Ein großes Interesse besteht an der Reduktion der verwendeten Dosis zur Aufnahme von CT-Bildern. Diese Dosisreduktion führt zu einer schlechteren Statistik, die jedoch ein geringeres Problem für die Rekonstruktion mit dem MLEM-Algorithmus darstellt.

Einen weiteren Schwerpunkt stellen iterative Verfahren im Bereich der Metallartefaktreduktion in CT-Bildern dar, da sie wesentlich gutmütiger gegenüber fehlenden Projektionen sind, als z.B. die FBP [60]. Nach Jank et al. [67] ist das MLEM-Verfahren der FBP im Umgang mit Streifenartefakten in den rekonstruierten Bildern generell überlegen. Da Metallobjekte üblicherweise die Ursache für Streifenartefakte im Bild darstellen (vgl. Kapitel 2.2), wird in dieser Arbeit das MLEM-Verfahren zur Bildrekonstruktion verwendet. Im folgenden Abschnitt wird das MLEM-Verfahren für die Computertomographie in Anlehnung an [33] hergeleitet. Eine besonders wichtige Rolle für das statistische ML-Verfahren für die Computertomographie spielen die statistischen Eigenschaften der Röntgenquanten. In [33] wird gezeigt, dass es sich sowohl bei der Anzahl der entstehende Röntgenquanten, als auch bei der Anzahl der detektierten Röntgenquanten um eine diskrete Poisson-verteilte Zufallsgröße N_i handelt, d.h. die Wahrscheinlichkeit P, eine gewisse Quantenanzahl n_i im Detektor i zu messen, kann durch die Poisson-Verteilung

$$P(N_i = n_i) = \frac{(n_i^*)^{n_i}}{n_i!} e^{-n_i^*} \qquad (n_i = 0, 1, 2, 3....) \tag{2.44}$$

motiviert werden, wobei n_i^* dem Erwartungswert der Quantenanzahl (Zufallsgröße N) $E_w(N) = n_i^*$ entspricht. Die Varianz der Poisson-Verteilung ist gegeben durch $Var(n_i^*) = \sigma^2 = n_i^*$, d.h. von einer Poisson-verteilten Zufallsvariablen stimmen Mittelwert und Varianz stets überein.

Die Abschwächung der Quanten durch Absorption und Streuung wird beim Durchgang durch Gewebe als statistisch unabhängig voneinander betrachtet. Die relative Änderung der Intensität, hervorgerufen durch Absorption und Streuung beim Durchgang durch ein Pixel j, ist proportional zum Schwächungskoeffizienten

$$\frac{\Delta I}{I} \propto -f_j. \tag{2.45}$$

Da die Anzahl der Röntgenquanten proportional zur Intensität der Röntgenstrahlung ist, kann man in Analogie zu Gleichung (2.1) von Folgendem ausgehen

$$I_i \propto n_i^* = n_0 e^{-\sum_{j=1}^{N} a_{ij} f_j^*}. \tag{2.46}$$

Hierbei entspricht n_0 der Anzahl der Röntgenquanten, die die Röntgenröhre verlassen und n_i der Anzahl der detektierten abgeschwächten Röntgenquanten. Betrachtet man nun die Gesamtheit aller Detektoren und nicht nur ein Detektorelement i, so kann die

Verbundwahrscheinlichkeit, die Anzahl **n** bei gegebenem Erwartungswert $\mathbf{n}^*$ zu messen, durch Multiplikation der Einzelwahrscheinlichkeiten berechnet werden

$$P\left(\mathbf{n}|\mathbf{n}^*\right) = \prod_{i=1}^{M} \frac{\left(n_i^*\right)^{n_i}}{n_i!} e^{-n_i^*}. \tag{2.47}$$

Durch Einsetzen von Gleichung (2.46) in Gleichung (2.47) ergibt sich

$$P\left(\mathbf{n}|\mathbf{n}^*\right) = \prod_{i=1}^{M} \frac{\left(n_0 e^{-\sum_{j=1}^{N} a_{ij} f_j^*}\right)^{n_i}}{n_i!} e^{-n_0 e^{-\sum_{j=1}^{N} a_{ij} f_j^*}} = P\left(\mathbf{n}|\mathbf{f}^*\right). \tag{2.48}$$

Betrachtet man Gleichung (2.48) nun nicht mehr in Abhängigkeit von der Anzahl der Röntgenquanten, sondern vom Erwartungswert des Schwächungskoeffizienten $\mathbf{f}^*$, so erhält man die Likelihood-Funktion für die Computertomographie (siehe [61] Gleichung (6)).

$$L\left(\mathbf{f}^*\right) = \prod_{i=1}^{M} \frac{\left(n_0 e^{-\sum_{j=1}^{N} a_{ij} f_j^*}\right)^{n_i}}{n_i!} e^{-n_0 e^{-\sum_{j=1}^{N} a_{ij} f_j^*}}. \tag{2.49}$$

Die zentrale Idee des MLEM-Verfahrens besteht nun in der Maximierung der Funktion L (2.49), indem man die Erwartungswerte der Schwächungswerte $\mathbf{f}^*$ variiert. Als ML-Lösung der Funktion wird die Verteilung $\mathbf{f}^*$ angesehen, für die die Funktion L ihr Maximum annimmt. Sie stellt die wahrscheinlichste Lösung für das Rekonstruktionsproblem dar. Durch Logarithmierung von L erhält man die Log-Likelihood-Funktion

$$\begin{aligned} l\left(\mathbf{f}^*\right) &= \ln\left(L\left(\mathbf{f}^*\right)\right) \\ &= \sum_{i=1}^{M} \left(\ln\left(n_0 e^{-\sum_{j=1}^{N} a_{ij} f_j^*}\right)^{n_i} - \ln\left(n_i!\right) - n_0 e^{-\sum_{j=1}^{N} a_{ij} f_j^*} \right) \\ &= \sum_{i=1}^{M} \left(n_i \ln\left(n_0\right) - n_i \sum_{j=1}^{N} a_{ij} f_j^* - \ln\left(n_i!\right) - n_0 e^{-\sum_{j=1}^{N} a_{ij} f_j^*} \right). \end{aligned} \tag{2.50}$$

Diese Log-Likelihood-Funktion muss nun maximiert werden, wobei Ω_{ML} die Menge aller möglichen Lösungen darstellt. Der ML-Schätzer in logarithmierter Form ist somit gegeben durch

$$\mathbf{f}^*_{\mathbf{max}} = \max_{f^* \in \Omega_{ML}} \left\{ l(\mathbf{f}^*) \right\}. \tag{2.51}$$

Zur Lösung des Maximierungsproblems wird im Fall des EM-Algorithmus eine konvergierende Folge von Parametervektoren $\mathbf{f}^{*(n)}$ konstruiert. Die Berechnung von $\mathbf{f}^{*(n+1)}$ bei gegebenem $\mathbf{f}^{*(n)}$ besteht folgend aus zwei Schritten:

1. **E-Schritt:** Bildung des Erwartungswertes E der Log-Likelihood-Funktion

$$E\left(\mathbf{f}^*, \mathbf{f}^{*n}\right) = E(l(\mathbf{f}^*)). \tag{2.52}$$

2. **M-Schritt:** Maximierung von E bezüglich $\mathbf{f}^*$

$$\mathbf{f}^{*(n+1)} = \max_{f^* \in \Omega_{ML}} \left\{ E\left(\mathbf{f}^*, \mathbf{f}^{*n}\right) \right\}. \tag{2.53}$$

Die notwendige Bedingung für die Existenz eines Maximums ist, dass die erste Ableitung der Funktion $l(\mathbf{f}^*)$ gleich Null ist

$$\frac{\partial l(\mathbf{f}^*)}{\partial f_r^*} = n_0 \sum_{i=1}^{M} a_{ir} e^{-\sum\limits_{j=1}^{N} a_{ij} f_j^*} - \sum_{i=1}^{M} n_i a_{ir} = 0. \tag{2.54}$$

Die hinreichende Bedingung für die Existenz eines Maximums besagt, dass die zweite Ableitung der Funktion $l(\mathbf{f}^*)$ kleiner Null sein muss. Dies lässt sich mit der Hesse-Matrix

$$\begin{aligned} \frac{\partial^2 l\left(f^*\right)}{\partial f_r^* \partial f_s^*} &= \sum_{i=1}^{M} \left(\frac{\partial \left(n_0 a_{ir} e^{-\sum\limits_{j=1}^{N} a_{ij} f_j^*} \right)}{\partial f_s^*} \right) \\ &= -n_0 \sum_{i=1}^{M} \left(a_{is} a_{ir} e^{-\sum\limits_{j=1}^{N} a_{ij} f_j^*} \right) \end{aligned} \tag{2.55}$$

überprüfen.

Die symmetrische Hesse-Matrix in Gleichung (2.55) ist negativ semidefinit und somit handelt es sich eindeutig um ein globales Maximum der Funktion $l(\mathbf{f}^*)$ [60, 65]. Damit sind auch die Kuhn-Tucker-Bedingungen für jedes j gegeben, d.h. es gilt

$$f_j^* \frac{\partial l\left(\mathbf{f}^*\right)}{\partial f_j^*}\Big|_{f_{max}^*} = 0 \text{ für alle } j \text{ für die } f_j^* > 0 \tag{2.56}$$

und

$$\frac{\partial l\left(\mathbf{f}^*\right)}{\partial f_j^*}\Big|_{f_{max}^*} \leq 0 \text{ für alle } j \text{ für die } f_j^* = 0. \tag{2.57}$$

Die erste Kuhn-Tucker-Bedingung (Gleichung (2.56)) besagt, dass die Schwächungskoeffizienten nie negativ werden können und führt gleichzeitig zu einem Iterationsschema.

Wendet man die erste Kuhn-Tucker-Bedingung auf die erste Ableitung der Funktion $l(\mathbf{f}^*)$ aus Gleichung (2.54) an, so ergibt sich

$$
\begin{aligned}
f_r^* \frac{\partial l(\mathbf{f}^*)}{\partial f_r^*} &= f_r^* \left(n_0 \sum_{i=1}^{M} a_{ir} e^{-\sum_{j=1}^{N} a_{ij} f_j^*} - \sum_{i=1}^{M} n_i a_{ir} \right) = 0 \\
\Longrightarrow f_r^* &= \frac{f_r^* n_0}{\sum_{i=1}^{M} a_{ir}} \sum_{i=1}^{M} n_i a_{ir} e^{-\sum_{j=1}^{N} a_{ij} f_j^*} .
\end{aligned}
\tag{2.58}
$$

Hierbei wird der Schnittpunkt zwischen einer Geraden mit der Steigung Eins und dem Funktional auf der rechten Seite von Gleichung (2.58) berechnet. Diesen kann man mittels einer Fixpunktiteration ermitteln

$$
f_r^{*(n+1)} = \frac{f_r^{*(n)} n_0}{\sum_{i=1}^{M} n_i a_{ir}} \sum_{i=1}^{M} a_{ir} e^{-\sum_{j=1}^{N} a_{ij} f_j^{*(n)}}
\tag{2.59}
$$

(vgl. [66] Gleichung (6)). Gleichung (2.59) entspricht gleichzeitig der Rekonstruktionsvorschrift für die Bildrekonstruktion. Berücksichtigt man weiter die Aussage von Gleichung (2.46), die besagt, dass die Anzahl n_i der gemessenen Röntgenquanten im Detektorelement i proportional zur Intensität der Röntgenquanten ist

$$
n_i = n_0 e^{-\sum_{i=1}^{N} a_{ij} f_j} ,
\tag{2.60}
$$

so lässt sich Gleichung (2.59) wie folgt schreiben

$$
f_r^{*(n+1)} = f_r^{*(n)} \frac{\sum_{i=1}^{M} a_{ir} e^{-\sum_{j=1}^{N} a_{ij} f_j^{*(n)}}}{\sum_{i=1}^{M} a_{ir} e^{-p_i}} .
\tag{2.61}
$$

Gleichung (2.61) stellt das Iterationsschema zur Berechnung des Bildes mit dem MLEM-Verfahren für die CT dar, wobei die gemessenen Projektionswerte

$$
p_i = \sum_{j=1}^{N} a_{ij} f_j
\tag{2.62}
$$

exponentiell in Gleichung (2.61) mit einfließen. In jedem Iterationsschritt $(n) \rightarrow (n+1)$ wird der Bildwert $f_r^{*(n)}$ als gesuchter Schwächungswert am Bildpunkt r angesehen. Dieser wird nun in jedem Iterationsschritt mittels eines gewichteten Quotienten aus erwarteter Anzahl der Röntgenquanten

$$n_i^{*(n)} \propto e^{-\sum\limits_{j=1}^{N} a_{ij} f_j^{*(n)}} \tag{2.63}$$

und der tatsächlich gemessenen Röntgenquanten

$$n_i \propto e^{-p_i} \tag{2.64}$$

multipliziert, wodurch die Log-Likelihood-Funktion vergrößert und letztendlich maximiert wird.

Das MLEM-Verfahren ist ein einfaches Gradientenverfahren (siehe Gleichung (2.43)) [66]

$$\mathbf{f}^{*(n+1)} = \mathbf{f}^{*(n)} + \mathbf{D}\left(\mathbf{f}^{*(n)}\right) \operatorname{grad}\left(l\left(\mathbf{f}^{*}\right)\right). \tag{2.65}$$

Hierbei entspricht $\mathbf{D}$ der Diagonalmatrix für die Computertomographie

$$\mathbf{D}\left(\mathbf{f}^{*(n)}\right) = \operatorname{diag}\left(\frac{f_r^{*(n)}}{\sum\limits_{i=1}^{M} a_{ir} e^{-p_i}}\right) \tag{2.66}$$

und Gleichung (2.61) kann somit in folgender Form geschrieben werden [68]

$$\begin{aligned} f_r^{*(n+1)} &= f_r^{*(n)} + \frac{f_r^{*(n)}}{\sum\limits_{i=1}^{M} a_{ir} e^{-p_i}} \left(\frac{\partial l\left(\mathbf{f}^{*}\right)}{\partial f_r^{*}}\right) \\ &= f_r^{*(n)} + \frac{f_r^{*(n)}}{\sum\limits_{i=1}^{M} a_{ir} e^{-p_i}} \left(\sum_{i=1}^{M} a_{ir} e^{-\sum\limits_{j=1}^{N} a_{ij} f_j^{*(n)}} - \sum_{i=1}^{M} a_{ir} e^{-p_i}\right). \end{aligned} \tag{2.67}$$

Abbildung 2.19 zeigt das MLEM-Ergebnis der aufgenommenen Schnittbilder eines Torsophantoms (a) 100, (b) 500, (c) 1000 und (d) 10000 Iterationen. Innerhalb dieser Bilder lässt sich sehr gut erkennen, dass mit wachsender Anzahl der Iterationen das Rekonstruktionsergebnis zunehmend an Schärfe und Kontrast gewinnt und das Rauschen zunimmt. Dies ist ein bekanntes Problem des MLEM-Algorithmus, welcher nur sehr langsam konvergiert, so dass eine große Iterationsanzahl notwendig ist, um ein brauchbares Bild zu erhalten. Jedoch bedeutet eine große Anzahl an Iterationen des MLEM-Algorithmus ein erhebliches Anwachsen des Rauschens im rekonstruierten Bild. In diesem Fall ist nicht das Rauschen im eigentlichen Sinne gemeint – durch Erhöhung der Iterationsanzahl prägen sich kleine Änderungen immer stärker aus und führen zu starken Schwankungen benachbarter Pixel.

Ein Vergleich der Profile durch eine MLEM-Rekonstruktion des Phantomdatensatzes

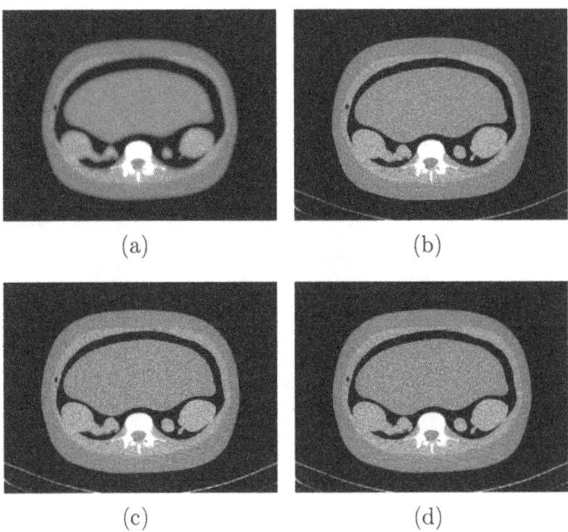

Abbildung 2.19: MLEM-Rekonstruktion nach (a) 100, (b) 500, (c) 1000 und (d) 10000 Iterationen (Aufnahmeparameter: 110 kV, 60 mA, 1 mm).

(vgl. Kapitel 3) nach 100, 500, 1000 und 10000 Iterationen macht dies besonders deutlich (siehe Abbildung 2.20).

Abbildung 2.20 (a) zeigt die MLEM-Rekonstruktion des Phantomdatensatzes ohne Metallmarker (110 kV, 60 mA,1 mm, nach 1000 Iterationen). Die rote Linie entspricht der Position der Profile innerhalb der MLEM-Rekonstruktion nach entsprechender Iterationsanzahl dargestellt in Abbildung 2.20 (c). In Abbildung 2.20 (b) ist ein vergrößerter Ausschnitt des grau unterlegten Profilverlaufes (oberer Teil) innerhalb der Abbildung 2.20 (c) dargestellt. In Analogie hierzu stellt Abbildung 2.20 (d) die vergrößerte Darstellung des grau unterlegten Profilverlaufes (unterer Teil) dar. Die grauen Pfeile entsprechen hierbei den Positionen innerhalb der MLEM-Rekonstruktion (a)).

Bei Betrachtung der Profile in Abbildung 2.20 nach 100 Iterationen (grüne Kurve), 500 Iterationen (rote Kurve), 1000 Iterationen (cyanfarbene Kurve) und 10000 Iterationen (schwarze Kurve) wird eine Zunahme kleiner Variationen deutlich sichtbar (siehe Abbildung 2.20 (b)).

Andererseits zeigt sich aber auch, dass mit größerer Iterationsanzahl der Verlauf der Kanten innerhalb des rekonstruierten Bildes immer besser wird und gegen einen festen Wert konvergiert (schwarze Pfeile in Abbildung 2.20 (d)).

Zur Bestimmung einer geeigneten Iterationsanzahl scheint aus diesem Grund eine detailliertere Betrachtung des Konvergenzverhaltens sinnvoll.

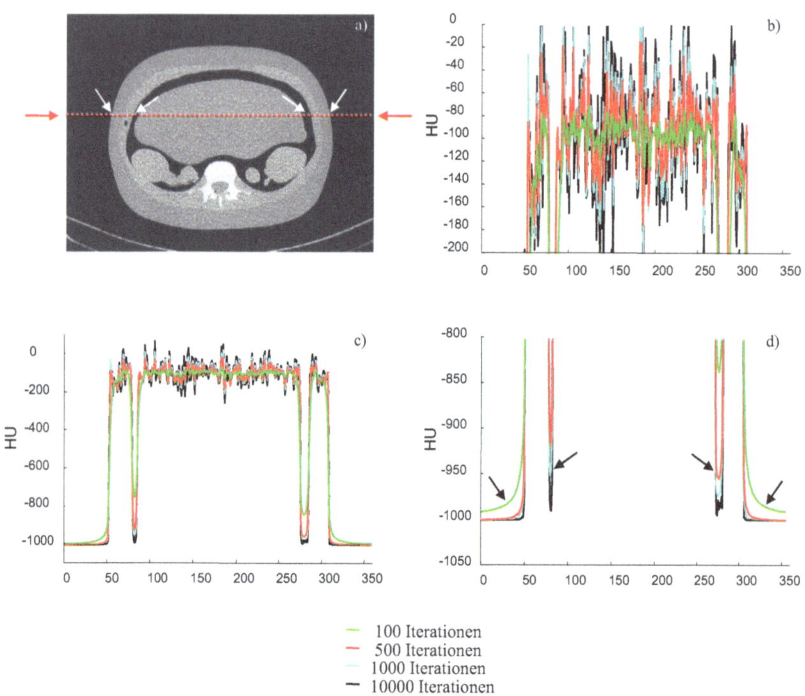

Abbildung 2.20: (a) MLEM-Rekonstruktion des Phantomdatensatzes ohne Metallmarker (110 kV, 60 mA, 1 mm, 1000 Iterationen). Die rote Linie entspricht der Position der Profile innerhalb der MLEM-Rekonstruktion nach 100, 500, 1000 und 10000 Iterationen dargestellt in Abbildung (c) unten links. (b) vergrößerte Darstellung des grau unterlegten Profilverlaufes (oberer Teil) in der Abbildung (c). (d) vergrößerte Darstellung des grau unterlegten Profilverlaufes (unterer Teil). Die grauen Pfeile entsprechen den Positionen innerhalb der MLEM Rekonstruktion (a).

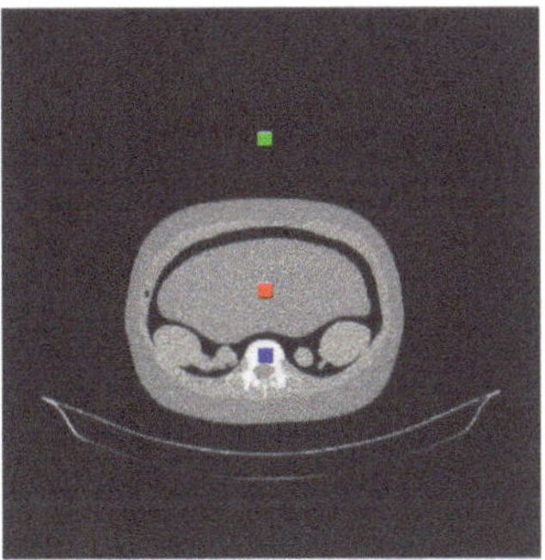

Abbildung 2.21: Betrachtete ROIs zur Bestimmung des Konvergenzverhaltens am Beispiel des Torsophantoms: innerhalb des Hintergrundes ■, im Bauchbereich ■ und innerhalb des Wirbelkörpers ■.

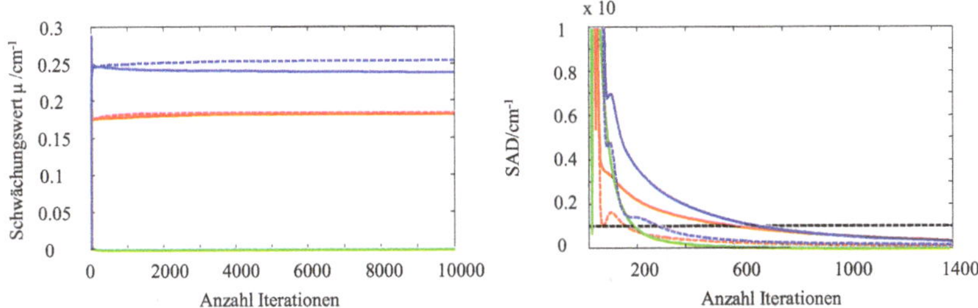

Abbildung 2.22: Links: Konvergenzverhalten der Mittelpunkte der 3 ROIs aus Abbildung 2.21; Rechts: Summe der absoluten Differenzen (SAD) berechnet innerhalb der 3 ROIs aus Abbildung 2.21. Hintergrund (– 110 kV,-- 130 kV), Bauchbereich (– 110 kV,-- 130 kV) und Wirbelkörper (– 110 kV,-- 130 kV), die -- Linie entspricht einem Wert von 10^{-4}cm^{-1}.

Hierzu wurden drei ROIs innerhalb der Rekonstruktion des Torsophantom-Bildes über eine Anzahl von 10000 Iterationen betrachtet: Hintergrund (grüne Region), Bauchbereich (blaue Region) und innerhalb des Wirbelkörpers (rote Region) (siehe Abbildung 2.21).

Den Konvergenzverlauf der Mittelpunkte der jeweiligen ROIs für die Aufnahmen des Torsophantoms (110 kV durchgängige Linien und 130 kV gestrichelte Linien) zeigt Abbildung 2.22 (linke Seite). Die grünen Linien entsprechen dem Verlauf der Konvergenz im Hintergrund, die roten Linien dem im Bauchbereich und die blauen Linien dem im Wirbelkörper. Im Fall einer Aufnahme mit einer Beschleunigungsspannung von 130 kV im Vergleich zu 110 kV fällt auf, dass die Werte immer leicht höher liegen. Dies ist darauf zurückzuführen, dass bei 130 kV auf Grund der Strahlaufhärtung mehr Strahlung

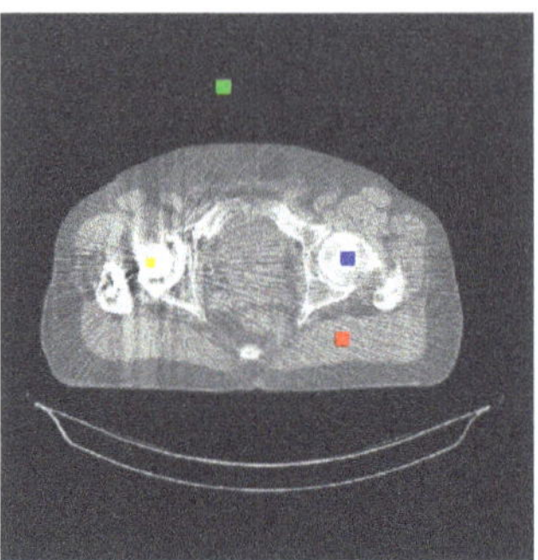

Abbildung 2.23: Betrachtete ROIs zur Bestimmung des Konvergenzverhaltens am Beispiel eines Hüftdatensatzes: Hintergrund (■), Weichteilgewebe (■), Knochen (■) und innerhalb des Metallobjektes(■).

am Detektor gemessen wird. Im Fall von 130 kV kommt mehr Strahlung am Detektor an, da diese ein höheres Durchdringungsvermögen besitzt.

Zur Bestimmung der optimalen Iterationsanzahl wurde die Summe der absoluten Differenzen (SAD)

$$\text{SAD} = \sum_{j=1}^{N} \left| f_j - f_j^{ref} \right| \tag{2.68}$$

innerhalb des jeweiligen ROIs zwischen dem Iterationsschritt $(n+1)$ und dem vorherigen Iterationsschritt (n) berechnet. Das Ergebnis ist in Abbildung 2.22 (rechte Seite) dargestellt. Die schwarz gestrichelte Linie innerhalb von Abbildung 2.22 (rechte Seite) repräsentiert eine Änderung des Schwächungskoeffizienten unterhalb einer frei gewählten Grenze von 10^{-4}cm^{-1}. Eine Änderung von $\pm 10^{-4}\text{cm}^{-1}$ entspricht im HU-Bild einer Abweichung von $\pm \approx 0,5\,\text{HU}$ und wird hier als tolerierbare Schwankung eingestuft. Ab dem Unterschreiten dieses Grenzwertes wird die Iterationsanzahl bezüglich der Konvergenz als ausreichend angesehen. Betrachtet man Abbildung 2.22 (rechte Seite), so ist dies für alle Gewebetypen (Knochen, Weichteilgewebe und Luft) bei ca. 800 Iterationen unterschritten.

Analog wurde das Konvergenzverhalten der Rekonstruktion mit dem MLEM-Algorithmus an einem klinischen Datensatz eines Patienten mit Hüftprothese getestet. Hierbei wurden insgesamt vier unterschiedliche ROIs betrachtet: Hintergrund (grüne ROI), Weichteilgewebe (rote ROI), Knochen (blaue ROI) und innerhalb eines Metallobjektes (gelbe ROI)(siehe Abbildung 2.23).

Der Konvergenzverlauf der einzelnen Schwächungswerte der jeweiligen Mittelpunkte der betrachteten ROIs ist in Abbildung 2.24 (linke Seite) abgebildet. Es werden wieder die Summen der absoluten Differenzen der einzelnen ROIs betrachtet. Hierbei zeigt sich, dass

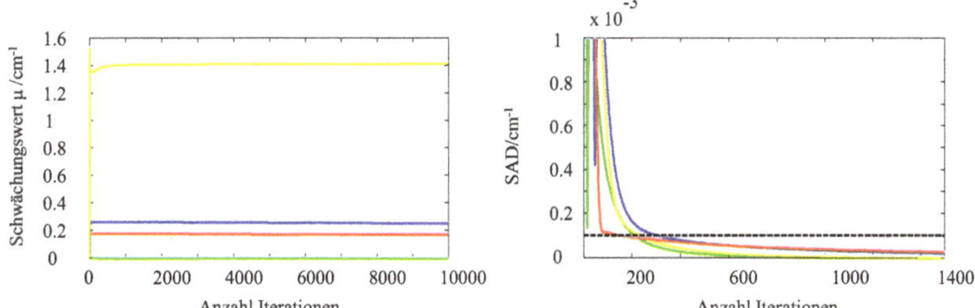

Abbildung 2.24: Links: Konvergenzverhalten der Mittelpunkte der 4 ROIs aus Abbildung 2.23; Rechts: Summe der absoluten Differenzen (SAD) berechnet innerhalb der vier ROIs aus Abbildung 2.23. Hintergrund —, Weichteilgewebe —, Knochen — und innerhalb des Metallobjektes —, die -- Linie entspricht einem Wert von 10^{-4}cm^{-1}.

ab ca. 400 Iterationen eine Änderung des Schwächungswertes unterhalb des gewählten Grenzwertes (s.o.) erreicht wird. Um eine allgemeingültige Iterationsanzahl unabhängig vom betrachteten Objekt zu erhalten, scheint eine Wahl von ca. 800-1000 Iterationen sinnvoll.

2.3.2.2 Maximum-A-Posteriori (MAP)

Auf Grund des vorhandenen schlecht gestellten inversen Problems in der Computertomographie, ist der MLEM-Algorithmus potentiell instabil. Das bedeutet, dass kleine Störungen in den aufgenommenen Daten zu großen Änderungen im rekonstruierten Bild führen. Vergleicht man die MLEM-Rekonstruktionen mit den FBP Ergebnissen (unter Verwendung des Shepp-Logan-Kernels als Regularisierung), so erscheinen erstere Bilder wesentlich verrauschter (siehe Abbildung 2.25).

Wie bereits im vorangegangenen Kapitel angesprochen, ist dies ein bekanntes MLEM-Problem. Durch die langsame Konvergenz ist eine große Iterationsanzahl notwendig, um ein zufriedenstellendes Ergebnis zu erhalten. Jedoch bedeuten viele Iterationen des MLEM-Algorithmus ein erhebliches Anwachsen des Rauschens[4] im rekonstruierten Bild. In der Literatur finden sich verschiedene Ansätze, um dieses Problem zu lösen. Zum einen besteht die Möglichkeit der Einführung eines so genannten Stopp-Kriteriums, das den MLEM-Algorithmus vor Erreichen des Konvergenzpunktes beendet (siehe z.B. [69, 70]). Zum anderen kann ein Regularisierungsterm in die Rekonstruktionsvorschrift des Algorithmus integriert werden (z.B. [61, 66, 71–74]). In dieser Arbeit wird ein Regularisierungsterm mittels Addition in die Log-Likelihood-Funktion eingefügt, der Vorwissen über

[4] Hierbei ist wiederum nicht das Rauschen im eigentlichen Sinne gemeint – durch Erhöhung der Iterationsanzahl prägen sich kleine Änderungen immer stärker aus und führen zu starken Schwankungen benachbarter Pixel.

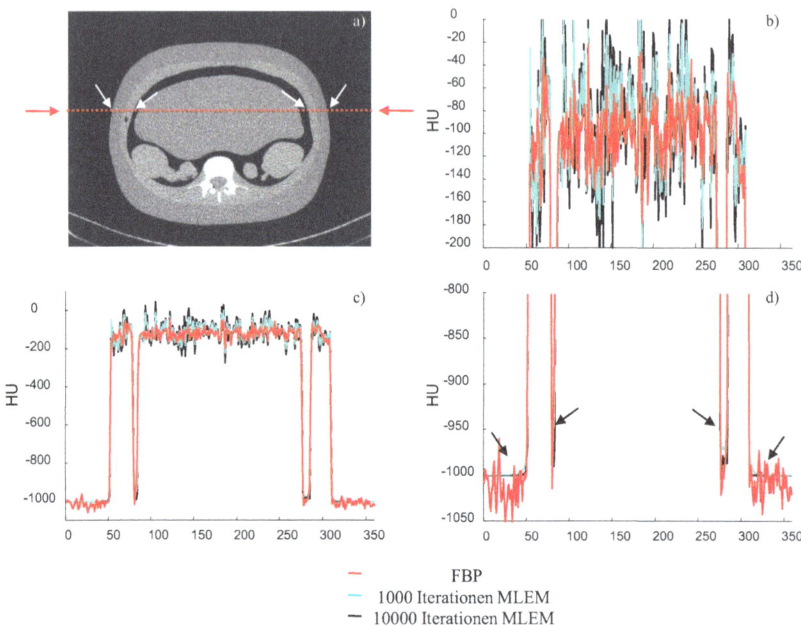

Abbildung 2.25: (c) Vergleich der Profile durch die Rekonstruktionen nach 1000 und 10000 Iterationen MLEM und der FBP (Filter: Shepp-Logan) auf Höhe der roten Linie in (a) (1000 Iterationen MLEM). (b) und (d) vergrößerte Darstellung der grau unterlegten Bereiche innerhalb des Vergleiches der Profile in (c).(Aufnahmeparameter: 110 kV, 60 mA, 1 mm).

die Beschaffenheit des Bildes in die Rekonstruktion mit einfließen lässt. Hierdurch lassen sich die entstehenden stärkeren Ausprägungen kleiner Änderungen, je nach Wahl des Regularisierungsterms, unterschiedlich stark unterdrücken. Dies geht jedoch auf Kosten der Auflösung des rekonstruierten Bildes. Auf diese Weise wird auch eine Vergleichbarkeit der FBP, die bereits einen Regularisierungsterm beinhaltet und dem MLEM-Algorithmus gewährleistet.

Folgend wird die Bayes'sche Sichtweise der Bildanalyse, eingeführt von Besag [75] sowie Geman und Geman [76] betrachtet. In dieser wird die Regularisierung als Vorwissen angesehen und als A-priori-Modell bezeichnet. Das Bild wird häufig als Markovsches-Zufallsfeld (engl. Markov-Random-Field (MRF)) angesehen, das eine A-priori-Wahrscheinlichkeitsverteilung $R(f)$ besitzt [61]. Ein typisches Bayes-Schätzverfahren ist die Maximum-A-Posteriori (MAP)-Methode. Die MAP-Schätzung entspricht dann dem Wert von $\mathbf{f}^*$, der die A-posteriori-Dichte

$$\mathbf{f}^*_{\mathbf{max}} = \max_{f^* \in \Omega} \{\ln (L(\mathbf{f}^*)) + \ln (R(\mathbf{f}^*))\} \tag{2.69}$$

maximiert. Hier wird das MRF zur Modulation des Bildes verwendet, welches sich bei der Schätzung von Bildern als sehr sinnvoll erwiesen hat, da die bedingte Verteilung nur von den Grauwerten der direkten Nachbarpixel abhängt [61]. Ein Zufallsfeld wird als Markovsches-Zufallsfeld bezeichnet, genau dann wenn es eine Wahrscheinlichkeitsverteilung besitzt, die einer Gibbs-Verteilung

$$R(\mathbf{f}^*) = \frac{1}{\hat{Z}} e^{-\beta^q \sum_{c \in C} V_c(\mathbf{f}^*)} \tag{2.70}$$

entspricht (Hammerson-Clifford-Theorem) [76–79]. Hierbei entspricht $\hat{Z}$ einer Normierungskonstante[5], $V_c(\mathbf{f}^*)$ ist die Potentialfunktion einer lokalen Pixelgruppe c und C bezeichnet die Menge aller Cliquen (für eine detaillierte Beschreibung siehe [80]). Da nur lokale Pixelnachbarschaften betrachtet werden, kann Gleichung (2.70) wie folgt geschrieben werden

$$R(\mathbf{f}^*) = \frac{1}{\hat{Z}} e^{-\beta^q \sum_{kj \in C} w_{kj} V_c (f_k - f_j)^q}. \tag{2.71}$$

Hierbei entspricht β^q einem Regulierungsterm[6], der den Einfluss der Regularisierung auf das Bild steuert, wobei $1 \leq q \leq 2$. In dieser Arbeit wird eine 8-er Pixelnachbarschaft betrachtet. w_{kj} entspricht einer Nachbarschaftsgewichtungsmaske, wobei orthogonale Nachbarschaften mit der Gewichtung $w_{kj} = 1$ und diagonal verlaufende Nachbarschaften mit dem Gewichtungsfaktor $w_{kj} = \frac{1}{\sqrt{2}}$ bewertet werden.

In der Literatur finden sich viele verschiedene MAP-Algorithmen, die unterschiedlich modifizierte Regularisierungsterme verwenden [68, 73, 74, 76, 77, 81–84]. Insgesamt lässt sich somit die regularisierte Log-Likelihood-Funktion wie folgt schreiben

$$l(\mathbf{f}^*) = \sum_{i=1}^{M} \left(-n_i \sum_{j=1}^{N} a_{ij} f_j^* + n_0 a_{ij} e^{-\sum_{j=1}^{N} a_{ij} f_j^*} \right) - \beta^q \sum_{k,j \in C} w_{kj} V_c (f_k - f_j)^q, \tag{2.72}$$

wobei der Normierungsfaktor $\hat{Z}$ jedoch nicht weiter bei der Betrachtung berücksichtigt werden muss [77]. Im Gegensatz zu dem Log-Likelihood-Ausdruck (2.50), lässt sich für diese Gleichung (2.72) keine geschlossene Form zur iterativen Maximierung finden [62]. Deswegen wird diese Gleichung wie folgend gezeigt gelöst. Zunächst wird, analog

[5] In der Physik entspricht $\hat{Z}$ der Zustandssumme

[6] In der Physik entspricht β^q der Temperatur

zum MLEM-Verfahren, die erste Ableitung der regularisierten Log-Likelihood-Funktion berechnet

$$\begin{aligned}\frac{\partial l(\mathbf{f}^*)}{\partial f_r^*} &= \sum_{i=1}^{M}\left(-n_i a_{ir} + n_0 a_{ir} e^{-\sum\limits_{j=1}^{N} a_{ij} f_j^*}\right) + q\beta^q \sum_{k,r\in C} w_{kr} V_c'\left(f_k - f_r^*\right)^{q-1} \\ &= n_0 \sum_{i=1}^{M} a_{ir} e^{-\sum\limits_{j=1}^{N} a_{ij} f_j^*} - \sum_{i=1}^{M} n_i a_{ir} + q\beta^q \sum_{k,r\in C} w_{kr} V_c'\left(f_k - f_r^*\right)^{q-1}.\end{aligned} \tag{2.73}$$

Für die Existenz eines Maximums muss dieser Ausdruck notwendigerweise den Wert Null annehmen

$$\frac{\partial l(\mathbf{f}^*)}{\partial f_r^*} = n_0 \sum_{i=1}^{M} a_{ir} e^{-\sum\limits_{j=1}^{N} a_{ij} f_j^*} - \sum_{i=1}^{M} n_i a_{ir} + q\beta^q \sum_{k,r\in C} w_{kr} V_c'\left(f_k - f_r^*\right)^{q-1} = 0. \tag{2.74}$$

Hinreichende Bedingung für die Existenz eines Maximums ist wiederum, dass die zweite Ableitung $\leq$ Null ist, das heißt

$$\frac{\partial l(\mathbf{f}^*)}{\partial f_r^* \partial f_s^*} = -n_0 \sum_{i=1}^{M} a_{is} a_{ir} e^{-\sum\limits_{j=1}^{N} a_{ij} f_j^*} - (q^2 - q)\beta^q \sum_{k,r\in C} w_{kr} V_c''\left(f_k - f_r^*\right)^{q-2}. \tag{2.75}$$

Somit lässt sich erneut folgende Iterationsvorschrift herleiten

$$\begin{aligned} f_r^* \frac{\partial l(\mathbf{f}^*)}{\partial f_r^*} &= f_r^* \left(n_0 \sum_{i=1}^{M} a_{ir} e^{-\sum\limits_{j=1}^{N} a_{ij} f_j^*} - \sum_{i=1}^{M} n_i a_{ir} + q\beta^q \sum_{k,r\in C} w_{kr} V_c'\left(f_k - f_r^*\right)^{q-1}\right) = 0 \\ 0 &= f_r^* n_0 \sum_{i=1}^{M} a_{ir} e^{-\sum\limits_{j=1}^{N} a_{ij} f_j^*} - f_r^* \sum_{i=1}^{M} n_i a_{ir} + f_r^* q\beta^q \sum_{k,r\in C} w_{kr} V_c'\left(f_k - f_r^*\right)^{q-1}.\end{aligned} \tag{2.76}$$

Durch Umstellen ergibt sich

$$f_r^* = \frac{f_r^* n_0 \sum\limits_{i=1}^{M} a_{ir} e^{-\sum\limits_{j=1}^{N} a_{ij} f_j^*} + f_r^* q\beta^q \sum\limits_{k,r\in C} w_{kr} V_c'\left(f_k - f_r^*\right)^{q-1}}{\sum\limits_{i=1}^{M} n_i a_{ir}} \tag{2.77}$$

(vgl. [82] Gleichung (10)) und somit lautet die Iterationsvorschrift unter Verwendung von Gleichung (2.60)

$$f_r^{*(n+1)} = f_r^{*(n)} \frac{n_0 \sum_{i=1}^{M} a_{ir} e^{-\sum_{j=1}^{N} a_{ij} f_j^*} + q\beta^q \sum_{k,r \in C} w_{kr} V_c'(f_k - f_r^*)^{q-1}}{\sum_{i=1}^{M} n_0 a_{ir} e^{-p_i}}. \tag{2.78}$$

Kürzt man aus Gleichung (2.78) wiederum die Anzahl der Röntgenquanten n_0, die die Röntgenröhre verlassen, so ergibt sich

$$f_r^{*(n+1)} = f_r^{*(n)} \frac{\sum_{i=1}^{M} a_{ir} e^{-\sum_{j=1}^{N} a_{ij} f_j^*} + q\beta^q \sum_{k,r \in C} w_{kr} V_c'(f_k - f_r^*)^{q-1}}{\sum_{i=1}^{M} a_{ir} e^{-p_i}}. \tag{2.79}$$

Da die Potentialfunktion V_c' nur vom Verhältnis der Pixelnachbarschaften untereinander abhängt, hat das Herauskürzen von n_0 keinen Einfluss auf sie. Unter Annahme von $q = 2$ ergibt sich insgesamt

$$f_r^{*(n+1)} = f_r^{*(n)} \frac{\sum_{i=1}^{M} a_{ir} e^{-\sum_{j=1}^{N} a_{ij} f_j^*} + 2\beta^2 \sum_{k,r \in C} w_{kr} V_c'(f_k - f_r^*)}{\sum_{i=1}^{M} a_{ir} e^{-p_i}}. \tag{2.80}$$

Gleichung (2.80) stellt die in dieser Arbeit verwendete Iterationsvorschrift zur Berechnung der regularisierten CT-Bilder dar. Im nun folgenden Abschnitt werden die hier verwendeten Prior kurz erläutert (siehe [81]).

Quadratischer Prior

Der quadratische Prior [65] stellt die einfachste Form eines Priors dar. Seine Potentialfunktion und deren entsprechende Ableitung lauten

$$V_c(f) = \frac{f^2}{2} \tag{2.81}$$

sowie

$$V_c'(f) = f \tag{2.82}$$

Diese strikt konvexe Funktion führt eine globale Glättung des gesamten Bildes durch.

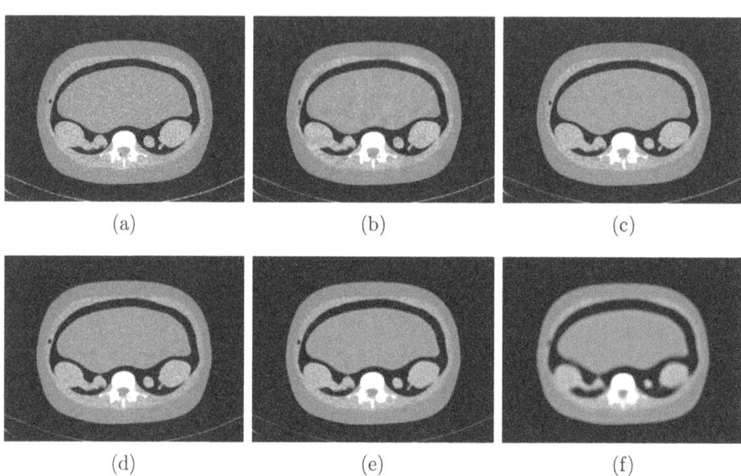

Abbildung 2.26: Vergleich des Rekonstruktionsergebnisses mit dem MAP-Verfahren bei Wahl eines quadratischen Priors und Anwendung dieses Priors nach einer unterschiedlichen Anzahl an Iterationen innerhalb der Rekonstruktion.(a) ohne Regularisierung, (b) Regularisierung nach je 80 Iterationen, (c) 40 Iteratinen, (d) 20 Iterationen, (e) 10 Iterationen und (f) in jeder Iteration (Aufnahmeparameter: 110 kV, 60 mAs, 1 mm).

Hierbei werden sowohl homogene Flächen als auch Kanten gleichermaßen geglättet, was zu einem eher unerwünschten verschwommenen Gesamtergebnis der Rekonstruktion führt. In Abbildung 2.26 wird dies besonders bei Betrachtung des Wirbelkörpers deutlich. Innerhalb der Abbildung wurde von oben links nach unten rechts die Anzahl der durchgeführten Regularisierungen erhöht: keine Regularisierung, Regularisierung nach je 80 Iterationen, 40 Iterationen, 20 Iterationen, 10 Iterationen und nach jeder Iteration. Dabei wird sehr deutlich, dass der Wirbelkörper mit vermehrter Regularisierung immer verschwommener erscheint und die Konturen schlechter zu erkennen sind. Aus diesem Grund werden meist kantenerhaltende Prior bevorzugt.

Geman-Prior

Im Gegensatz zu dem quadratischen Prior handelt es sich bei dem Geman-Prior, vorgeschlagen von Geman et al. [74], um einen nicht konvexen Prior. Diese Eigenschaft führt dazu, dass die Konvergenz der Rekonstruktion nicht zwangsläufig gegeben ist. Der Geman-Prior ist wie folgt definiert

$$V_c(f) = \frac{f^2\delta^2}{2\left(f^2 + \delta^2\right)} \tag{2.83}$$

und

$$V_c'(f) = \frac{f\delta^4}{(f^2 + \delta^2)^2}. \tag{2.84}$$

Der Geman-Prior verhält sich in Bereichen kleiner Unterschiede zwischen benachbarten Pixeln wie der quadratische Prior und bewirkt keine Änderung bei großen Unterschieden. Dies wird über den Wert δ gesteuert, der einen Schwellwert zur Kantendetektion im rekonstruierten Bild darstellt.

Um den Wert δ adäquat bestimmen zu können, benötigt man Informationen über die Kanten innerhalb des rekonstruierten Bildes. Dafür wird eine Kantendetektion innerhalb des MLEM-Ergebnisses nach 800 Iterationen (siehe Abbildung 2.27 1. Zeile) mit variierendem δ durchgeführt. Hierzu werden die Gradienten innerhalb des Bildes berechnet. Diejenigen, die unterhalb dieses Schwellwertes liegen, werden nicht als Kanten angesehen. Alle höheren Werte stellen Kanten im Bild dar. Zur besseren visuellen Beurteilbarkeit der Glättung des Geman-Priors wurde nur ein Ausschnitt auf Höhe des Wirbelkörpers (siehe erste Zeile von Abbildung 2.27 gekennzeichnet durch den roten ROI) betrachtet. In der zweiten Zeile von Abbildung 2.27 sind die Ergebnisse der Kantendetektion bei einer Wahl von $\delta \in \{0,064, 0,024, 0,0064\}$ in cm^{-1} dargestellt[7]. Hierbei zeigt sich, dass je nach Festlegung von δ die Kanten unterschiedlich gut erfasst werden. Wird δ zu groß gewählt, so werden nicht alle Kanten innerhalb des Bildes erfasst (innerhalb des ersten Kantenbildes wird der Wirbelköper nicht vollständig detektiert). Ein gutes Ergebnis wird bei einer Wahl von $\delta = 0,024\,\text{cm}^{-1}$ erzielt. Bei zu geringer Größe liegt δ im Bereich des Rauschens, das dadurch mit detektiert wird (Abbildung 2.27 zweite Zeile von links nach rechts). Die Zeilen 3-6 in Abbildung 2.27 zeigen die Ergebnisse der MAP-Rekonstruktion bei Durchführung der Regularisierung in jeder Iteration, nach 10, 20 und 40 Iterationen bei insgesamt 800 Iterationen.

Wie zu erwarten, zeigt sich mit abnehmender Anzahl der Regularisierung eine Verringerung der Glättung. Das sehr verschwommene Ergebnis der Rekonstruktion bei Anwendung der Regularisierung in jeder Iteration, ist darauf zurückzuführen, dass bereits eine Regularisierung stattfindet während die Form und die Konturen des Objektes innerhalb der Rekonstruktion noch nicht genau definiert sind. Eine Regularisierung zu einem so frühen Zeitpunkt bewirkt, dass eigentliche Kanten noch nicht als solche zu erkennen sind und somit ebenfalls geglättet werden und dadurch verwischt werden. Insgesamt scheint daher eine Regularisierung in jedem Iterationsschritt nicht sinnvoll.

In der linken Spalte von Abbildung 2.27 wird weiterhin deutlich, dass bei zu hoher Wahl von δ die Kanten des Wirbelkörpers (im Bereich des Dornfortsatzes) nicht als solche erkannt werden und hierdurch der Wirbelkörper immer verwaschener wirkt als bei geeigneter Festlegung von δ (mittlere Spalte).

Der gegenteilige Effekt wird bei zu geringen Werten von δ erzielt. In diesem Fall wird

[7] Hierbei handelt es sich um experimentell ermittelte Werte.

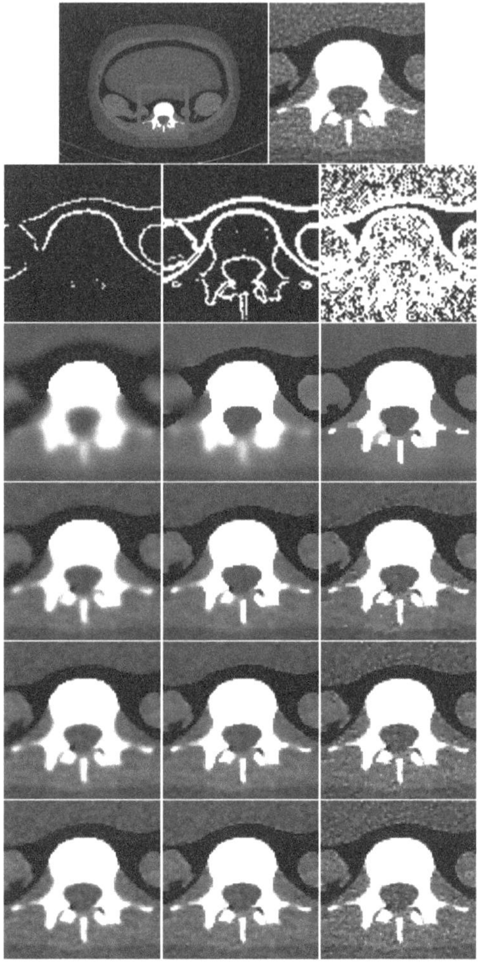

Abbildung 2.27: Vergleich der MAP-Ergebnisse mit dem Geman-Prior: 1. Zeile: links: Rekonstruktionsergebnis nach 800 Iterationen MLEM ohne Regularisierung; rechts: Vergrößerter Ausschnitt des Wirbelkörpers (ROI entspricht dem roten Kästchen in der linken Abbildung); 2. Zeile: binäre Darstellung der Kanten innerhalb der ROIs im rekonstruierten Bild bei unterschiedlicher Wahl des Schwellwertes $\delta \in \{0,064\,\text{cm}^{-1}, 0,024\,\text{cm}^{-1}, 0,0064\,\text{cm}^{-1}\}$ (von links nach rechts). Zeile 3–6: Ergebnisse der Regularisierung mit dem Geman-Prior in jeder, nach je 10, 20 und 40 Iterationen (Aufnahmeparameter: 110 kV, 60 mAs, 1 mm; Gesamtanzahl der Iterationen ist 800; Fensterung: WL: -50 HU, WW: 400 HU (ausgenommen der Kantenbilder in der zweiten Zeile)).

auch das Rauschen als Kante interpretiert und es findet an diesen Stellen keine Glättung mehr statt.

Das visuell beste Ergebnis wird für $\delta = 0,024\,\text{cm}^{-1}$ erzielt und ist in der mittleren Spalte der Abbildung 2.27 dargestellt. Sowohl bei einer Regularisierung nach 20, als auch nach 40 Iterationen ist die Kontur des Wirbelkörpers deutlich zu erkennen, wobei im ersten Fall eine stärkere Glättung stattfindet.

Alle Schwellwerte δ innerhalb dieser Arbeit wurden experimentell, wie oben beschrieben, ermittelt. Zur Regularisierung der aufgenommenen Phantomdaten bei 110 kV wird nun folgend immer ein Schwellwert von $\delta = 0,024\,\text{cm}^{-1}$, bzw. bei 130 kV von $\delta = 0,0055\,\text{cm}^{-1}$ zur Berechnung verwendet.

Huber-Prior

Der Huber-Prior [73, 85–87] stellt einen guten Kompromiss zwischen dem quadratischen Prior und dem Geman-Prior [74] dar. Er ist wie folgt definiert

$$V_c(f) = \begin{cases} \frac{f^2}{2} & \text{für } |f| \leq \delta \\ \delta|f| - \frac{\delta}{2} & \text{für } |f| > \delta \end{cases} \tag{2.85}$$

und seine erste Ableitung lautet

$$V_c'(f) = \begin{cases} f & \text{für } |f| \leq \delta \\ \delta & \text{für } |f| > \delta. \end{cases} \tag{2.86}$$

Die Funktion V_c steigt für Argumente größer δ nur linear und nicht mehr quadratisch an, wie im Falle des quadratischen Priors. Dies bedeutet, dass große Differenzen weniger stark bestraft werden, als bei der Anwendung des quadratischen Priors und die Kanten im Rekonstruktionsergebnis sind schärfer. Es handelt sich hierbei um einen konvexen Prior, der jedoch immer noch einigermaßen kantenerhaltend wirkt. Er ist in seinem Verlauf identisch zu dem von Green vorgeschlagenen Prior $V_c(f) = \log\left(\cos\left(\frac{f}{\delta}\right)\right)$ [71][83].

Abbildung 2.28 stellt das MAP-Rekonstruktionsergebnis mit einem Huber-Prior bei Wahl der Aufnahmespannung von 110 kV (2. Spalte) sowie bei 130 kV (3. Spalte) im Vergleich dar. Die beiden äußeren Spalten zeigen jeweils den Profilverlauf durch den Wirbelkörper (entsprechend der Position der roten Linie im obersten Bild von Spalte 2). Die oberste Zeile stellt hierbei die Rekonstruktion ohne Verwendung eines Huber-Priors dar.

Deutlich zu erkennen ist hier der höhere Rauschanteil bei einer niedrigeren Wahl der Beschleunigungsspannung von 110 kV (außen links im Bild) und der hierdurch niedrigeren Dosis im Vergleich zum niedrigeren Rauschen im Fall der höheren Beschleunigungsspannung (außen rechts im Profil). Der nicht vollkommen identische Profilverlauf ist auf die

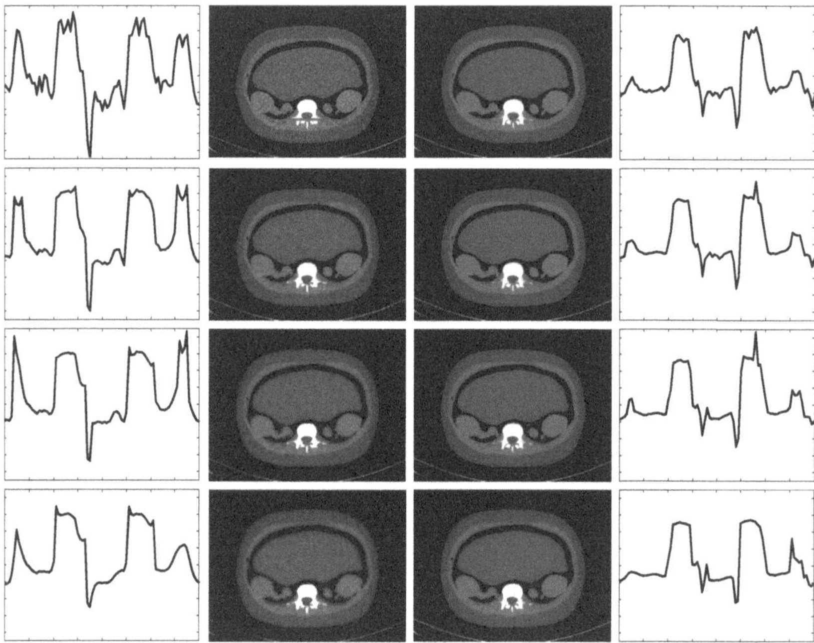

Abbildung 2.28: Vergleich der Ergebnisse der Rekonstruktion mit dem MAP-Verfahren bei Verwendung eines Huber-Priors: von oben nach unten (mittig): ohne Prior, nach je 40, 20 und 10 Iterationen (Aufnahmeparameter links mittig: 110 kV, 60 mAs, 1 mm und rechts mittig: 130 kV, 100 mAs, 5 mm; Gesamtanzahl der Iterationen ist 800). An den Rändern sind die entsprechenden Profile durch den Wirbelkörper (auf Höhe der roten Linie) durch die jeweiligen Rekonstruktionen dargestellt (x-Achse: entspricht der Position der roten Linie, y-Achse: [-400 HU 400 HU], WL: -50 HU, WW: 400 HU).

unterschiedlichen Schichtdicken während der Aufnahme zurückzuführen. Bei der Aufnahme mit 110 kV wurde eine Schichtdicke von 1 mmn (60 mAs) und im Fall von 130 kV von 5 mm (100 mAs) gewählt. Diese Aufnahmeparameterwahl entspricht der höchsten und der niedrigsten applizierbaren Dosis, die mit dem Siemens SOMATOM Emotion Duo verabreicht werden kann und somit dem schlechtesten und besten SNR, das erzielt werden kann. In Abbildung 2.28 werden diese beiden Extremsituationen gegenübergestellt. In den Zeilen zwei bis vier wurde die Regularisierung mit dem Huber-Prior nach je 40, 20 und 10 Iterationen durchgeführt. Hierbei wird deutlich, wie auch in Abbildung 2.27, dass mit zunehmender Regularisierungsanzahl das Bild immer stärker geglättet wird. Jedoch zeigt sich bei genauerer Betrachtung der Profile auch, dass dies zu einer veränderten Ausprägung der Maxima und Minima führt.

Generalisierter Geman-Prior

Der generalisierte Geman-Prior, eingeführt von De Man im Jahre 2005 [81], sieht wie folgt aus

$$V_c(f) = \frac{f^2\delta^\varepsilon}{2\left(\sqrt{\frac{f^2}{2}+\frac{\delta^2}{2}}\right)^\varepsilon} \tag{2.87}$$

sowie

$$V_c'(f) = \frac{f\delta^\varepsilon\left(f^2\left(1-\frac{\varepsilon}{2}\right)+\delta^2\right)}{\left(f^2+\delta^2\right)^{\left(\frac{\varepsilon}{2}+1\right)}}. \tag{2.88}$$

Bei einer Wahl von $\varepsilon = 0$ wird er zum quadratischen Prior, für $\varepsilon = 2$ zu einem Geman-Prior und verhält sich wie ein Huber-Prior für $\varepsilon = 1$. Für den Fall, dass $\varepsilon \geq 2$, ist sein Verhalten extremer als das des quadratischen und auch des Geman-Priors. Der generalisierte Geman-Prior ist konvex bis zu einer Größe von $\varepsilon \leq= 16/17$ [81].

Abbildung 2.29 zeigt die Profile durch den Wirbelkörper (vergleiche Abbildung 2.28) bei unterschiedlichem ε in Kombination mit einer variierenden Anzahl von Regularisierungen nach einer MAP-Rekonstruktion in Kombination mit dem generalisierten Geman-Prior. Mit zunehmender Größe von ε zeigt sich, dass die Kanten immer besser erhalten bleiben. Die Größe der Maxima und Minima bleibt weitestgehend bestehen. Des Weiteren findet eine gute Glättung des Rauschens statt. Im Vergleich der unterschiedlichen Profile bei unterschiedlichem ε und Regularisierungsanzahl wird das visuell beste Ergebnis in Bezug auf Kantenerhaltung und Glättung bei einer Wahl von $\varepsilon = 3$ und Regularisierung nach je 20 Iterationen erzielt. Dies spiegelt sich ebenfalls in der Betrachtung der Ergebnisse des Wirbelkörperausschnittes in Abbildung 2.30 wider.

Abbildung 2.32 zeigt die unterschiedlichen Prior und deren Ableitungen bei einer Wahl von $\varepsilon = 1,5$ und $\delta = 0,75$. Die Ergebnisse der MAP-Rekonstruktion mit unterschiedlichen Priorn im Vergleich sind in Abbildung 2.33 dargestellt. Der obere Teil von Abbildung

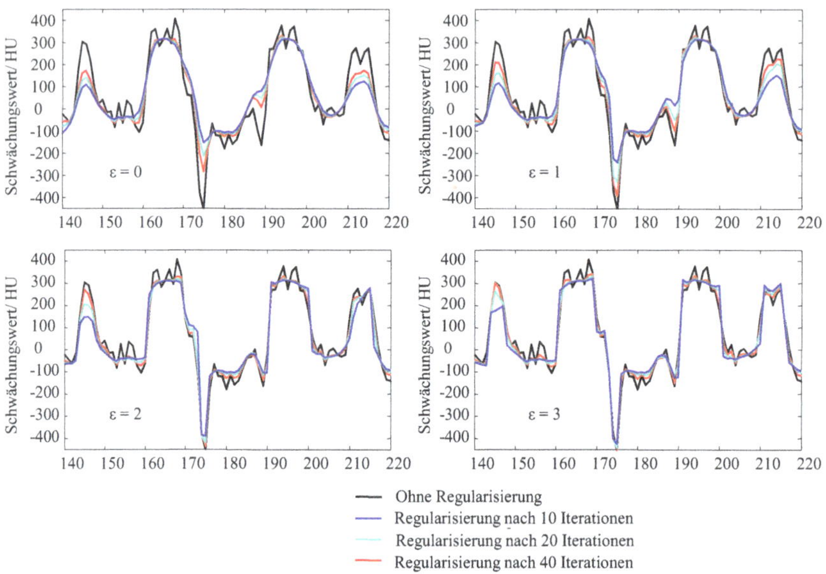

Abbildung 2.29: Vergleich der Profile durch den Wirbelkörper (auf Höhe der roten Linie in Abbildung 2.28) nach Anwendung des MAP-Verfahrens mit einem generalisierten Geman-Prior bei variierendem ε und Regularisierungsanzahl (Aufnahmeparameter: 110 kV, 60 mAs, 1 mm).

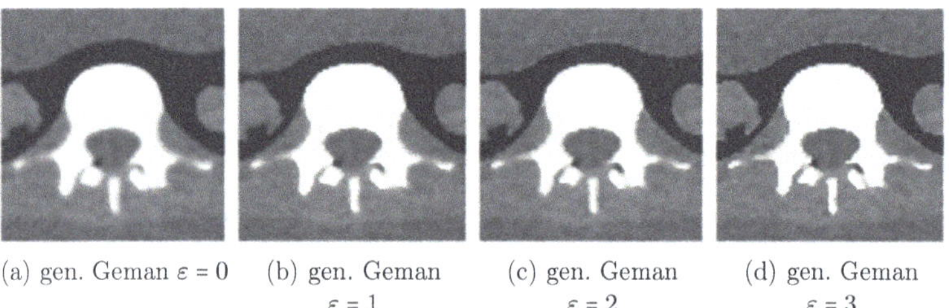

(a) gen. Geman $\varepsilon = 0$ (b) gen. Geman $\varepsilon = 1$ (c) gen. Geman $\varepsilon = 2$ (d) gen. Geman $\varepsilon = 3$

Abbildung 2.30: Vergleich der Ergebnisse mit dem generalisierten Geman-Prior bei unterschiedlicher Wahl von ε bei Regularisierung nach je 20 Iterationen.

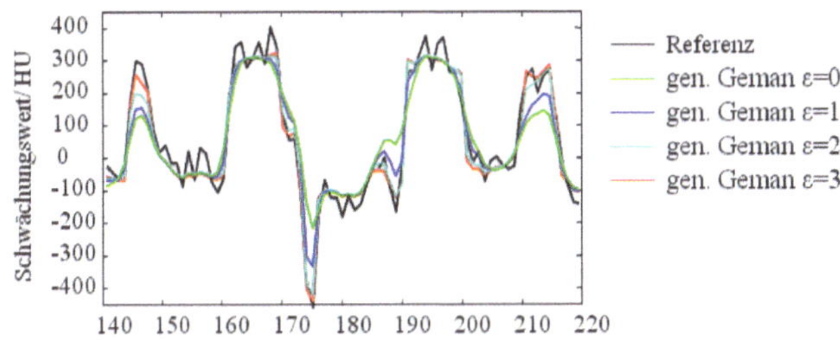

Abbildung 2.31: Profile durch die in Abbildung 2.30 dargestellten Wirbelkörper.

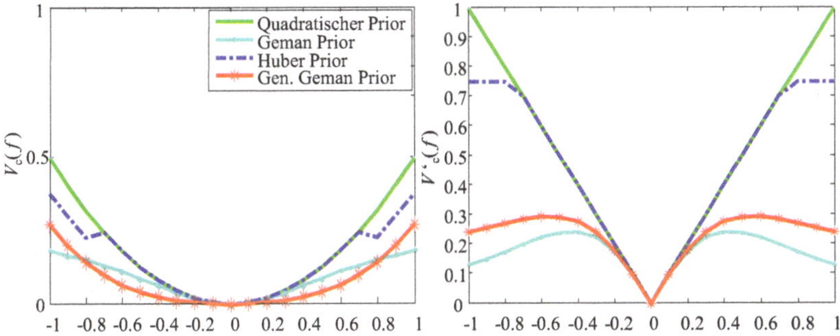

Abbildung 2.32: Darstellung der unterschiedlichen Kurvenverläufe für die unterschiedlichen Prior (links: original; rechts: abgeleitet) bei einer Wahl von $\varepsilon = 1,5$ und $\delta = 0,75$.

2.33 stellt wiederum den Vergleich der Profile durch den Wirbelkörper auf Höhe der roten Linie aus Abbildung 2.28 dar. Im unteren Teil der Abbildung zeigt der vergrößerte Ausschnitt des Wirbelkörpers anschaulich den Vergleich der unterschiedlich stark kantenerhaltenden Prior und ihr Maß der Glättung bei einer Regularisierung nach je 20 Iterationen. Am wenigsten kantenerhaltend ist das Ergebnis der Regularisierung mit dem quadratischen Prior gefolgt von dem des Huber- und des Geman-Priors. Das beste Ergebnis wird diesbezüglich mit dem generalisierten Geman-Prior mit $\varepsilon = 3$ erzielt.

Neben den hier beschriebenen, in der Literatur häufig erwähnten Verfahren, besonders des quadratischen und des Huber-Priors, existieren noch weitere Prior, wie z.B. nichtlokale Prior, u.a. vorgeschlagen von Yu [85] und Chen [88], der sowohl kantenerhaltende als auch monotone Regionen erhaltende Median-Prior von Hsiao [89], der Gamma-Prior von Lange [66], ein Prior der relative Differenzen und nicht absolute Differenzen bestraft

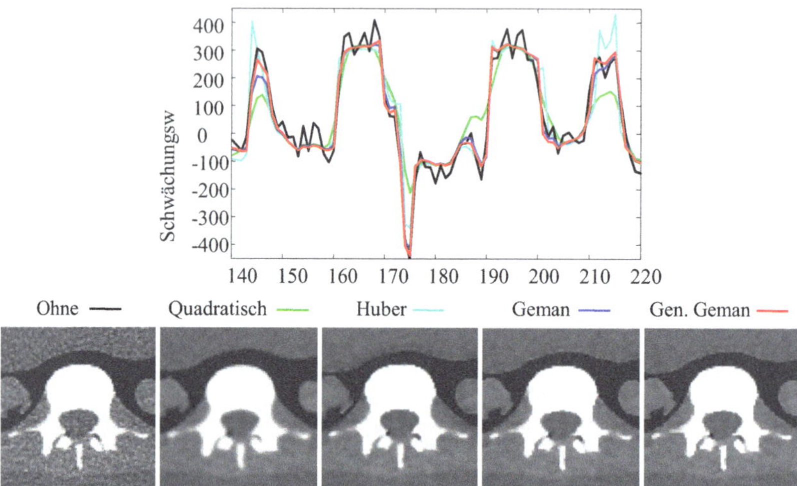

Abbildung 2.33: Vergleich der MAP-Rekonstruktion bei unterschiedlicher Wahl der Prior mit festem δ; Oben: Profile durch den Wirbelkörper (auf Höhe der roten Linie aus Abbildung 2.28); Unten: Vergrößerte Darstellung des Wirbelkörpers (entsprechend des ROIs aus Abbildung 2.27) ohne Regularisierung, nach Regularisierung mit dem Quadratischen Prior, dem Geman-Prior, dem Huber-Prior und dem gen. Geman-Prior ($\varepsilon = 3$) nach 800 Iterationen mit Regularisierung nach jeder zwanzigsten Iteration (von links nach rechts). Aufnahmeparameter: 110 kV, 60 mAs, 1 mm (WL=-50 HU, WW=400 HU).

von Nuyts [90], einem deterministischen, kantenerhaltenden Regularisierungsansatz von Charbonnier [91] sowie viele mehr.

2.3.2.3 Ordered-Subset-Expectation-Maximization (OSEM)

Wie bereits im vorangegangenen Kapitel angesprochen, besteht ein Problem des MLEM-Algorithmus in seiner sehr langsamen Konvergenzgeschwindigkeit, d.h. es wird eine hohe Iterationsanzahl benötigt, um ein brauchbares Rekonstruktionsergebnis zu erhalten. Dieses Problem lässt sich durch so genannte Ordered-Subsets beheben. Das Ordered-Subset-Expectation-Maximization (OSEM)-Verfahren, welches von Hudson und Larkin 1994 eingeführt wurde [92], verwendet zur Rekonstruktion des Bildes in einer Subiteration nicht den kompletten Datensatz, sondern nur eine Teilmenge (engl. Subset) S_k. Die Gesamtanzahl der Projektionen Γ wird in S Teilmengen unterteilt. Dabei ist es wichtig, dass die Gesamtanzahl aller Projektionen Γ gleich ist mit der Anzahl der gewählten Teilmengen S multipliziert mit der in den Teilmengen enthaltenen Anzahl der Projektionen P_s

$$P_s \cdot S = \Gamma. \tag{2.89}$$

Die Rekonstruktionsvorschrift für den iterativen MLEM-Algorithmus (siehe Gleichung (2.61)) kann nun in folgender Form geschrieben werden

$$f_r^{*(n(S-1)+k)} = f_r^{*(n(S-1)+k-1)} \frac{\sum\limits_{i=k\frac{M}{\Gamma}}^{(k+1)\frac{M}{\Gamma}} a_{ir} e^{-\sum\limits_{j=1}^{N} a_{ij} f_j^{*(n(S-1)+k-1)}}}{\sum\limits_{i=k\frac{M}{\Gamma}}^{(k+1)\frac{M}{\Gamma}} a_{ir} e^{-p_i}} \quad \forall\, k \in \{1, ..., S\} \tag{2.90}$$

und wird als OSEM-Verfahren bezeichnet.

Einen weiteren wichtigen Punkt stellt die Aufteilung der Projektionen innerhalb der Teilmengen dar. So hat es sich als nicht sinnvoll erwiesen, mehrere hintereinander liegende Projektionen innerhalb einer Teilmenge zusammen zu fassen (siehe Gleichung (2.90)). Vielmehr führen Teilmengen, die Informationen aus möglichst vielen unterschiedlichen Richtungen (Projektionswinkeln γ) enthalten, zu einem besseren Ergebnis [55]. Daher wird in dieser Arbeit die Aufteilung der Teilmengen wie folgt vorgenommen

$$S_k = p_{\gamma(k)}, p_{\gamma(k+\frac{\Gamma}{S})}, ..., p_{\gamma(\Gamma-\frac{\Gamma}{S}+k-1)} \tag{2.91}$$

wobei $k \in N = \{1, 2, 3, ...S\}$.

Somit ergibt sich folgende Iterationsvorschrift für den OSEM-Algorithmus

$$f_r^{*(n_k+1)} = f_r^{*(n_k)} \frac{\sum\limits_{i \in S_k} a_{ir} e^{-\sum\limits_{j=1}^{N} a_{ij} f_j^{*(n_k)}}}{\sum\limits_{i \in S_k} a_{ir} e^{-p_i}} \quad \forall\, k \in \{1, ..., S\}\,. \tag{2.92}$$

Eine Iteration des OSEM-Algorithmus entspricht dem Durchlauf über die Gesamtanzahl der Teilmengen S. Wird die Anzahl der gewählten Teilmengen auf eins gesetzt, erhält man wieder den klassischen MLEM-Algorithmus.

Insgesamt bewirkt diese Aufteilung in Teilmengen eine Beschleunigung der iterativen Rekonstruktion im Bereich der Teilmengenanzahl. Wird ein Datensatz, bestehend aus 360 Projektionen, in z.B. zehn Teilmengen mit je 36 Projektionen aufgeteilt, so ergibt sich eine Beschleunigung des Algorithmus um etwa das zehnfache. Man erzielt weiterhin mit drei Iterationen à zehn Teilmengen in etwa das gleiche Rekonstruktionsergebnis wie mit 30 Iterationen und einer Wahl der Teilmengen gleich eins. Somit wird zum Einen eine Beschleunigung der Rekonstruktionszeit und zum Anderen eine Reduktion der Iterationsanzahl mit dem OSEM-Algorithmus erzielt [92].

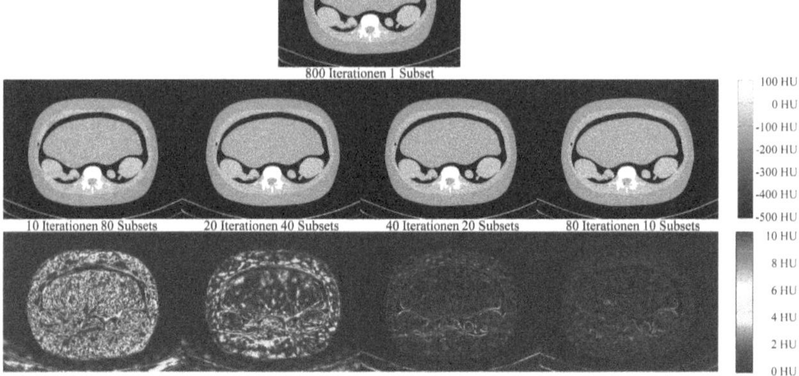

Abbildung 2.34: Vergleich der Ergebnisse der OSEM-Rekonstruktion bei unterschiedlicher Iterationsanzahl und Teilmengengröße am Beispiel des Torso-Phantoms; oben: 800 Iterationen mit 1 Subset; Mitte: 80 Iterationen mit 10 Subsets, 20 Iterationen mit 40 Subsets und 40 Iterationen mit 20 Subsets; unten: absolute Differenz der Rekonstruktion nach 800 Iterationen (oberste Reihe) mit der mittleren Reihe.

Generell lässt sich das OSEM-Verfahren auf jeden Algorithmus anwenden, der zur Berechnung des rekonstruierten Bildes die Summe über alle Sinogrammindizes verwendet. Diese Summe über alle Sinogrammindizes wird hierbei durch die Summe über alle Teilmengen ersetzt und man erhält eine Ordered-Subset-Version des Algorithmus [93].

In Abschnitt 2.3.2.1 wurde gezeigt, dass eine Konvergenz bei ca. 800 Iterationen erreicht wird. Die hier vorliegenden Datensätze bestehen aus 720 Projektionen in 0, 5°-Schritten. Es besteht somit die Wahl der Subset-Größe zwischen $S \in \{T_{720} = T(720) = \{x \in \mathbb{N} \mid x|720\}\}$. Eine zu hohe Wahl der Teilmengengröße führt zu keinem einheitlichen Rekonstruktionsergebnis.

Als guter Kompromiss zwischen der Teilmengengröße und Iterationsanzahl hat sich eine Kombination von 40 Iterationen mit 20 Subsets (20x40=800 Iterationen) à 36 Projektionen ergeben. Dies wird folgend anhand unterschiedlicher Rekonstruktionsergebnisse mit einer variierender Teilmengengröße demonstriert.

Zunächst wurde dies mit Hilfe des Torsophantomdatensatzes getestet, wobei für die OSEM-Rekonstruktion jeweils 10 Iterationen mit 80 Teilmengen, 20 mit 40, 40 mit 20, 80 mit 10 und 800 mit 1 getestet wurde. Das Ergebnis dieser Rekonstruktionen mit einer Teilmenge nach 800 Iterationen ist in Abbildung 2.34 in der obersten Reihe dargestellt. Darunter sind die Rekonstruktionsergebnisse der unterschiedlichen Kombinationen

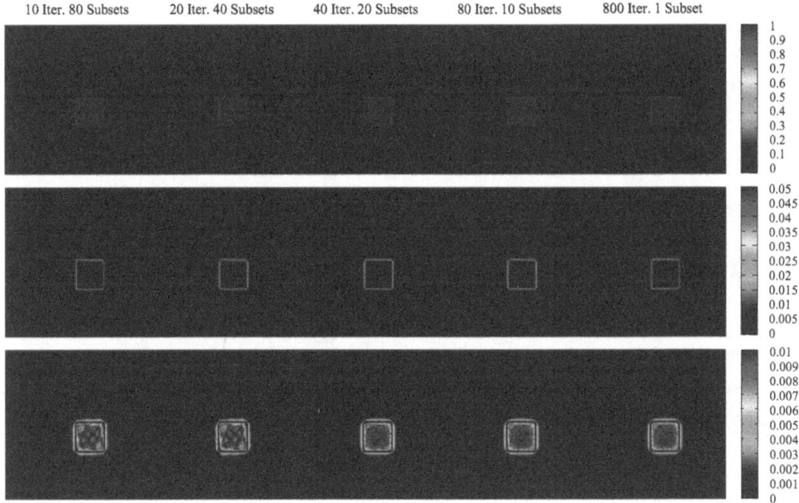

Abbildung 2.35: Ergebnisse der OSEM-Rekonstruktion bei variierender Iterationsanzahl und Teilmengengröße am Beispiel eines Quadrat-Phantoms (oberste Reihe). Die beiden unteren Reihen zeigen die absoluten Differenzen zwischen dem Quadrat-Phantom und den mit unterschiedlicher Wahl der Iterationsanzahl und Subsetgröße rekonstruierten OSEM-Rekonstruktionen dieses Phantoms bei einer Darstellung in zwei unterschiedlichen Skalenbereichen (von links nach rechts: 10 Iterationen mit 80 Subsets, 20 mit 40, 40 mit 20, 80 mit 10 und 800 Iterationen mit einem).

von Iterationsanzahl und Teilmengengröße abgebildet. Die absolute Differenz zwischen dem OSEM-Rekonstruktionsergebnis nach 800 Iterationen (oberstes Bild) und den mit unterschiedlicher Wahl der Iterationsanzahl sowie der Teilmengengröße rekonstruierten Ergebnissen (mittlere Reihe) ist in der untersten Reihe zu sehen.

Bei detaillierter Betrachtung fällt auf, dass sowohl im Fall der Rekonstruktion mit 10 Iterationen, als auch mit 20 Iterationen deutlich Artefakte im Inneren des Phantoms und im Hintergrund entstehen. Hierbei sind Abweichungen $\geq \pm 10$ HU möglich. Diese sind bei der OSEM-Rekonstruktion mit 40 Iterationen und 80 Iterationen vernachlässigbar klein ($\lesssim \pm 4$ HU). Um dieses Phänomen etwas genauer zu betrachten, wurden zwei simulierte Datensätze eines Quadrates und des Shepp-Logan-Phantoms bei oben beschriebener Wahl der Iterationsanzahl und Teilmengengröße mit dem OSEM-Algorithmus rekonstruiert.

Das Ergebnis der Rekonstruktionen des Quadrat-Datensatzes ist in Abbildung 2.35 in der obersten Reihe dargestellt. Darunter ist die absolute Differenz zwischen dem ur-

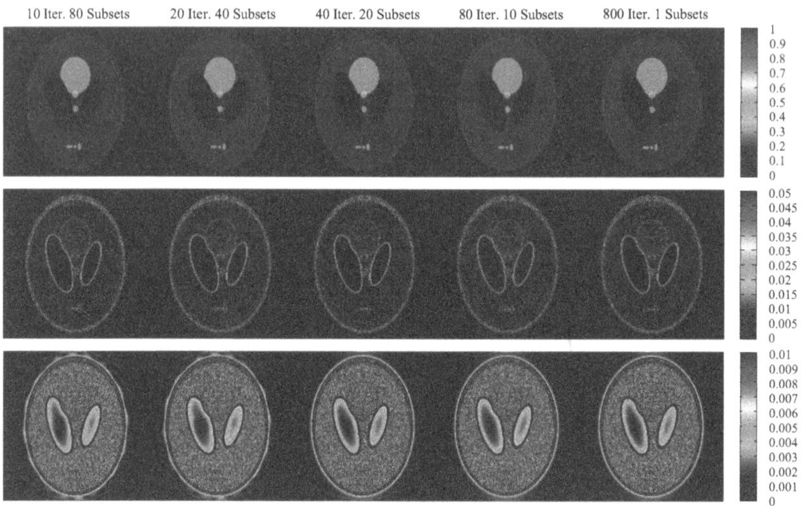

Abbildung 2.36: Ergebnisse der OSEM-Rekonstruktion bei unterschiedlicher Iterationsanzahl und Subsetgröße am Beispiel des Shepp-Logan-Phantoms (oberste Reihe). Die beiden unteren Reihen zeigen die absoluten Differenzen zwischen dem Shepp-Logan-Phantom und den mit unterschiedlicher Wahl der Iterationsanzahl und Subsetgröße rekonstruierten OSEM-Rekonstruktionen dieses Phantoms bei einer Darstellung in zwei unterschiedlichen Skalenbereichen (von links nach rechts: 10 Iterationen 80 Subsets, 20 Iterationen 40 Subsets, 40 Iterationen 20 Subsets, 80 Iterationen 10 Subsets und 800 Iterationen 1 Subset).

sprünglichen Quadrat mit einer Höhe von 1 und den mit unterschiedlicher Wahl der Iterationsanzahl und Teilmengengröße rekonstruierten Ergebnissen (oberste Reihe) dargestellt. Hierbei wurden zwei unterschiedliche Skalierungen zur Darstellung verwendet (mittlere und untere Reihe).

Bei detaillierter Betrachtung fällt auf, dass sowohl die Rekonstruktion mit 10 Iterationen, als auch mit 20 Iterationen deutlich Artefakte im Inneren des Quadrates und der Umgebung entstehen. Diese sind bei der OSEM-Rekonstruktion mit 40 Iterationen, 80 Iterationen und 800 Iterationen so gut wie nicht mehr erkennbar. Insgesamt fällt jedoch auf, dass die Abweichungen unterhalb von etwa $\approx \pm\ 2\,\%$ liegen und somit gering ausfallen.

Eine bessere Vergleichbarkeit mit dem menschlichen Körper als das Quadratbeispiel stellt das Shepp-Logan-Phantom dar. Betrachtet man wiederum die Rekonstruktionsergebnisse, wie sie in Abbildung 2.36 abgebildet sind sowie deren absolute Differenzen zum original Phantom, so zeigen sich ebenfalls Abweichungen, besonders im Hintergrund bei

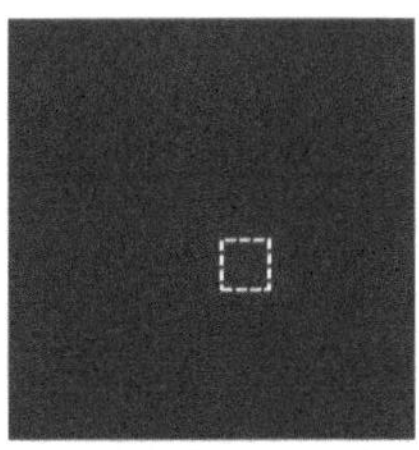

	Quadrat		
	$\bar{\mu}$	σ	SNR
800 Iter 1 Sub	9,9867E-01	1,2679E-03	7,8761E+02
80 Iter 10 Subs	9,9868E-01	1,2685E-03	7,8725E+02
40 Iter 20 Subs	9,9868E-01	1,2832E-03	7,7825E+02
20 Iter 40 Subs	9,9861E-01	1,2551E-03	6,4397E+02
10 Iter 80 Subs	9,9861E-01	1,2551E-03	6,4397E+02

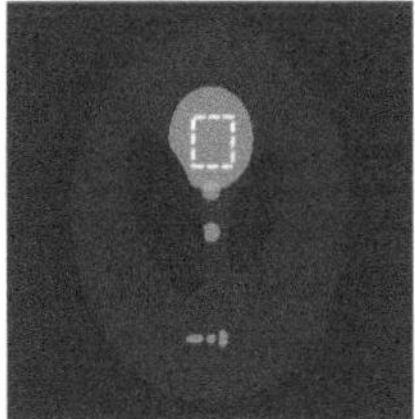

	Shepp-Logan ROI 1		
	$\bar{\mu}$	σ	SNR
800 Iter 1 Sub	2,0575E-01	1,1675E-01	1,7623E+00
80 Iter 10 Subs	2,0575E-01	1,1675E-01	1,7622E+00
40 Iter 20 Subs	2,0576E-01	1,1679E-01	1,7628E+00
20 Iter 40 Subs	2,0574E-01	1,1695E-01	1,7591E+00
10 Iter 80 Subs	2,0574E-01	1,1695E-01	1,7591E+00

	Shepp-Logan ROI 2		
	$\bar{\mu}$	σ	SNR
800 Iter 1 Sub	9,0906E-04	6,3713E-05	1,4226E+02
80 Iter 10 Subs	9,0950E-04	6,3825E-05	1,4253E+01
40 Iter 20 Subs	9,1066E-04	7,6243E-05	1,1942E+01
20 Iter 40 Subs	9,1822E-04	9,9150E-05	9,2612E+00
10 Iter 80 Subs	9,1822E-04	9,9150E-05	9,2612E+00

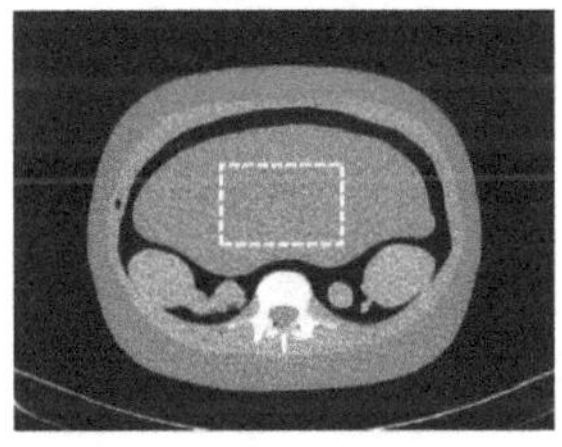

	Torso		
	$\bar{\mu}$/HU	σ/HU	SNR /HU
800 Iter 1 Sub	-8,8158E+01	3,9360E+01	-2,2398E+00
80 Iter 10 Subs	-8,8100E+01	3,9430E+01	-2,2343E+00
40 Iter 20 Subs	-8,8078E+01	3,9521E+01	-2,2286E+00
20 Iter 40 Subs	-8,8204E+01	3,9711E+01	-2,2211E+00
10 Iter 80 Subs	-8,7849E+01	4,0126E+01	-2,1893E+00

Abbildung 2.37: Auswertung der OSEM-Rekonstruktion: Berechnung des Mittelwertes, der Standardabweichung und des SNRs innerhalb der weißen ROIs für die unterschiedlichen OSEM-Rekonstruktionen mit unterschiedlicher Iterationsanzahl und Subsetgröße.

einer Rekonstruktion mit 10 und 20 Iterationen. Um qualitativ eine Aussage über die Ergebnisse treffen zu können, wurden unterschiedliche homogene ROIs (weiß umrandete Gebiete in Abbildung 2.37) innerhalb der rekonstruierten Datensätze betrachtet und der Mittelwert $\overline{\mu}$, die Standardabweichung σ und das SNR$= \overline{\mu}/\sigma$ berechnet. Es zeigt sich, dass das SNR mit zunehmender Iterationsanzahl immer besser wird.

Des Weiteren ist zu erkennen, dass der Mittelwert und auch die Standardabweichung und somit das SNR in allen Fällen in derselben Größenordnung innerhalb einer ROI liegen und die Unterschiede nur sehr klein ausfallen. Somit haben die Wahl der Iterationsanzahl und der Teilmengengröße nur einen geringen Einfluss auf das Rekonstruktionsergebnis. Um potentiell auftretende Abweichungen so gering wie möglich zu halten und die Rekonstruktion so schnell wie möglich zu machen, wird hier eine Wahl von 40 Iterationen mit 20 Subsets zur Rekonstruktion als Kompromiss gewählt. Mit dieser Wahl rekonstruierte OSEM-Ergebnisse sind nahezu identisch mit denen nach 800 Iterationen (siehe Abbildung 2.34).

3

Materialien

Es wurden Rohdaten von einem Torsophantom der Firma CIRS Inc. (Computerized Imaging Reference System, Norfolk, Virginia, USA) [94] markiert mit ein, zwei oder drei Stahlmarkern (siehe linke Seite in Abbildung 3.1) und mit dem Computertomographen SOMATOM Emotion Duo der Firma Siemens (siehe rechte Seite in Abbildung 3.1) aufgenommen. Bei dem Torsophantom der Firma CIRS Inc. handelt es sich um eine gewebeäquivalente Torsohülle mit herausnehmbaren Organen (Lunge, Herz, Nieren, Pankreas und Milz). Im unteren Teil ist das Torsophantom mit einer Schicht, die einem Gewebe bestehend aus 50 % Fett und 50 % Muskelgewebe entspricht, gefüllt. Es ist so aufgebaut, dass es eine optimale Gewebesimulation innerhalb eines Energiebereiches von 40 keV bis 20 MeV erlaubt. Es simuliert die physikalische Dichte des Gewebes sowie dessen linearen Schwächungskoeffizienten mit einer Abweichung von zwei Prozent des diagnostischen Energiebereiches [94][8].

Bei der Aufnahme der Rohdaten wurden die Beschleunigungsspannung, der Anodenstrom und die Schichtdicke variiert. Tabelle 3.1 zeigt eine Übersicht der verwendeten Aufnahmeparameter.

Tabelle 3.1: Aufnahmeparameter bei der Akquisition der Rohdaten des Torsophantoms markiert mit keinem, einem, zwei oder drei Stahlmarkern mit dem CT Siemens SOMATOM Emotion Duo.

Beschleunigungsspannung /kV	110, 130
Stromstärke /mAs	60, 80, 100
Schichtdicke /mm	1, 2.5, 5

[8] Die Aufnahmen wurden von dem Torsophantom im unbefüllten Zustand angefertigt, d.h. es wurde kein Wasser in das Innere des Phantoms gefüllt, wodurch die Räume zwischen den Organen Schwächungswerten von Luft und nicht von Wasser entsprechen.

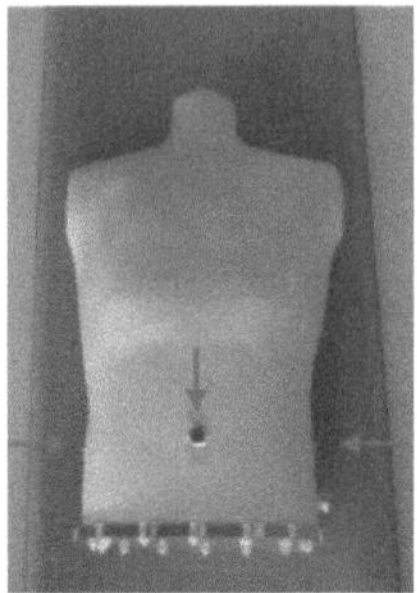

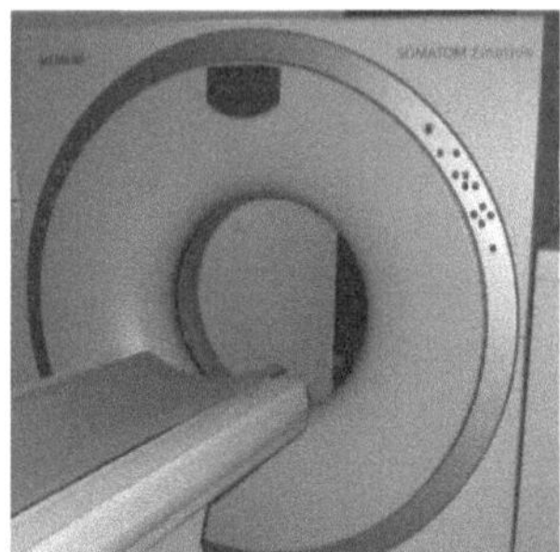

Abbildung 3.1: Links: Torsophantom markiert mit drei Stahlmarkern (rote Pfeile); Rechts: Computertomograph Siemens SOMATOM Emotion Duo.

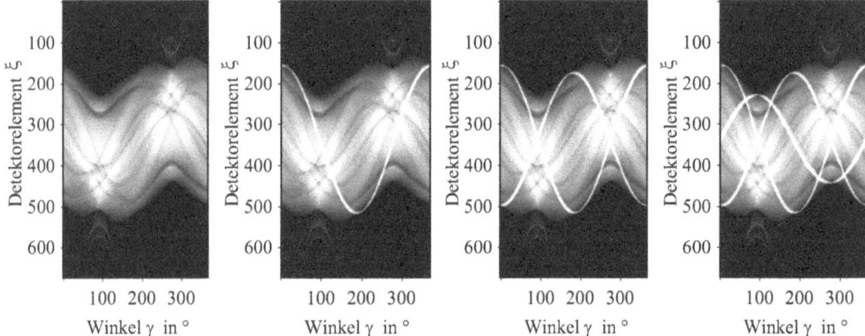

Abbildung 3.2: Sinogramme des Torsophantoms markiert mit null, einem, zwei und drei Stahlmarkern aufgenommen mit einer Beschleunigungsspannung von 110 kV, einer Stromstärke von 60 mAs und 1 mm Schichtdicke ($p_\gamma(\xi) \in [05]$).

Ebenfalls wurden Rohdaten des Torsophantoms ohne Stahlmarker bei gleicher Wahl der Schichtposition aufgenommen. Diese Daten werden als „Ground-Truth"-Datensätze bezeichnet und dienen zur Beurteilung der Qualität der MAR in den rekonstruierten CT-Bildern.

Bei dem CT SOMATOM Emotion Duo der Firma Siemens handelt es sich um ein Gerät der dritten Generation. Die Rohdaten werden hierbei in der Fächerstrahlgeometrie akquiriert. In einem ersten Schritt werden diese aufgenommenen Rohdaten mit Hilfe des Rebinnings (vgl. Gleichung (2.8)) in Rohdaten in Parallelstrahlgeometrie umgerechnet. Die rebinnten Sinogrammdaten bestehen aus 672 Projektionen, aufgenommen über

360°[9]. Abbildung 3.2 zeigt die aufgenommenen Sinogrammdaten des Torsophantoms ohne Stahlmarker sowie markiert mit einem, zwei und drei Stahlmarkern.

Diese aufgenommenen Rohdaten werden in der Computertomographie standardmäßig mit der FBP rekonstruiert. Hierdurch erhält man rekonstruierte Bilder mit einer Größe von wahlweise 512 x 512 Pixel, wie in Abbildung 3.3, anhand der mit der FBP rekonstruierten Rohdaten des Torsophantoms ohne Stahlmarker, exemplarisch dargestellt.

Um einen besseren visuellen Eindruck der durch die Stahlmarker entstandenen Artefakte im Bild zu erhalten, wird vom jetzigen Zeitpunkt an durchgehend nur ein vergrößerter Ausschnitt, in Abbildung 3.3 gekennzeichnet durch den weiß umrandeten Bereich, des kompletten Bildes betrachtet. Diese vergrößerten Ausschnitte der mit der FBP rekonstruierten Sinogrammdaten des Torsophantoms (siehe Abbildung 3.2) sind in Abbildung 3.4 dargestellt.

Betrachtet man ein rekonstruiertes Schnittbild im Detail, so erkennt man deutlich die Nieren und den Wirbelkörper. Die dargestellte flächige Schicht im Inneren des Körpers entspricht dem oben erwähnten Mischgewebe aus Muskel und Fettgewebe. Diese ist umgeben von der Torsohülle, die sich aus zwei Schichten zusammensetzt, die innere Schicht entspricht wiederum dem Mischgewebe und die äußere Schicht besteht aus reinem Muskelgewebe.

Um eine Aussage über die unterschiedlichen MAR-Ansätze und deren Ergebnisse im realen Klinikalltag treffen zu können, wurden klinische Patientendaten mit unterschiedlichen Metallartefakten betrachtet. Es wurden Datensätze mit Metallen in Form einer einseitigen sowie beidseitigen Hüftprothese, bzw. einem Nagel in der Hüfte (siehe Abbildung 3.5, Reihe eins bis vier) und künstlichen Herzklappen (siehe Abbildung 3.6, erste und zweite Reihe) betrachtet. Zur Verdeutlichung des Einflusses der Darstellung bei der Betrachtung der Artefakte zeigen die unterschiedlichen Abbildungen erneut die verschiedenen Metalldatensätze bei unterschiedlicher Wahl der Fensterung. Bei allen dargestellten Schnittbildern handelt es sich um je eine Schicht, berechnet aus einem kompletten Spiraldatensatz, der mit dem Siemens SOMATOM Emotion Duo aufgenommen wurde. Zunächst wird eine einzelne Schicht aus dem Spiraldatensatz berechnet, so dass eine Schicht in Form eine Fächerstrahlsinogrammes vorliegt. Anschließend werden die in Fächerstrahlgeometrie vorhandenen Rohdaten in Parallelstrahlgeometrie mit dem in Abschnitt 2.1 beschriebenen Rebinning umsortiert. Die Rohdaten in Parallelstrahlgeometrie können dann mit der FBP oder der MLEM-Rekonstruktion in Schnittbilder des menschlichen Körpers umgerechnet werden.

[9] Dieser Teilschritt wurde unter zu Hilfenahme von Programmen der Firma Siemens realisiert, die freundlicherweise zur Verfügung gestellt wurden.

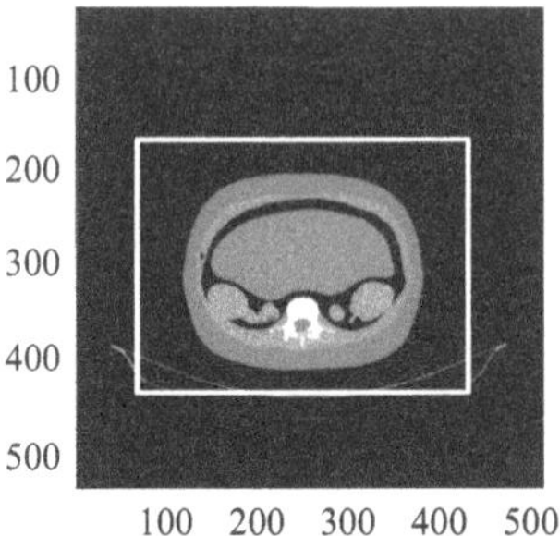

Abbildung 3.3: FBP Rekonstruktion der Sinogrammdaten aufgenommen von dem Torsophantom ohne Stahlmarker (Aufnahmeparameter: 110 kV, 60 mAs, 1 mm); Fensterung: WL:-200 HU, WW: 600 HU.

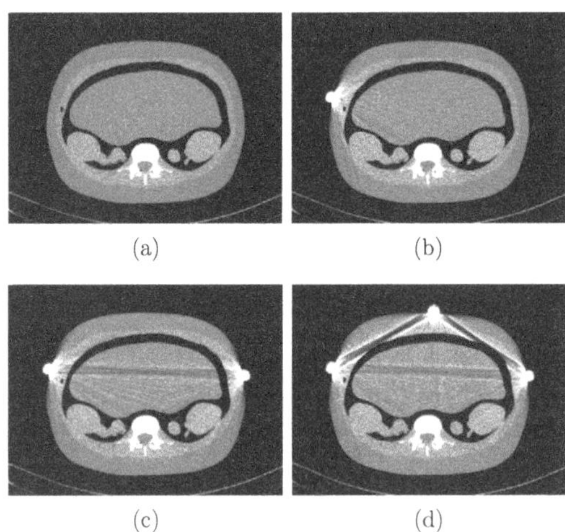

Abbildung 3.4: Vergrößerte Ausschnitte der FBP-Rekonstruktion der Sinogrammdaten aufgenommen von dem Torsophantom (a) ohne Stahlmarker, so wie markiert mit (b) einem, (c) zwei und (d) drei Stahlmarkern (Aufnahmeparameter: 110 kV, 60 mAs, 1 mm); WL:-200 HU, WW: 600 HU.

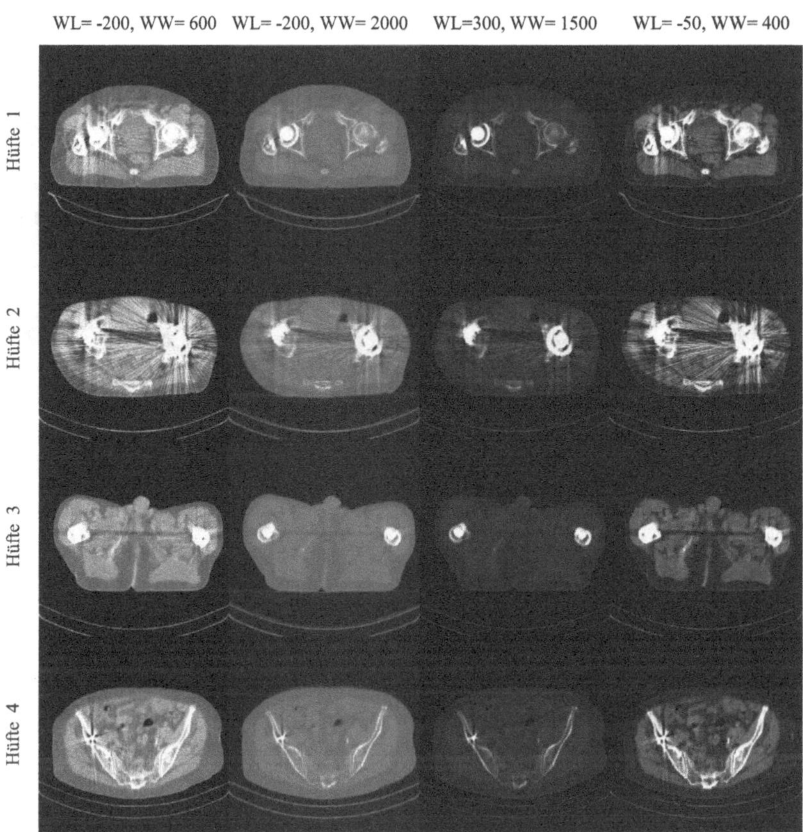

Abbildung 3.5: Hüft-Datensätze bei unterschiedlicher Wahl der Fensterung.

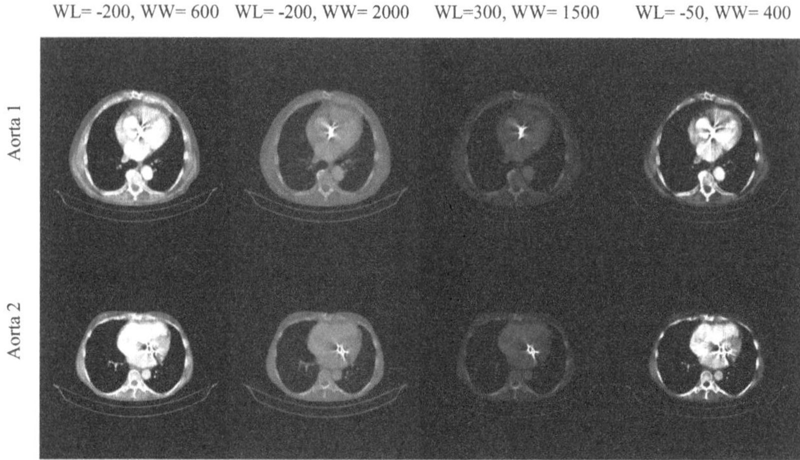

Abbildung 3.6: Datensätze künstlicher Herzklappen bei unterschiedlicher Wahl der Fensterung.

4

Metallartefaktreduktion (MAR)

Das nun folgende Kapitel beschreibt den derzeitigen Stand der Wissenschaft der MAR in der CT. Hierbei werden zunächst die Hauptursachen für die Entstehung von Metallartefakten erörtert. Anschließend werden die unterschiedlichen MAR-Verfahren in Bezug auf ihre Herangehensweise zur Reduktion in verschiedene Abschnitte unterteilt und detailliert betrachtet.

4.1 Stand der Wissenschaft

Befinden sich Metalle bei der Aufnahme von CT-Bildern innerhalb der darzustellenden Schnittebene, so führen diese zu falschen inkonsistenten Projektionswerten in den aufgenommenen Rohdaten. Beispiele für solche Situationen sind Zahnfüllungen, wie Amalgam oder Gold sowie Hüft- oder Knieprothesen aus Stahl oder Metallclips bzw. Metallplatten nach chirurgischen Eingriffen. Diese inkonsistenten Projektionswerte verursachen bei einer Rekonstruktion der Rohdaten helle, streifenförmige Artefakte im Bild, die sternförmig von dem Metallobjekt ausgehen und umliegende Strukturen überlagern sowie dunkle Bereiche zwischen mehreren Metallobjekten.

Als Hauptursache für Metallartefakte [10, 11] in der Rekonstruktion sind Strahlaufhärtung [1–6], Streuung [8, 9], Rauschen [1] und der nichtlineare Partialvolumen-Effekt [7] zu nennen (vgl. Abschnitt 2.2). Diese führen in den aufgenommenen Projektionswerten innerhalb der inkonsistenten Projektionen, die durch ein Metall verlaufen, u.a. zu einem verstärkten Rauschen, welches für die streifenförmigen Artefakte im Bild verantwortlich ist. Diese Artefakte können, je nach Größe des Metallobjektes, so stark ausgeprägt sein, dass eine diagnostische Beurteilung des Bildes sehr erschwert wird, im Extremfall sogar unmöglich ist und im schlimmsten Fall zu einer Fehldiagnose führt. Gerade im Bereich der Operationsplanung, z.B. im Bereich der Implantationschirurgie der Zähne, bei der eine genaue Planung der Positionierung des Implantats von Bedeutung ist, bei der Beurteilung der Qualität und des Erfolgs des chirurgischen Eingriffs nach Zahnimplantation oder aber auch bei der Implantation einer Gelenkprothese, ist die Reduktion der Metallartefakte im rekonstruierten Bild von großem Interesse. Ebenfalls von großer Bedeutung ist die MAR im Bereich der Therapieplanung bei der Bestrahlung von Tumoren [17, 95].

In der Literatur finden sich viele verschiedene Ansätze, die entstandenen Metallartefakte zu reduzieren. Eine Möglichkeit ist die Erhöhung der applizierten Dosis, um somit eine bessere Durchdringungsfähigkeit der Röntgenstrahlung und hierdurch ein besseres SNR zu erzielen. Dies steht jedoch im Widerspruch zu der Anforderung, die Dosis für den Patienten so gering wie möglich zu halten. Des Weiteren hat Harmati [96] gezeigt, dass eine Erhöhung der Dosis ab einem gewissen Grad zu keiner relevanten Verbesserung der Bildqualität führt.

Ein anderer Ansatz basiert auf der Verwendung weniger stark abschwächender Metalle, d.h. von Metallen mit niedrigerer Ordnungszahl, wie z.B. Titan, die die Röntgenstrahlung weniger stark absorbieren und somit kaum zu Streifenartefakten im rekonstruierten Bild führen [97, 98].

Eine weitere Idee ist es, bei der Planung der CT-Aufnahme so vorzugehen, dass das Metallobjekt nicht im Strahlengang liegt, bzw. die Weglänge durch das durchstrahlte Metall so gering wie möglich zu halten [99]. Alternativ können aus den aufgenommenen Rohdaten anschließend auch anders orientierte Schnittebenen berechnet werden, in denen das Metallobjekt nicht enthalten ist [100]. Da man jedoch meist an der direkten Umgebung des Implantats interessiert ist, findet dieses Verfahren zur Metallartefaktreduktion kaum Verwendung.

Die meisten Ansätze zur MAR in CT-Bildern bestehen aus einer Modifikation der aufgenommenen Rohdaten bzw. des verwendeten Rekonstruktionsalgorithmus und lassen sich wie folgt unterteilen:

- **Modifikation der aufgenommenen Rohdaten**

Interpolationsverfahren zur Reparatur der inkonsistenten Projektionsdaten

Bei der Verwendung von Interpolationsverfahren zur Reparatur der inkonsistenten Projektionsdaten werden die inkonsistenten Daten meist als fehlend angesehen. Durch verschiedene Interpolationsarten wird die Lücke in den aufgenommenen Projektionsdaten wieder sinnvoll mit künstlichen Ersatzdaten gefüllt und anschließend die reparierten Rohdaten mit der FBP rekonstruiert. Erste Arbeiten zur Berechnung von Ersatzdaten mittels Interpolation wurden u.a. von [12–15] beschrieben. Eines der bekanntesten Verfahren zur Reparatur der inkonsistenten Projektionen stellt die lineare Interpolation innerhalb einer Projektion $p_\gamma(\xi)$ unter einem aufgenommenen Projektionswinkel γ dar, das erstmalig von Kalender, Hebel und Ebersberger im Jahre 1987 vorgeschlagen wurde [37]. Hierbei handelt es sich um das einzige Verfahren, das in der Zeit von 1987–1990 je auf einem kommerziellen CT-Scanner, dem Siemens SOMATOM, zur MAR implementiert war. Des Weiteren werden polynomiale [12, 13, 16] und an die Geometrie angepasste [101] Interpolationen sowie Interpolationen senkrecht zum Verlauf der inkonsistenten Projektionen [12], entlang der Kanten [17, 102] oder auch unter Einbeziehung der Krümmung der umliegenden Projektionswerte [18] im Radonraum, als auch Interpolationen in der Waveletdomäne [20, 21] oder dem Fourierraum [19] verwendet. Mahnken et al. [103] berechnen die Ersatzdaten mittels der Summe der gewichteten, nächsten nicht inkonsistenten Projektionswerte, wobei die Gewichtung vom Abstand zu den inkonsistenten Projektionen abhängt. Bei Yazdi [104] werden die fehlenden Projektionsdaten durch Informationen aus derselben Projektion von benachbarten Schichten generiert und hierdurch Artefakte reduziert, die durch mehrere Zahnimplantate hervorgerufen wurden. Es gibt ebenfalls Ansätze, die die inkonsistenten Daten nicht als fehlend betrachten, sondern diese in die Berechnung der Ersatzdaten mit einbeziehen, z.B. durch geeignete Skalierung [105, 106]. Zu den neueren MAR-Verfahren zählen auf partiellen Differentialgleichungen basierte Interpolationen, die so genannten Inpaintingverfahren (siehe Kapitel 5.4.1) im Radonraum. So wurde das Total-Variation (TV)-Inpainting (für eine detaillierte Beschreibung siehe Kapitel 5.4.1.3) von Duan [107] auf CT-Daten sowie von Xue [108] im Bereich der Dual-Energy CT und von Gu [18] das Eulers-Elastica-Verfahren (für eine detaillierte Beschreibung siehe Kapitel 5.4.1.5) zur MAR angewendet. In allen Fällen wurden die Algorithmen jedoch nicht auf klinischen Datensätzen, sondern bei Xue auf aufgenommenen Phantomdaten sowie bei Duan und Gu auf simulierten Shepp-Logan-Phantomdaten getestet.

Filterung der inkonsistenten Projektionen

In Fall der Filterung der inkonsistenten Projektionsdaten werden die inkonsistenten Projektionswerte im Vorfeld der Rekonstruktion unter Verwendung unterschiedlicher Filter geglättet. Eine Möglichkeit besteht in der Nutzung des Verfahrens der adaptiven Filterung. Dabei werden die inkonsistenten Daten nicht als fehlend betrachtet, vielmehr versucht man, durch Anwendung von lokal variierenden, auf die aufgenommenen Projektionsdaten angepassten Filtern, die Projektionswerte in Abhängigkeit von ihrer Größe zu glätten. Auf diese Weise wird das Rauschen in den jeweiligen Projektionen reduziert und die Streifenartefakte im Bild minimiert [35, 53, 109]. Ein Nachteil hierbei ergibt sich durch die Tatsache, dass je stärker die Projektionswerte geglättet werden, desto unschärfer erscheint der entsprechend zugehörige Bereich des rekonstruierten Bildes [29]. Eine andere Art, die Glättung der Sinogrammdaten zu erreichen, stellt z.B. die Verwendung einer regularisierten Likelihood-Funktion [54] dar.

- **Modifikation eines iterativen Rekonstruktionsverfahrens**

  Bei der Modifikation eines iterativen Rekonstruktionsverfahrens werden die inkonsistenten Daten nicht als fehlend angesehen, sondern die iterativen Verfahren, wie z.B. der MLEM- oder der ART-Algorithmus (siehe Kapitel 2.3.2), werden so in der Gestalt modifiziert, dass sie die inkonsistenten Projektionen während der Berechnung des rekonstruierten Bildes ignorieren [22, 23]. Ebenso gibt es iterative Verfahren, die durch Einführung eines Regularisierungstermes die rauschbehafteten, inkonsistenten Daten während der Rekonstruktion glätten [11, 110, 111]. Andere iterative Ansätze berücksichtigen die polychromatischen Eigenschaften der Röntgenstrahlung und beziehen diese in die Rekonstruktionsvorschrift ein [39, 112].

- **Kombinierte Verfahren**

  Des Weiteren gibt es Verfahren, die die unterschiedlichen MAR-Methoden miteinander kombinieren. So hat Watzke festgestellt, dass die lineare Interpolation gute Ergebnisse in der Reduktion der Metallartefakte in der näheren Umgebung des Metalls erzielt während die adaptive Filterung zu einer Rauschreduktion in größerer Entfernung vom Metallobjekt führt und diese beiden Verfahren miteinander kombiniert [24].

  Nuyts kombiniert das Verfahren der Projektionsvervollständigung mittels linearer Interpolation mit dem iterativen ML-Verfahren für die Transmissions-CT zur Artefaktreduktion bei der Schwächungskorrektur von PET-CT-Aufnahmen [113].

  In einer Anfang 2009 erschienenen Arbeit von Jeong [26] wird zunächst eine TV-Filterung des rekonstruierten Bildes durchgeführt, um das Bild auf diese Weise zu glätten und die Streifenartefakte zu minimieren und andererseits aber die Kanten der nichtmetallischen Objekte zu erhalten. Im durch Vorwärtsprojektion erhaltenen modifizierten Sinogramm werden anschließend sich überlappende Metallprojektionen mittels linearer Interpolation geschätzt und anschließend mit der FBP rekonstruiert.

  Ein Beitrag zur MAR von Lemmens [27, 114] verwendet zur Eliminierung der Streifenartefakte im Bild ein MAP-Rekonstruktionsverfahren. Dieses so erhaltene Bild dient zur Modifizierung der Rohdaten (d.h. das MAP-Bild wird vorwärtsprojiziert und die inkonsistenten Daten werden durch die Bereiche dieses so berechneten Sinogramms ersetzt) und wird als Startbild für die Rekonstruktion im Fall der Berechnung mit dem MLEM-Algorithmus verwendet. Es kann jedoch auch eine Rekonstruktion mit der FBP erfolgen.

  Ein ähnlicher Ansatz wurde bereits zuvor von Bal und Spies [25] verfolgt, die zunächst eine adaptive Filterung des Bildes durchführten, um das Rauschen und die Streifenartefakte zu minimieren. Daraufhin wurde eine Segmentierung im Bild vorgenommen, die Metallobjekte durch Schwächungswerte von Gewebe ersetzt und die metallbeeinflussten Sinogrammdaten durch Vorwärtsprojektion in den Rohdatenraum auf diese Weise ersetzt. Abschließend wurden die so modifizierten Sinogrammdaten mit der FBP rekonstruiert.

In der Arbeit von Müller [115] werden die Rohdaten zunächst normalisiert, indem die Projektionen durch die jeweilige Weglänge des Röntgenstrahls durch das Objekt geteilt werden. Hierzu wird das Objekt in die beiden Bereiche Luft und Wasser segmentiert und eine Vorwärtsprojektion berechnet, die zur Normalisierung der Daten dient. Innerhalb des normalisierten Sinogramms ist es dann möglich, die inkonsistenten Projektionen direkt im Rohdatenraum zu detektieren und zu entfernen. Die Lücken werden abschließend durch eine lineare Interpolation geschlossen und die Weglängennormalisierung rückgängig gemacht. Bei Meyer [116] wurde dieses Verfahren weiter verfeinert. Hier findet eine Segmentierung des Objektes nicht nur in zwei, sondern in drei Materialien, Luft, Wasser und Knochen, statt.

- **Nachverarbeitung der rekonstruierten Bilder**

  Diese Methoden zur MAR beruhen nicht auf der Modifikation der aufgenommenen Rohdaten, sondern werden erst nach der Rekonstruktion auf das artefaktbehaftete Bild angewendet, z.B durch Filterung dieser. Beispiele hierfür stellen u.a. die Arbeiten von Tuy [28] und Hahn [29] dar.

In dieser Arbeit werden MAR-Mechanismen verwendet, die zunächst die inkonsistenten Rohdaten mit Hilfe geeigneter Interpolationsverfahren reparieren (siehe oben). Um die unterschiedlichen Methoden anwenden zu können, müssen in einem ersten Schritt die inkonsistenten Projektionen aus den aufgenommenen Rohdaten eliminiert werden. Die genaue Vorgehensweise zur Eliminierung der inkonsistenten Projektionen wird im nächsten Kapitel 5.1 beschrieben. Anschließend werden die reparierten Rohdaten mit einem gewichteten MLEM-, bzw. MAP-Algorithmus rekonstruiert (siehe Kapitel 6). Der Vorteil gegenüber der FBP liegt in der Möglichkeit, die teils noch fehlerbehafteten interpolierten Bereiche während der Rekonstruktion mit einer geeigneten Gewichtung zu beaufschlagen.

5

Verfahren zur Sinogrammrestauration

In diesem Kapitel werden die in dieser Arbeit ausgewählten unterschiedlichen Methoden zur Sinogrammrestauration vorgestellt. Zunächst müssen die inkonsistenten Projektionswerte innerhalb der aufgenommenen Rohdaten entfernt werden. Die hierfür verwendete Vorgehensweise ist im folgenden Kapitel 5.1 beschrieben. Anschließend werden die dadurch entstandenen Lücken in den Sinogrammen mit Hilfe unterschiedlicher Interpolationsmethoden wieder geschlossen. Hierzu werden drei verschiedene Methoden verwendet, die 1D-Interpolation (siehe Kapitel 5.2), die 1.5D-Interpolation (siehe Kapitel 5.3) und die 2D-Interpolation (siehe Kapitel 5.4).

5.1 Detektion der inkonsistenten Projektionsdaten

Innerhalb der aufgenommenen Rohdaten (siehe z.B. Abbildung 62) lassen sich die inkonsistenten Projektionsdaten, hervorgerufen durch die Metalle, deutlich als helle, sinusförmige Kurven identifizieren. Die Voraussetzung für alle MAR-Verfahren ist zunächst die Lokalisierung dieser inkonsistenten Projektionen. Um dies zu realisieren, gibt es zwei Möglichkeiten. Zum einen können die inkonsistenten Rohdaten direkt im Rohdatenraum, z.B. mit Hilfe eines Kantendetektors, wie dem Sobeloperator, mit entsprechendem Schwellwert detektiert werden. Es hat sich jedoch gezeigt, dass sich diese Detektionsart als relativ schwierig und ungenau erweist. Besonders bei weniger stark abschwächenden Metallen, wie z.B. Titan, sind die Metallkanten nicht so stark ausgeprägt und es kann zu falsch detektierten Kanten, z.B. von Knochen oder dem Patiententisch, kommen [35, 117]. Verfahren, die die Detektion der inkonsistenten Projektionen direkt im Radonraum ermöglichen, sind z.B. das Verfahren der so genannten Weglängennormalisierung von Müller [115] oder das Verfahren von Veldkamp [102], welches ein Markovsches-Zufallsfeld-Modell zur Segmentierung der inkonsistenten Daten nutzt.

Zum anderen können die inkonsistenten Projektionen bestimmt werden, indem zunächst eine schwellwertbasierte Segmentierung der Metallobjekte in einem vorläufig mit der FBP rekonstruierten Bild vorgenommen wird. Auf diese Weise erhält man ein Bild, das nur die Metallobjekte abbildet und von nun an als Nur-Metallobjekte-Bild $\mathbf{f}_M$ bezeichnet wird, wobei $M = 1, ..., N_{Metall}$ der Anzahl der Metallobjekte im Bild entspricht. Durch Vorwärtsprojektion dieses Nur-Metallobjekte-Bildes in den Radonraum bekommt man ein Nur-Metallprojektionen-Sinogramm p_M, das den genauen Verlauf der inkonsistenten Projektionen in den aufgenommenen Rohdaten $p_\gamma(\xi)$ widerspiegelt. Um die Lage der inkonsistenten Projektionen in dieser Arbeit zu bestimmen, wird das zweite zuvor vorgestellte Verfahren genutzt.

Der zur Segmentierung verwendete Schwellwert σ_M wird für die Phantomdaten auf $0,79\,\text{cm}^{-1}$ ($\approx 3075\,\text{HU}$) im nicht in HU umgerechneten rekonstruierten Bild gesetzt. Es hat sich gezeigt, dass es sich hierbei um einen sinnvollen, zur Detektion von Metallen geeigneten Schwellwert handelt (vgl. [35]).

Bei den anatomischen Daten ist dieser Schwellwert teilweise zu hoch und führt dazu, dass keine Metalle bzw. nur Teile davon detektiert werden. Dies ist darauf zurückzuführen, dass an diesen Stellen vermutlich Metalle mit niedrigeren Ordnungszahlen verwendet wurden. Leider ist im Fall der einzelnen Patientendatensätze nicht bekannt, welche Art von Metallen sich jeweils im Körper befindet. Somit wurden die Schwellwerte experimentell ermittelt und bei der Detektion der Herzklappen und der Schraube in der Schulter ein Schwellwert $\sigma_M = 0,427\,\text{cm}^{-1}$ ($\approx 1194\,\text{HU}$) sowie bei den Hüftprothesen und den Zähnen ein Schwellwert $\sigma_M = 0,488\,\text{cm}^{-1}$ ($\approx 1507\,\text{HU}$) verwendet. Dies zeigt, dass unterschiedliche Metalle verschiedene Schwellwerte benötigen und dadurch eine genauere Untersuchung aller in der Medizin verwendeten Metalle notwendig ist.

Mit Hilfe dieser Schwellwerte wurde eine Maske der Metalle im Bildbereich

$$f_M = \text{supp}\,(f - f \wedge \sigma_M) = \sup\left(\mathcal{R}^{-1}p - \mathcal{R}^{-1}p \wedge \sigma_M\right) \in \Omega_{fM} \tag{5.1}$$

bestimmt, wobei $\mathcal{R}^{-1}$ der inversen Radontransformation entspricht, $\sup f = \{f \neq 0\}$ der Träger der Funktion f und $f \wedge \sigma_M = \min(f, \sigma)$ das Minimum von f und σ_M ist.

Diese Maske wird nun durch Vorwärtsprojektion in den Radonraum projiziert und man erhält die Projektionen, die durch ein Metallobjekt verlaufen. Somit ergibt sich für die Bereiche der Metallprojektionen im Sinogramm

$$p_M = \sup \mathcal{R}\,(f - f \wedge \sigma_M) = \sup\left(p - \mathcal{R}\left(\mathcal{R}^{-1}p \wedge \sigma M\right)\right) \in \Omega_{pM}. \tag{5.2}$$

Abbildung 5.1 stellt den Ablauf der Detektion der inkonsistenten Projektionswerte in den aufgenommenen Sinogrammdaten am Beispiel des Torsophantoms mit zwei Stahlmarkern schematisch dar.

In einem ersten Schritt wird mit Hilfe eines vorläufig mit der FBP rekonstruierten Bildes (siehe Abbildung 5.1 (a)) durch Schwellwertsegmentierung das Nur-Metallobjekte-Bild (siehe Abbildung 5.1 (b)) ermittelt. Der zweite Schritt entspricht der Vorwärtsprojektion dieses Bildes in den Radonraum und dadurch dem Erhalt des Nur-Metallprojektionen-Sinogramms. Anschließend wird dieses Sinogramm (siehe Abbildung 5.1 (c)) dazu verwendet, die inkonsistenten Projektionsdaten innerhalb der aufgenommenen Rohdaten des Torsophantoms zu eliminieren. Alle Projektionen innerhalb des Nur-Metallprojektionen-Sinogramms, die verschieden von Null sind, werden als inkonsistent betrachtet. Auf diese Weise erhält man das zu reparierende Sinogramm, in dem die inkonsistenten Projektionen dem schwarzen Verlauf der zwei Sinuskurven entsprechen (siehe Abbildung 5.1 (d)).

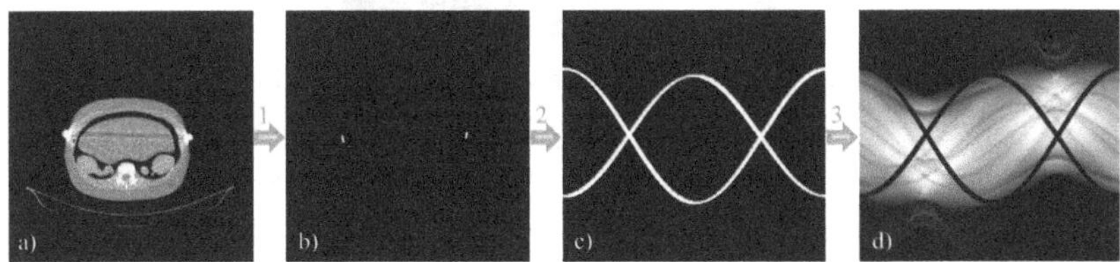

Abbildung 5.1: Schematische Darstellung des Detektionsprinzips der inkonsistenten Projektionen innerhalb der aufgenommenen Sinogrammdaten, hier exemplarisch dargestellt am Beispiel des Torsophantoms mit zwei Stahlmarkern; Schritt 1: Schwellwertbasierte Segmentierung der Stahlmarker im FBP-Bild (a); Schritt 2: Vorwärtsprojektion des Nur-Metallobjekte-Bildes (b) und hierdurch Erhalt der Maske der inkonsistenten Projektionen im Sinogramm (c); Schritt 3: Elimination der inkonsistenten Projektionen mit Hilfe des Nur-Metall-Projektionen-Sinogramms (c) wodurch man das zu reparierende Sinogramm erhält (d).

In dieser Arbeit entspricht $p = p_\gamma(\xi)$ den aufgenommenen Rohdaten des Objektes mit $p \in \Omega \subset \mathbb{R}^2$. Der Bereich der inkonsistenten Rohdaten p_M ist durch Ω_{pM} gegeben mit dem Rand $\partial\Omega$ und p_0 entspricht den aufgenommenen Rohdaten ohne die inkonsistenten Projektionen im Bereich $\Omega \backslash \Omega_{pM}$.

Innerhalb der so erhaltenen Projektionen p_M werden alle Projektionen, die verschieden von Null sind, als inkonsistent bezeichnet.

Um sicherzustellen, dass alle Projektionen, die durch ein Metallobjekt verlaufen, in den inkonsistenten Projektionen enthalten sind, wird die ermittelte Maske der Projektionen um eins an jeder Stelle erweitert. Diese erweiterte Maske p_M dient nun dazu, die inkonsistenten Daten aus den aufgenommenen Projektionsdaten zu eliminieren, indem diese auf den Wert Null gesetzt werden.

Der Schwerpunkt dieser Arbeit liegt auf der MAR durch Restauration der Sinogrammdaten mittels unterschiedlicher Reparaturverfahren. Hierbei wird die Lücke innerhalb der aufgenommenen Projektionen durch künstliche, mit verschiedenen Methoden generierte, Projektionsdaten p_{Methode} gefüllt. Allgemein lassen sich die mit Hilfe der unterschiedli-

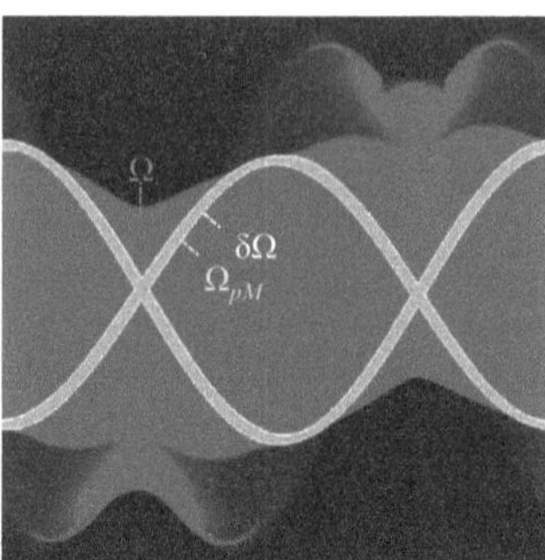

Abbildung 5.2: Aufteilung der Rohdaten in die unterschiedlichen Bereiche.

chen Reparaturverfahren modifizierten Projektionsdaten $p_{\text{MAR-Methode}}$ in folgender Form beschreiben

$$p_{\text{MAR-Methode}} = \begin{cases} p_\gamma(\xi) & \text{für } (\gamma,\xi) \notin \Omega_{pM} \\ p_{\text{Methode}} & \text{für } (\gamma,\xi) \in \Omega_{pM} \end{cases}. \tag{5.3}$$

Dabei werden folgend drei Arten der Restauration des Rohdatenraumes unterschieden: die 1D- (siehe Kaptiel 5.2), die 1.5D- (siehe Kapitel 5.3) und die 2D- Verfahren (siehe Kapitel 5.4).

5.2 1D-Verfahren

Unter den hier verwendeten 1D-Verfahren zur Reparatur der inkonsistenten Projektionswerte versteht man Methoden, bei denen die Ersatzdaten innerhalb einer Projektion unter einem Winkel mit Hilfe von bekannten Projektionswerten ermittelt werden. Im einfachsten Fall geschieht dies durch Interpolation zwischen zwei Randwerten, der die inkonsistenten Projektionsdaten umgebenden Projektionen, innerhalb einer Projektion $p_\gamma(\xi)$ unter einem Winkel γ (siehe Kapitel 5.2.1), wie es im Fall der linearen Interpolation (LI) geschieht (siehe Kapitel 5.2.1.1). Diese stellt die einfachste Form der polynomialen Interpolation dar und wird als Polynom erster Ordnung bezeichnet. Werden mehr als nur zwei Randpunkte zur Berechnung des Interpolationspolynoms verwendet, spricht man von polynomialen Interpolationen (PI) höherer Ordnung. Sehr häufig werden kubische Interpolationspolynome (Polynome 3. Ordnung) in der Literatur zur Interpolation verwendet. Die kubische PI lässt sich noch weiter durch Verwendung einer stückweise hermiteschen kubischen Interpolation verbessern, die zur Berechnung der Ersatzdaten ebenfalls die erste Ableitung mit einbezieht und damit diese ebenfalls glatt interpoliert (siehe Kapitel 5.2.1.2). Noch einen Schritt weiter geht die hier verwendete Spline-Interpolation, bei der auch die zweite Ableitung interpoliert wird (siehe Kapitel 5.2.1.3).

Eine andere Möglichkeit besteht in der Verwendung von gerichteten Interpolationen, wie z.B. der Interpolation senkrecht zu dem Verlauf der Sinuskurve der inkonsistenten Projektionen (siehe Kapitel 5.2.2.1). Eine Weiterentwicklung hiervon stellt die 1.5D-Interpolation (siehe Kapitel 5.3) entlang der Kanten innerhalb der Sinogrammdaten dar, welche z.B. mit Hilfe der Berechnung des Gradientenfeldes erfolgt (siehe Kapitel 5.3.1). Diese kann noch wesentlich verbessert werden, indem die Richtung des Kantenverlaufes mit Hilfe der Hough-Transformation bestimmt wird (siehe Kapitel 5.3.2).

5.2.1 Metallartefaktreduktion mittels klassischer Interpolation (KI)

Zu den klassischen Interpolationsformen (KI) zählen die polynomiale Interpolation (siehe Kapitel 5.2.1.1), die Hermite-Interpolation (siehe Kapitel 5.2.1.2) sowie die Spline-basierte Interpolation innerhalb einer Projektion $p_\gamma(\xi)$ unter einem Winkel γ (siehe Kapitel 5.2.1.3). Den einfachsten Interpolationsansatz unter den genannten Methoden stellt hierbei die polynomiale Interpolation dar. Sie gehört zu den ersten Verfahren, die in der Computertomographie zur MAR verwendet wurden [12, 37]. Obwohl diese klassischen Interpolationsverfahren die einfachste Form der Interpolation darstellen, können mit ihnen relativ schnell gute Ergebnisse hinsichtlich der MAR erlangt werden, die teils mit den Ergebnissen komplexerer Verfahren vergleichbar sind.

Dic KI wird durch Interpolation zwischen mindestens zwei gegebenen Punkten durchgeführt, den so genannten Stützstellen ξ_s. Die Position der Stützstellen ξ_s innerhalb der aufgenommenen Projektionen $p_\gamma(\xi)$ ist abhängig von dem Verlauf der inkonsistenten Projektionen innerhalb der aufgenommenen Rohdaten. So befinden sich jeweils rechts und links der Spur der inkonsistenten Projektionen p_M die Hälfte der Gesamtanzahl n_s der Stützstellen. Die Randpunkte $\mathrm{RP}_m \in \partial\Omega$ der Spur der inkonsistenten Projektionen p_M seien jeweils gegeben durch die beiden Punkte $\mathrm{RP}_{l_m} = (\xi_l, \gamma)$ und $\mathrm{RP}_{r_m}(\xi_r, \gamma)$ mit RP_{l_m} und $RP_{r_m} \in \partial\Omega$ wobei ξ_l dem linken und ξ_r dem rechten Randpunkt der Spur entspricht. Abbildung 5.3 stellt dies schematisch anhand der Projektion unter einem Winkel $\gamma = 180°$ dar: die mit • gekennzeichneten Punkte entsprechen den Stützstellen, wobei die beiden Punkte links und rechts der inkonsistenten Projektionen (♦) die beiden Randpunkte RP_l und RP_r darstelllen. Der erste Teil des Vektors $\xi_\mathbf{s}$ enthält somit die Stützstellen links der inkonsistenten Projektionen p_M, so dass

$$\xi_{\mathbf{s}_{i_1}} = \begin{bmatrix} p_\gamma(\xi_l - (\frac{n_s}{2}) + 1) \\ \vdots \\ p_\gamma(\xi_l) \end{bmatrix} \text{mit } i_1 = \left(1, \dots, \frac{n_s}{2}\right) \tag{5.4}$$

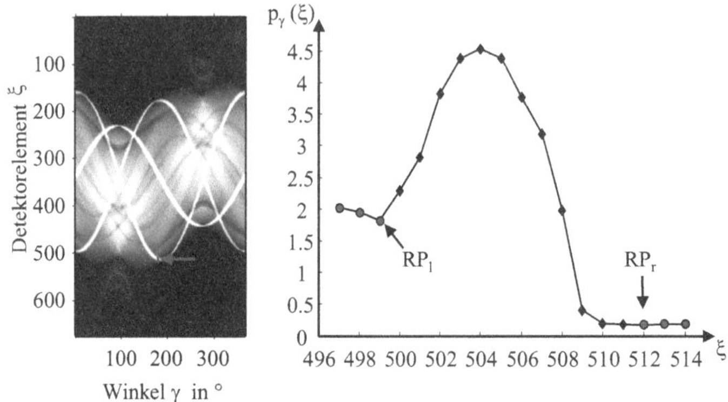

Abbildung 5.3: Rechts: Prinzip der KI, hier exemplarisch dargestellt an einer Projektion unter einem Winkel $\gamma = 180°$ (rote Markierung innerhalb des Sinogramms (linke Seite)): die • entsprechen den Stützstellen, die zur Berechnung der Ersatzdaten für die inkonsistenen Projektionen (♦) verwendet werden.

entspricht und der zweite Teil die Stützstellen rechts der Spur der inkonsistenten Projektionen enthält

$$\xi_{\mathbf{s}i_2} = \begin{bmatrix} p_\gamma(\xi_r) \\ \vdots \\ p_\gamma\left(\xi_r + \left(\frac{n_s}{2}\right) - 1\right) \end{bmatrix} \text{mit } i_2 = \left(\frac{n_s}{2} + 1, \ldots, n_s\right). \tag{5.5}$$

Es hat sich gezeigt, dass eine Glattheit der Übergänge innerhalb einer Projektion unter einem Winkel zwischen den ursprünglich aufgenommenen Daten und den neu generierten Daten, welche in die Lücke eingefügt werden, von großer Bedeutung ist [27]. Befinden sich an diesen Randbereichen große Sprünge, so führen diese in den rekonstruierten Bildern zu neuen streifenförmigen Artefakten, die die Abbildung des umliegenden Gewebes überlagern.

Eine Möglichkeit, Sprünge an diesen Übergängen zu verringern, stellt die Verwendung der PI dar, wie sie im folgenden Kapitel beschrieben wird. Diese fordert, dass das neu berechnete Polynom durch die gegebenen Stützstellen verläuft. Hierdurch wird das Auftreten von Sprüngen an den Übergängen minimiert.

5.2.1.1 Polynomiale Interpolation (PI)

Die PI stellt einen pragmatischen mathematischen Ansatz zur Berechnung der Ersatzdaten dar. Hierbei wird zur Schätzung der neuen Daten ein Polynom $p_{PI} \in \tau_n$ n-ten Grades der Form

$$\tau_n := \left\{ p_{PI} = b_0 + b_1\xi_s + b_2\xi_s^2 + b_3\xi_s^3 + ...b_n\xi_s^n \quad \text{mit} \quad b_0, ..., b_n \in \mathbb{R} \right\}. \tag{5.6}$$

an die gemessenen Projektionen angepasst und auf diese Weise die fehlenden Daten ermittelt.

Dabei wird davon ausgegangen, dass die Funktionswerte an den Stützstellen ξ_s (paarweise verschiedenen Knotenpunkten)

$$p_i = p(\xi_{s_i}) \quad \text{mit} \quad i = 1...n_s, \tag{5.7}$$

gegeben sind, wobei $n_s = n + 1$ der Anzahl der Stützstellen (Knotenpunkte) entspricht. Der Unterschied der polynomialen Interpolation im Vergleich zu einer Polynom-Approximation[10] liegt darin, dass im Fall der Interpolation gefordert wird, dass die berechneten Polynomwerte an den Stützstellen identisch sind mit den gegebenen Stützstellenwerten, so dass gilt

$$p_{\mathrm{PI}}(\xi_s) = p_i \quad \text{für} \quad i = 1...n_s. \tag{5.8}$$

Nach dem Existenz- und Eindeutigkeitssatz für die polynomiale Interpolation gibt es bei $n_s = n + 1$ gegebenen Wertepaaren genau ein Polynom p_{PI} vom Grad höchstens n mit $p_{\mathrm{PI}} = p(\xi_{s_i})$ für alle $i = 1, ...n_s$ [118]. Diese letzte Forderung stellt somit die Glattheit der Übergänge innerhalb einer Projektion unter einem Winkel zwischen den ursprünglich aufgenommenen Daten und den neu generierten Daten, welche in die Lücke eingefügt werden, sicher.

Schreibt man das existierende Problem (siehe Gleichung (5.6)) in Matrix-Vektor-Schreibweise, so ergibt sich unter Einbeziehung der Interpolationsbedingung $p_{\mathrm{PI}} = p_i$ folgendes Gleichungssystem

$$\underbrace{\begin{bmatrix} 1 & \xi_{s_1} & \xi_{s_1}^2 & \cdots & \xi_{s_1}^n \\ 1 & \xi_{s_2} & \xi_{s_2}^2 & \cdots & \xi_{s_2}^n \\ \vdots & \vdots & \vdots & \vdots & \vdots \\ 1 & \xi_{s_{n_s}} & \xi_{s_{n_s}}^2 & \cdots & \xi_{s_{n_s}}^n \end{bmatrix}}_{\mathbf{V}} \underbrace{\begin{bmatrix} b_0 \\ b_1 \\ \vdots \\ b_n \end{bmatrix}}_{\mathbf{b}} = \underbrace{\begin{bmatrix} p_1 \\ p_2 \\ \vdots \\ p_{n_s} \end{bmatrix}}_{\mathbf{p}} \tag{5.9}$$

mit der Vandermonde-Matrix $\mathbf{V}$.

[10] Hierbei wird ein Polynom nach dem Prinzip der Kleinsten-Quadrate-Schätzung an die gegebenen Datenpunkte angepasst, d.h. das Polynom verläuft nicht genau durch die gegebenen Stützstellen.

Für die Determinante von **V** gilt

$$\det(\mathbf{V}) = \prod_{i=0}^{n} \prod_{j=i+1}^{n} (\xi_i - \xi_j). \tag{5.10}$$

Sie ist genau dann von Null verschieden, wenn die Knoten $\xi_{s_1}, ..., \xi_{n_s}$ paarweise verschieden sind. Das Gleichungssystem $\mathbf{Vb} = \mathbf{p}_{PI}$ lässt sich somit durch Berechnung von $\mathbf{b} = \mathbf{V}^{-1}\mathbf{p}_{PI}$ eindeutig lösen. Die mit Hilfe der PI reparierten Rohdaten ergeben sich somit durch

$$p_{\text{MAR-PI}} = \begin{cases} p_\gamma(\xi), \text{ für } (\gamma, \xi) \notin \Omega_{pM} \\ p_{\text{PI}}, \text{ für } (\gamma, \xi) \in \Omega_{pM} \end{cases} \tag{5.11}$$

Die von Kalender et al. [37] vorgestellte LI, die als einziges Verfahren zur MAR von 1987-1990 auf dem Siemens SOMATOM implementiert war, stellt das schnellste und einfachste Interpolationsverfahren dar. Sie entspricht der Verwendung eines Polynoms ersten Grades, bei welchem die Ersatzdaten durch Berechnung einer Geraden zwischen den beiden an die inkonsistenten Projektionen angrenzenden Projektionen $P_l(\xi_{s_1}, \gamma)$ und $P_r(\xi_{s_2}, \gamma)$ ermittelt werden (innerhalb einer Projektion $p_\gamma(\xi)$ unter einem Projektionswinkel γ), die als Stützstellen zur Berechnung dienen. Unter „lineare Interpolation" innerhalb einer Projektion unter einem Winkel versteht man somit die Polynom-basierte Interpolation bei einer Wahl von $n = 1$ und $n_s = 2$. Im Fall von $n = 2$ spricht man von „quadratischer Interpolation" und bei $n = 3$ von „kubischer Interpolation".

Die PI stellt einen Spezialfall der Polynom-Approximation bei einer Wahl der Stützstellenanzahl $n_s = n + 1$ dar.

Abbildung 5.4 (a) - (d) zeigt die Ergebnisse der PI unter Verwendung von $2, 4, 6$ und 8 Stützstellen, d.h. es werden Polynome 1-ten, 3-ten, 5-ten und 7-ten Grades zur Reparatur der Daten verwendet.

Der Nachteil der Verwendung der PI liegt in der Tatsache, dass je größer die Anzahl der Stützstellen ist, die zur Berechnung verwendet werden, desto höher ist der Grad n des Polynoms. Ein Polynom höherer Ordnung führt jedoch zu verstärkten Oszillationen in den ermittelten Ergebnissen (siehe Abbildung 5.4). Besonders deutlich lässt sich dies innerhalb eines Profils durch eine Projektion z.B. unter einem Winkel $\gamma = 180°$, wie in Abbildung 5.5 dargestellt, erkennen. Die gelbe Kurve entspricht hier einer PI mit einem Polynom 7-ten Grades, die die Oszillationen mit zunehmendem Grad des Polynoms deutlich macht. Insgesamt führen diese Oszillationen zu vermehrter Streifenbildung in den FBP rekonstruierten Bildern (siehe Abbildung 5.6).

5.2.1.2 Stückweise kubische Hermite-Interpolation (HI), Hermite-Splines

In Kapitel 5.2.1.1 wurde gezeigt, dass die Verwendung eines Polynoms höherer Ordnung schnell zu Oszillationen führen kann. Ein gutes Interpolationsergebnis wurde mit einer

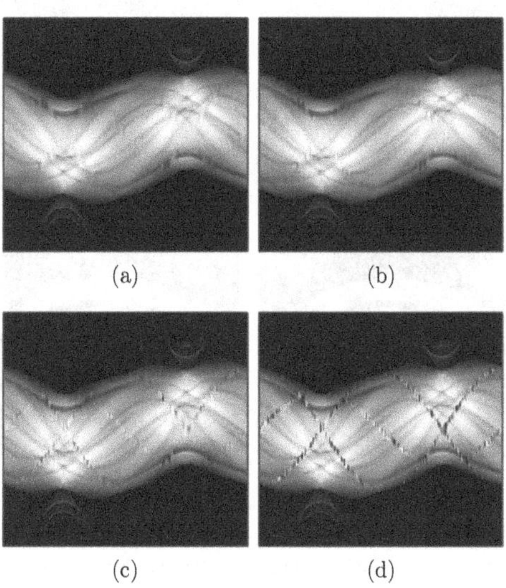

Abbildung 5.4: Ergebnisse der polynomialen Interpolation: bei Verwendung von (a) 2, (b) 4, (c) 6 und (d) 8 Stützstellen, d.h. es werden Polynome 1-ten, 3-ten, 5-ten und 7-ten Grades zur Reparatur der Daten verwendet (Aufnahmeparameter: 110 kV, 60 mAs, 1 mm).

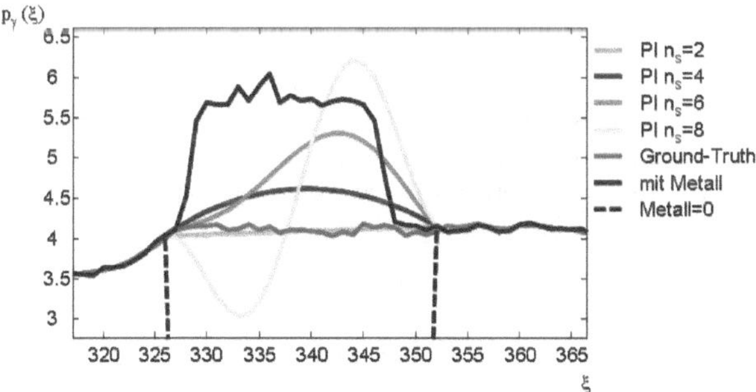

Abbildung 5.5: Profile durch eine Projektion unter einem Winkel von $\gamma = 180°$ repariert mit einem Polynom: 1-ten Grades (—), 3-ten Grades (—), 5-ten Grades (—) und 7-ten Grades ( ). Hier dargestellt im Vergleich zu der Situation mit Metall (—), dem Ground-Truth-Datensatz (—) und der Situation im Fall von Metall=0 (--).

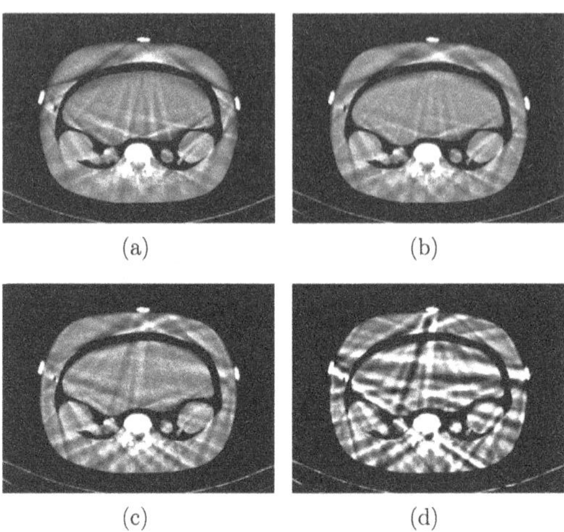

(a) (b) (c) (d)

Abbildung 5.6: Ergebnisse der FBP der reparierten Sinogrammdaten (siehe Abbildung 5.4) mittels PI (Aufnahmeparameter: 110 kV, 60 mA, 1 mm, Fensterung: WL: -200 HU, WW: 600 HU).

Wahl eines Polynoms dritter Ordnung erzielt (siehe Abbildung 5.6 (b)). Aus diesem Grund wird von nun an dieser Fall detaillierter betrachtet.

Eine Möglichkeit, die Übergange zwischen den neu generierten Daten und den gemessenen Projektionswerten an den Rändern noch glatter zu bekommen, ist die Verwendung der stückweise kubischen Hermiten-Interpolation (HI).

HI-Polynome verwenden zur Berechnung der neuen Daten nicht nur die Projektionswerte (gegebene Stützstellen), sondern interpolieren ebenfalls deren erste Ableitung korrekt [119]. Ihr Vorteil gegenüber den klassischen Interpolationspolynomen liegt in ihrer geringen Neigung zu Überschwingern [119]. Des Weiteren lassen sie sich meist schneller berechnen als Spline-Interpolationen [119].

In diesem Fall wird ein kubisches Polynom $H(\xi_s)$ gesucht, für das gilt

$$\begin{cases} H(\xi_{s_i}) = p(\xi_{s_i}) \\ H(\xi_{s_i})' = p(\xi_{s_i})', \end{cases} \tag{5.12}$$

wobei ξ_{s_i} mit $i = 0, ..., n_s$ wieder der Anzahl der gegebenen Stützstellen entspricht. Das hermitesche Interpolationspolynom vom Grad n ist gegeben durch

$$p_{\mathrm{HI}}(\xi_s) = \sum_{i=0}^{n} c_j \prod_{j=0}^{i-1} (\xi_s - \xi_{s_i}). \tag{5.13}$$

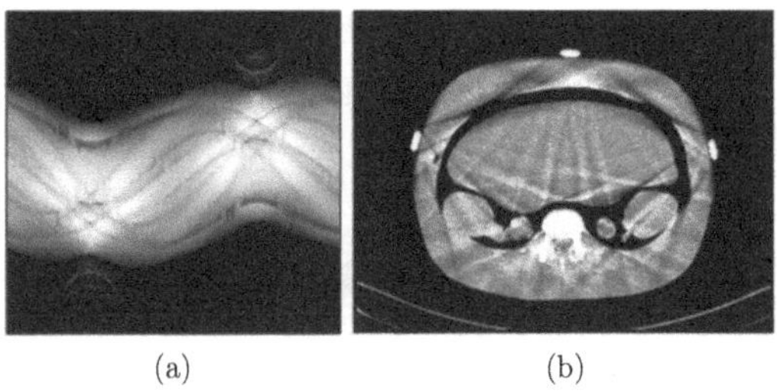

(a) (b)

Abbildung 5.7: Kubische Hermite-Interpolation: (a) Sinogramm und (b) FBP (WL : -200 HU, WW : 600 HU).

Hierbei entsprechen die Koeffizienten c_j bezüglich der Newton-Basis $\prod_{j=0}^{i-1}(\xi_s - \xi_{s_i}) \in \tau_i$ den dividierten Differenzen und man schreibt

$$c_j = [\xi_{s0}...\xi_{s_j}]p \tag{5.14}$$

für die j-te dividierte Differenz.

Im Fall der stückweisen HI wird eine kubische HI zwischen den einzelnen Teilstücken durchgeführt und diese dann abschließend zum HI-Polynom zusammengesetzt

$$H(\xi_s) = H_k(\xi) \text{ wenn } \xi_{s_k} \leq \xi_s < \xi_{s_{k+1}} \quad mit \quad k = 1...n-1. \tag{5.15}$$

Das MAR-Problem im Fall der HI kann somit wiederum wie folgt geschrieben werden

$$p_{\text{MAR-HI}} = \begin{cases} p_\gamma(\xi), \text{ für } (\gamma, \xi) \notin \Omega_{pM} \\ p_{\text{HI}}, \text{ für } (\gamma, \xi) \in \Omega_{pM} \end{cases} . \tag{5.16}$$

In der Literatur finden sich verschiedene Definitionen für den Begriff der Spline-Kurve. Die kleinste gemeinsame Übereinstimmung dieser Definitionen beschreibt eine Spline-Kurve als stückweise zusammengesetzte Kurve, die in ihren Segmenttrenngrenzen festgelegte Stetigkeitsbedingungen und Glattheitskriterien erfüllt. Beschränkt man sich auf die Forderung, dass diese Kurven an ihren Segmenttrenngrenzen stetig sein müssen, so sind nach dieser Definition die in diesem Kapitel beschriebenen stückweisen kubischen Hermite-Interpolationsfunktionen ebenfalls Splines [120].

Das Ergebnis der Reparatur des Sinogramms ist in Abbildung 5.7 (a) dargestellt. Das Ergebnis der Rekonstruktion mit der FBP zeigt Abbildung 5.7 (b). Auch hier lassen sich weiterhin neue streifenförmige Artefakte im rekonstruierten Bild erkennen.

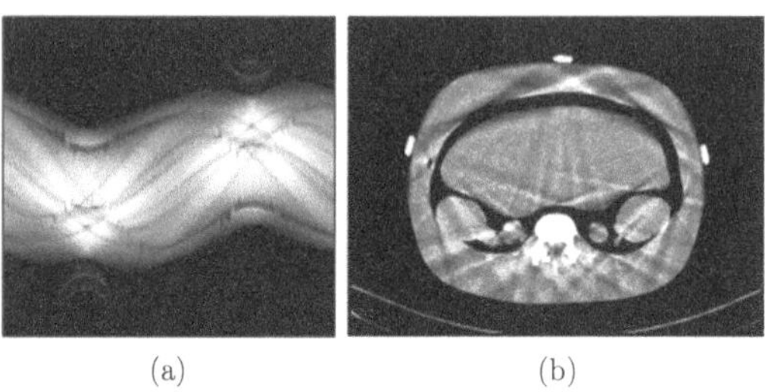

(a) (b)

Abbildung 5.8: Spline-Interpolation: (a) Sinogramm und (b) FBP (WL: -200 HU, WW: 600 HU).

5.2.1.3 Spline-Interpolation (SPI)

Die in diesem Kapitel beschriebene Spline-Interpolation (SPI) geht noch einen Schritt weiter als die Hermite-Interpolation. Hier wird noch zusätzlich gefordert, dass die zweite Ableitung der Daten glatt ist. Per Definition [118] versteht man unter einem kubischen Spline eine Funktion $p_{\text{SPI}} : [a,b] \longrightarrow \mathbb{R}$ zu den Stützstellen $a = \xi_{s_1} ... \xi_{s_{n_s}} = b$ wenn gilt:

- p''_{SPI} existiert und ist stetig auf $[a,b], (p_{SPI} \in C^2[a,b])$.
- p_{SPI} ist auf dem Intervall $[\xi_i, x_{i+1}]$ jeweils ein Polynom dritten Grades.

In dieser Arbeit wird zusätzlich die „not a knot"-Randbedingung verwendet, das heißt

- $p_{\text{SPI}}(\xi)''' =$ konst., d.h. es existieren stetige dritte Ableitungen bei ξ_{s_2} und $\xi_{s_{n_s-1}}$. Die äußeren drei Punkte werden je durch ein Polynom ersetzt, d.h. ξ_{s_2} und $\xi_{s_{n_s-1}}$ sind somit eigentlich „keine Knoten" mehr.

Das MAR-Problem im Fall der kubischen SPI wird wiederum wie folgt beschrieben

$$p_{\text{MAR-SPI}} = \begin{cases} p_\gamma(\xi), \text{ für } (\gamma,\xi) \notin \Omega_{pM} \\ p_{\text{SPI}}, \text{ für } (\gamma,\xi) \in \Omega_{pM}. \end{cases} \tag{5.17}$$

Betrachtet man die Ergebnisse der reparierten Rohdaten sowie die entsprechende FBP-Rekonstruktion (siehe Abbildung 5.8), so sind auch hier neu entstandene, streifenförmige Artefakte zu erkennen, wobei die ursprünglichen Artefakte teilweise reduziert werden konnten.

5.2.2 Direktionale Interpolation

Im vorangegangenen Kapitel über die klassischen 1D-Interpolationen (innerhalb einer Projektion unter einem Winkel) zur MAR ist deutlich sichtbar geworden, dass sich mit Hilfe dieser Verfahren die Artefakte zwar teilweise reduzieren lassen, jedoch auch neue Artefakte in den rekonstruierten Bildern entstehen. Betrachtet man die mit der KI reparierten Sinogramme, so ist der Verlauf der Spur der inkonsistenten Daten weiterhin deutlich zu erkennen. Ziel ist es jedoch, die Lücke in den Projektionsdaten so zu reparieren, dass sie abschließend möglichst für den Betrachter nicht mehr zu erkennen sind.

Abbildung 5.9 zeigt die aufgenommenen Rohdaten des Torsophantoms mit drei Stahlmarkern (Aufnahmeparameter: 110 kV, 60 mA bei 1 mm Schichtdicke). Um das Problem der KI im Detail zu betrachten, wird ein Ausschnitt dieser Rohdaten (gekennzeichnet durch die rote rechteckige ROI) zur näheren Untersuchung herangezogen.

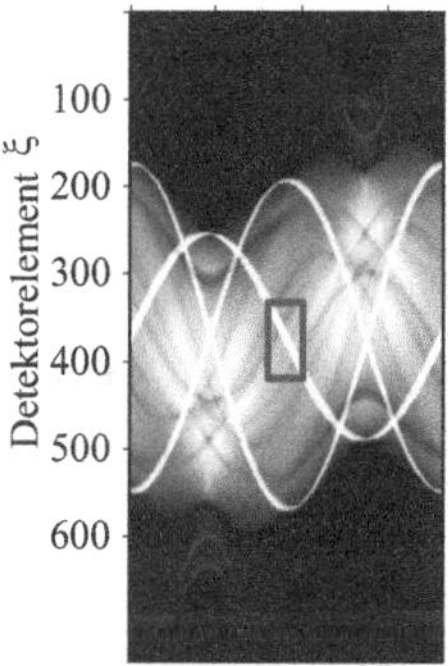

Abbildung 5.9: Ausschnitt zur detaillierten Betrachtung der direktionalen Interpolation.

Betrachtet man die Projektion unter einem Winkel $\gamma = 180°$ (siehe Abbildung 5.10 (b)), so entspricht die KI innerhalb einer Projektion unter einem Winkel einer Interpolation zwischen ○ und ◇ (siehe Abbildung 5.10 (a)). Physikalisch betrachtet beinhalten diese beiden Projektionen jedoch keinerlei Informationen über die gesuchte dazwischenliegende Projektion. Aus diesem Grund ist es wesentlich naheliegender, zwei Projektionen zur Berechnung der interpolierten Ersatzdaten zu verwenden, die leicht gekippt zur ursprünglichen gesuchten Projektion liegen und in der Lage sind, hinter den Metallmarker zu schauen und Informationen über die dahinterliegenden Schwächungswerte beinhalten. Somit wird in diesem Fall eine Interpolation zwischen den Projektionen □ und △ durchgeführt (siehe Abbildung 5.10 (c)).

Innerhalb des ROIs der Sinogrammdaten entspricht diese Interpolationsrichtung einer

Interpolation in Richtung des Flusses der die inkonsistenten Projektionen umgebenden Projektionen.

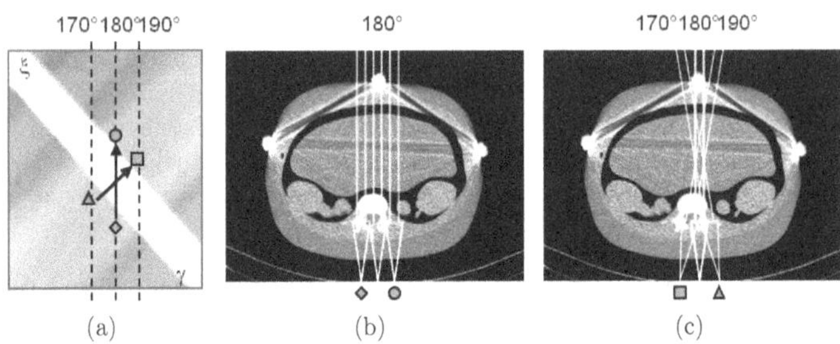

Abbildung 5.10: Prinzip der direktionalen Interpolation. (a) Ausschnitt aus dem Sinogramm unter einem Winkel von 180°; (b) Prinzip der Interpolation innerhalb einer Projektion unter einem Winkel; (c) Prinzip der gerichteten Interpolation.

Ein Problem, das sich hierbei ergibt, ist die korrekte Richtungsermittlung der gesuchten Kippung der Projektionen, um die gewünschte Interpolationsrichtung, die den Verlauf der umliegenden Projektionen widerspiegelt, zu erhalten. Hierzu gibt es verschiedene Ansätze, die in den folgenden Kapiteln vorgestellt werden.

Einen einfachen Ansatz hierfür stellt die senkrechte Interpolation (siehe Kapitel 5.2.2.1) dar. In diesem Fall wird die Interpolationsrichtung durch den sinusförmigen Verlauf der inkonsistenten Projektionen festgelegt, d.h. die Interpolation wird immer senkrecht zu der Spur der inkonsistenten Projektionen durchgeführt. Diese Form der Interpolation zählt somit noch zu den 1D-Interpolationen, da in diesem Fall immer senkrecht zur Spur der inkonsistenten Daten interpoliert wird und die Richtungsfeldermittlung nicht auf der zweidimensionalen Information der umliegenden Projektionsdaten basiert.

5.2.2.1 Linear-senkrechte-Interpolation (LSI)

Eine sehr einfache richtungsbasierte Interpolation, stellt die linear-senkrechte Interpolation (LSI) dar. Hierbei wird die Interpolationsrichtung zur Berechnung der fehlenden Projektionswerte immer senkrecht zum sinusförmigen Verlauf der inkonsistenten Projektionen gewählt.

In Abbildung 5.11 ist das Prinzip der LSI schematisch anhand der Reparatur der Projektion unter einem Winkel $\gamma = 180°$ innerhalb des bereits im vorherigen Kapitel verwendeten ROIs (siehe Abbildung 5.9) dargestellt.

Abbildung 5.12 (a) zeigt das Ergebnis der LSI der aufgenommenen Rohdaten des Torsophantoms. In Abbildung 5.12 (b) ist das Ergebnis der FBP der reparierten Rohdaten

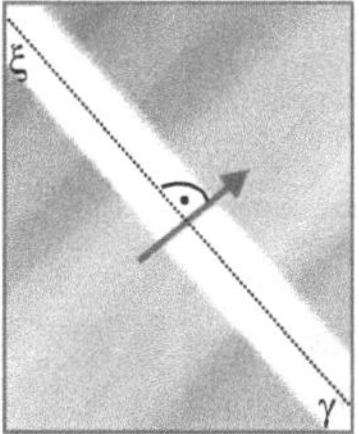

Abbildung 5.11: Prinzip der senkrechten Interpolation.

dargestellt. Im Vergleich zu den vorherigen verwendeten Interpolationen innerhalb einer Projektion unter einem Winkel fällt hierbei auf, dass die Artefakte gut reduziert werden können, dass aber auch hier unter Verwendung der LSI neue streifenförmige Artefakte mit der FBP-Rekonstruktion entstehen.

Die LSI stellt ein Ad-hoc-Verfahren dar, das erstaunlich gute Ergebnisse in der Interpolation der Lücken im hier gegebenen Fall liefert.

Grundsätzlich kann dieses Verfahren jedoch nie zu einem perfekten Interpolationsergebnis führen, wie an folgendem Beispiel deutlich zu sehen ist: Betrachtet man die aufgenommenen Rohdaten des Torsophantoms (ohne Metallmarker) und stellt sich vor, ein Metallobjekt läge genau im Isozentrum, so würde dieses Metallobjekt zu inkonsistenten Projektionen in Form einer Geraden durch die aufgenommenen Rohdaten genau in der Detektormitte führen (siehe Abbildung 5.13 (a)); der Verlauf der inkonsistenten Projektionen entspricht der schwarzen Geraden in der Bildmitte. Der Verlauf der umliegenden Projektionen müsste nun immer senkrecht zu dieser Geraden verlaufen, dies lässt sich jedoch auf Grund des sinusförmigen Verlaufes jedes einzelnen Punktes des Bildes in den Rohdaten nicht realisieren, so dass die LSI nicht das gewünschte Ergebnis liefern kann (siehe Abbildung 5.13 (b)).

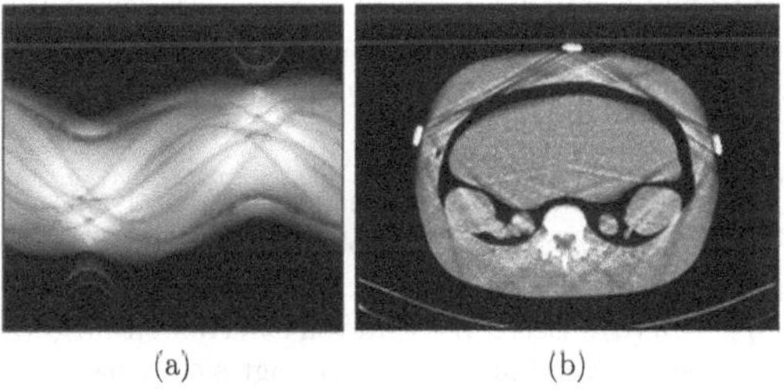

Abbildung 5.12: (a) Sinogramm nach Reparatur mit der LSI; (b) Rekonstruktion mit der FBP; (Aufnahmeparameter: 110 kV, 60 mAs, 1 mm).

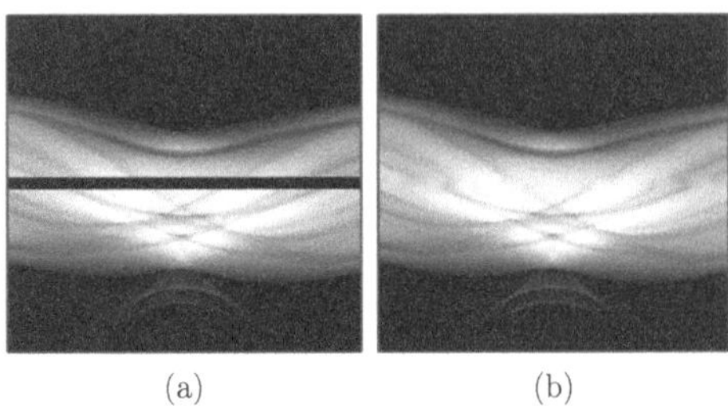

(a) (b)

Abbildung 5.13: Beispiel einer mittigen Metallspur (a) schwarzer Bereich innerhalb des Sinogrammes entspricht dem zu füllenden Bereich; (b) Ergebnis nach Reparatur der Lücke aus (a) mittels LSI (Aufnahmeparameter: 130 kV, 100 mA, 5 mm).

Betrachtet man das FBP-rekonstruierte Bild der mit der LSI reparierten Rohdaten (siehe Abbildung 5.14), so lassen sich innerhalb dieses Bildes ebenfalls sehr deutlich die neu entstandenen Artefakte erkennen.

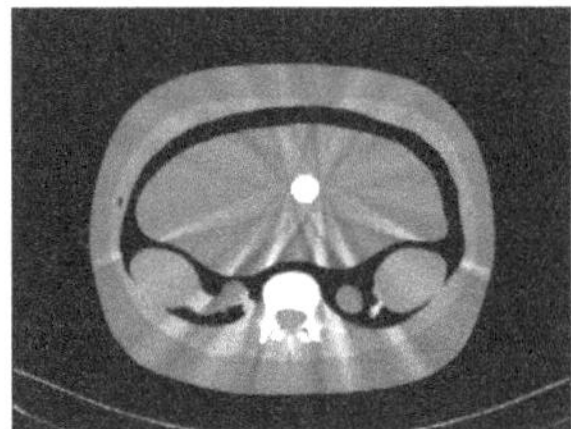

Abbildung 5.14: FBP des mit der LSI reparierten Sinogramms bei mittig liegender Metallspur (Aufnahmeparameter: 130 kV, 100 mA, 5 mm).

Um die Ursache dieser neu entstandenen Artefakte etwas näher zu beleuchten, wird zunächst mit dem Canny-Kantenfilter bei einer Wahl des Schwellwertes $\sigma_C = 0,1$ ein Kantensinogramm, sowohl der aufgenommenen Rohdaten des Torsophantoms ohne Metallmarker als auch des mit der LSI reparierten Sinogramms berechnet (siehe Abbildung 5.13).

Innerhalb der reparierten Projektionen kann man sehen, dass Kanten, die im ursprünglichen Sinogramm zusammengehörten (siehe Abbildung 5.15 (a)), nun nicht mehr miteinander verbunden, bzw. nicht zusammengehörende Kanten miteinander verbunden werden (siehe Abbildung 5.15 (b)). Berechnet man von den Kantensinogrammen die jeweilige FBP-Rekonstruktion (siehe Abbildung 5.16), so zeigt sich, dass die in den reparierten Projektionen enthaltenen neu erzeugten Kanten die Ursache der neu entstehenden Artefakte im Bild sind. An dieser Stelle sei darauf hingewiesen, dass die nicht ganz vollständig erscheinende Kontur der FBP-Rekonstruktion des Kantensinogramms auf die Wahl des

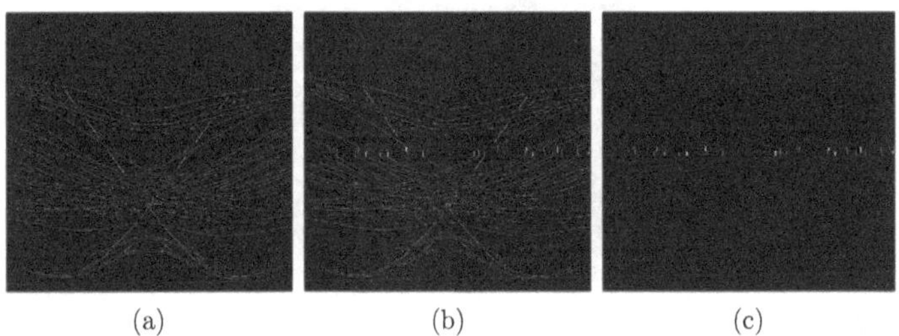

(a) (b) (c)

Abbildung 5.15: Darstellung der Sinogramme nach Durchführung der Kantendetektion mit dem Canny-Kantendetektor ($\sigma_c = 0,1$): (a) Kantensinogramm der Ground-Truth; (b) Kantensinogramm der mit der LSI reparierten Rohdaten; (c) Bereich der reparierten Projektionen innerhalb des Sinogramms (siehe (b)).

Schwellwertes zur Detektion der Kanten innerhalb des Sinogramms zurückzuführen ist. Je niedriger dieser Schwellwert gewählt wird, umso vollständiger stellen sich die Kanten in der FBP dar, umso unübersichtlicher wird jedoch auch das Rekonstruktionsergebnis. Für den hier erwünschten Effekt, nämlich die Verdeutlichung des Artefaktursprungs, ist dies jedoch nicht sinvoll, da ansonsten die verursachenden Artefaktkanten nur sehr schwer im Bild zu erkennen sind.

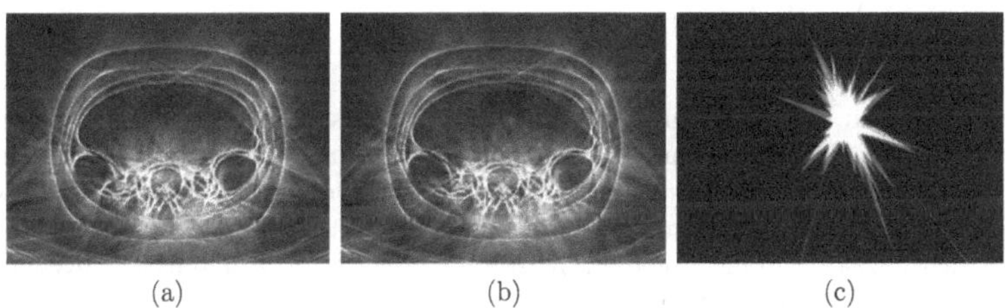

(a) (b) (c)

Abbildung 5.16: (a) - (c) FBP-Ergebnisse der Kantensinogramme aus Abbildung 5.15 (a) - (c).

Um die Ursache zu verdeutlichen, wurde der Umriss der FBP-Rekonstruktion nur des reparierten Kantenbereiches (siehe Abbildung 5.16 (c) in Abbildung 5.17 dargestellt durch die gepunktete Linie) auf die FBP-Rekonstruktion der mit der senkrechten Interpolation reparierten Daten addiert. Hierbei zeigt sich, dass dieser Umriss weitestgehend der Form der neu entstandenen Artefakte im rekonstrueirten Bild entspricht.

Es werden somit andere Methoden benötigt, um die Richtung der Interpolation zu bestimmen, die nach Möglichkeit den Verlauf der umliegenden Kanten besser interpretieren. Ein möglicher Ansatz hierzu ist die Ausnutzung der Gradienteninformation zur Richtungsfeldermittlung der Interpolation, wie sie im nächsten Kapitel vorgestellt wird.

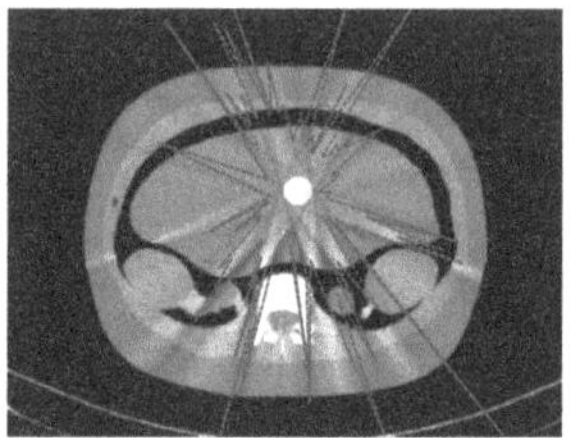

Abbildung 5.17: FBP des Ergebnisses der LSI (siehe Abbildung 5.14) überlagert mit dem Ergebniss des Umrisses des Artefaktbereiches (gepunktet) (siehe Abbildung 5.16 (c)); (Aufnahmeparameter: 130 kV, 100 mA, 5 mm).

Bei der Verwendung einer gerichteten Interpolation ist es notwendig, das Sinogramm an den Rändern um eine gewisse Winkelschrittanzahl zu erweitern, da es sich hier um ein gerichtetes Verfahren handelt, das nicht innerhalb einer Projektion unter einem Winkel γ arbeitet, sondern über eine in Abhängigkeit der berechneten Interpolationsrichtung gewissen Breite der Winkel. Daher wird bei allen gerichteten Interpolationen und auch im Fall der 2D-Interpolationen das Sinogramm während der Berechnung um je 40 Winkelschritte erweitert.

5.3 1.5D-Verfahren

Im Gegensatz zu den im vorangegangenen Abschnitt beschriebenen 1D-Interpolationsmethoden wird zur Bestimmung der Interpolationsrichtung bei den 1.5D-Methoden die 2D-Umgebung um die inkonsistenten Projektionen verwendet. Anschließend findet wiederum eine 1D-Interpolation zwischen den auf diese Weise ermittelten Randpunkten in dieser Richtung statt. Somit sind die 1.5D-Interpolationen eine Kombination aus der 1D- und der 2D-Interpolation. Insgesamt werden zwei verschiedene Ansätze betrachtet, die Gradienten-basierte-Interpolation (GBI) (siehe Kapitel 5.3.1) und die Hough-basierte-Interpolation (HBI) (siehe Kapitel 5.3.2).

Die GBI nutzt im Gegensatz zur senkrechten Interpolation erstmalig die in den aufgenommenen Rohdaten enthaltenen Informationen über die Kanten innerhalb der Daten aus. Durch Berechnung der Normalen auf den Gradienten wird hierbei das für die Interpolation notwendige Richtungsfeld ermittelt. Ein Schwachpunkt dieser Methode liegt in den starken Schwankungen der Ergebnisse auf Grund des Rauschens innerhalb der Rohdaten in Abhängigkeit von den verwendeten Aufnahmeparametern. Das Verfahren der HBI (siehe Kapitel 5.3.2) ist dahingehend robuster, da es nicht auf den Schwankungen innerhalb einzelner Regionen basiert, sondern die Kanten als Gesamtobjekt zur Richtungsfeldermittlung verwendet.

In der Literatur finden sich ebenfalls Ansätze der direktionalen Interpolation. Ein Bei-

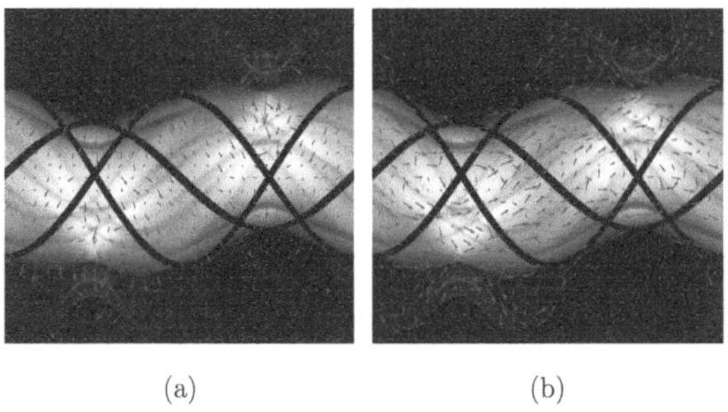

(a) (b)

Abbildung 5.18: (a) Darstellung des Gradientvektorfeldes; (b) Fluss berechnet mit Hilfe der Normalen auf das Gradientenvektorfeld (hier wurde der Median des Gradienten-ROIs zur Berechnung verwendet). In beiden Fällen wird der Verlauf verdeutlicht durch den Verlauf der roten Pfeile; (Aufnahmeparameter: 110 kV, 60 mAs, 1 mm).

spiel hierfür ist die Arbeit von Bertram [121], der eine 3D-direktionale Interpolation durchführt, um Streifenartefakte in CT-Bildern, rekonstruiert von gering abgetasteten Cone-Beam-CT-Daten, zu reduzieren.

Yazdia et al. [17] verwendete in seinem adaptiven Ansatz zur Metallartefaktreduktion zur besseren Therapieplanung in der Bestrahlung ebenfalls einen gerichteten Ansatz. Dabei werden die Kanten der umliegenden Projektionen verwendet, um zusammengehörende Kanten mit Hilfe der LI zu verbinden. Zwei zusammengehörende Kanten werden durch Minimierung des Abstandes der Kanten zueinander sowie der Minimierung der zugehörigen Differenzen der entsprechenden Werte gefunden. Der Unterschied des Verfahrens von Yazdia zu der oben angesprochenen Hough-basierten Richtungsfeldermittlung liegt darin, dass bei Yazdia nur einzelne Punkte der Kanten und nicht die Kante als Ganzes betrachtet wird und somit dieses Verfahren wie das Gradienten-basierte Verfahren ebenfalls sehr rauschanfällig sein dürfte.

5.3.1 Gradienten-basierte-Interpolation (GBI)

Bei der GBI handelt es sich um ein Verfahren, das zur Ermittlung der Interpolationsrichtung das Gradientenfeld der Rohdaten nutzt. Zunächst wird das Gradientenfeld **G** berechnet (siehe Abbildung 5.18 (a)).

Basierend darauf wird die Normale **N** auf den Gradienten bestimmt, d.h. es gilt

$$\mathbf{N} = \nabla^{\perp} p = \mathbf{G}\perp = (-p_{\xi}, p_{\gamma}) \,. \tag{5.18}$$

Dabei entsprechen die Indizes γ und ξ den Ableitungen in die jeweiligen Raumrichtungen.

Die Normale **N** stellt den Verlauf des Flusses der Projektionen dar, der die Lücke umgibt. Abbildung 5.18 (b) zeigt den berechneten Fluss durch den Verlauf der roten Pfeile. Diese Pfeile spiegeln die ermittelte Normalenrichtung wider. Sie ist berechnet auf Grundlage des Medianwertes (hier dargestellt) bzw. Mittelwertes innerhalb eines ROIs mit einem Radius von einer gewissen Pixelanzahl (hier fünf) um den jeweiligen betrachteten Punkt (entspricht in Abbildung 5.18 jeweils dem Anfangspunkt der Pfeile).

Das Schließen der Lücken erfolgt mit Hilfe eines iterativen Prozesses. Zunächst wird der Gradient **G** nur auf dem Randbereich, der die Lücke umgibt, berechnet. Hierzu wird um jeden Randpunkt ein ROI mit einem Radius von x Pixeln gelegt und darin der Median- bzw. Mittelwert der enthaltenen Gradienten berechnet. Anschließend wird die Normale auf den Gradienten ermittelt. Abbildung 5.19 zeigt die Ergebnisse der berechneten Flussrichtungen bei unterschiedlicher Wahl des Radius des ROIs von 5 (siehe Abbildung 5.19 links), 15 (siehe Abbildung 5.19 Mitte) und 25 Pixeln (siehe Abbildung 5.19 rechts) nach Berechnung der Gradientenrichtungen mittels Mittel- (siehe Abb: 5.19 (a)-(c)) bzw. Medianwert (siehe Abbildung 5.19 (d)-(f)). Mit zunehmender Größe der ROI zeigt sich, dass die ermittelten Flussrichtungen immer weiter von den erwarteten Flussrichtungen abweichen.

Die Interpolationsrichtung kann dann mit Hilfe der Berechnung des Winkels α_{interp} durch folgenden Zusammenhang ermittelt werden

$$\tan(\alpha_{\text{interp}}) = \frac{N_\gamma}{N_\xi}. \tag{5.19}$$

Durch Rückprojektion eines Punktes unter dem berechneten Winkel durch den Mittelpunkt der ROI erhält man den Verlauf einer Geraden, die die Interpolationsrichtung widerspiegelt. In dieser Richtung wird dann folgend eine LI durchgeführt. Wurde für jeden Randpunkt der fehlende Wert ermittelt, wird dieser in die Lücke eingetragen und die Lücke schließt sich. Abbildung 5.20 zeigt diesen Vorgang nach einer, vier, acht und sechzehn Iterationen bei einem verwendeten ROI-Radius von fünf Pixeln und der Berechnung des Gradientenmedians.

Man erkennt hierbei deutlich, wie die Lücke sich verkleinert. Allerdings zeigt sich, dass die GBI an einigen Stellen zu fehlerhaften neu berechneten Werten führt. Durch eine abschließende Filterung mit einem Medianfilter lassen sich Ausreißer in den berechneten Werten reduzieren. Das Endergebnis zeigt Abbildung 5.21 (hier dargestellt am Beispiel einer Filterkerngröße von 5×5 Pixeln). Die Methode der GBI birgt einige Probleme, deren Ursache in der Betrachtungsweise liegt. Zur Berechnung des Gradientenfeldes werden die einzelnen Punkte innerhalb der Rohdaten immer getrennt betrachtet. Dies führt gerade an Stellen, an denen sich Kanten innerhalb der Sinogrammdaten überschneiden,

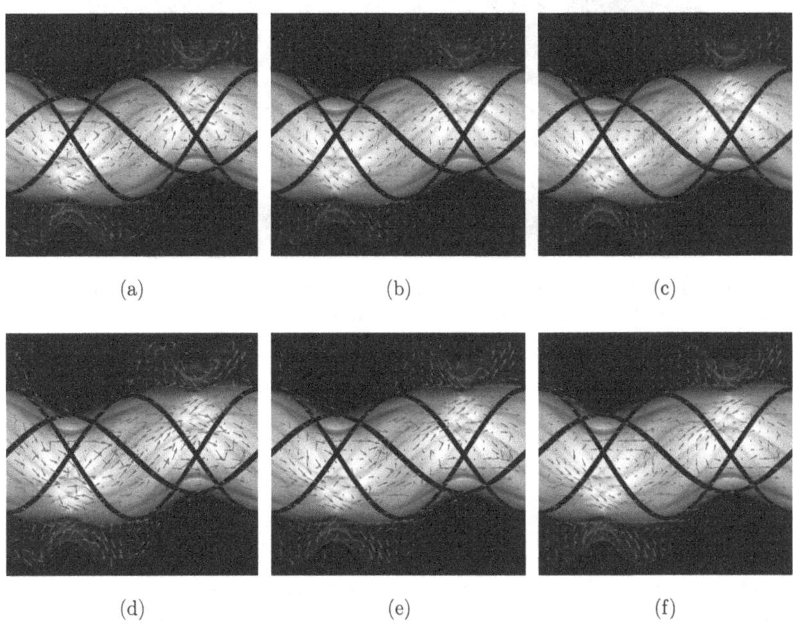

(a) (b) (c)

(d) (e) (f)

Abbildung 5.19: Vergleich der Flussdiagramme bei unterschiedlicher ROI-Größe von links nach rechts: Radius = 5 Pixel, 15 Pixel, 25 Pixel; (a)-(c) Berechnung mittels Mittelwert, (d)-(f) Berechnung mittels Median; (Aufnahmeparameter: 110 kV, 60 mAs, 1 mm).

zu sehr unterschiedlich ermittelten Richtungen. Um dieses Problem zu beheben,können einzelne Kanten als durchgängiges Gesamtobjekt betrachtet werden.

Yazdia et al. verwendete in seinem adaptiven Ansatz zur MAR zur besseren Therapieplanung bei der Bestrahlung ebenfalls einen gerichteten Interpolationsansatz basierend auf der Kanteninformation, der die inkonsistenten Projektionen umgebenden Informationen (siehe [17]). Hierbei werden zwei zusammengehörende Kanten durch Abstandsminimierung der Kantenpunkte zueinander sowie der Minimierung der zugehörigen Differenzen der entsprechenden Werte der Kanten in den Rohdaten mit Hilfe eines Optimierungsverfahrens ermittelt. Es handelt sich somit ebenfalls um ein Verfahren, das nicht die Kante als Ganzes betrachtet, sondern nur einzelne Kantenpunkte.

Im nächsten Abschnitt wird ein neuer Ansatz zur Berechnung des Richtungsfeldes verwendet, der ebenfalls auf der Kanteninformation, jedoch gleichzeitig auf einer geometrischen Interpretation der Rohdaten basiert. Hierbei wird die Eigenschaft der Hough-Transformation ausgenutzt, die Lage von Geraden im Raum zu bestimmen und auf dieser

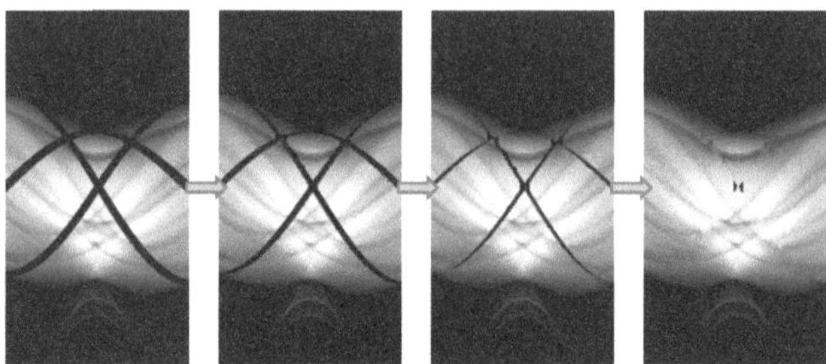

Abbildung 5.20: Ergebnis der GBI nach 1, 4, 8 und 16 Iterationen (ROI-Größe: Radius = 5 Pixel, Median); (Aufnahmeparameter: 110 kV, 60 mA,1 mm).

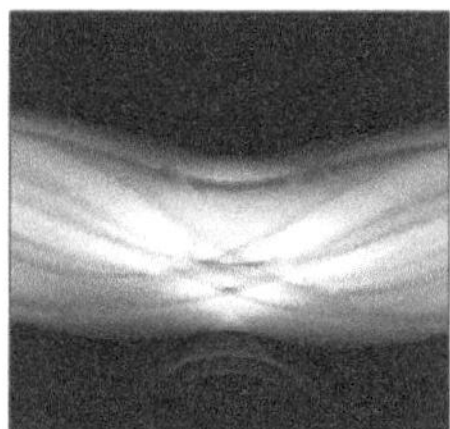

Abbildung 5.21: Ergebnis der GBI (Median) nach 27 Iterationsschritten mit anschließender Medianfilterung (Filterkerngröße 5 × 5 Pixel); (Aufnahmeparameter: 110 kV, 60 mAs, 1 mm).

Grundlage die Interpolationsrichtung zu ermitteln, d.h. die Kante (= Gerade) wird als Gesamtobjekt betrachtet und ihre Richtung fließt in die Berechnung der Interpolationsrichtung mit ein. Hierdurch kann erwartet werden, dass Fehler basierend auf sich überkreuzenden Kanten minimiert werden.

5.3.2 Richtungsfeldermittlung mittels Hough-Transformation (HBI)

Die Hough-Transformation ist ein Verfahren zur Detektion von parametrisierbaren geometrischen Objekten (kollinearen Punkten) in binären Kantenbildern f_B. Sie wird im Allgemeinen verwendet, um Informationen über die Lage von Linien, Kreisen oder Ellipsen im Bild zu erhalten. Erfunden wurde sie von P. V. C. Hough im Jahre 1962 [122]. Anhand des Beispiels der Detektion einer Linie soll das Prinzip der Hough-Transformation folgend kurz erläutert werden.

Abbildung 5.22 (a) zeigt eine Gerade innerhalb eines binären Kantenbildes $f_B(x, y)$, bestehend aus 85 × 85 Pixeln und gedreht um einen Winkel von $\gamma = 45°$. Diese Gerade lässt sich allgemein mit Hilfe der Achsenabschnittsform $y = mx + b$ beschreiben, wobei m der Steigung der Geraden und b dem y-Achsenabschnitt entspricht. Eine andere Darstellungsform stellt die in Kapitel 2.3.1 vorgestellte Hessesche Normalform der Geradengleichung (siehe Gleichung (2.17)) dar. Hier entspricht ξ dem Abstand der Geraden vom Ursprung und γ_D dem Winkel, um den die Normale durch den Ursprung gedreht ist. Stellt man die Gerade aus Abbildung 5.22 (a) nun im Parameterraum (γ, ξ) in Abhängigkeit von γ und ξ dar, so spricht man von der Hough-Transformierten dieser Geraden, wie sie in Abbildung 5.22 (b) zu sehen ist. Die kontinuierliche Hough-Transformation $\mathcal{H}$ kann mathematisch somit wie folgt beschrieben werden

$$f(x,y) \overset{\mathcal{H}}{\circ\!\!-\!\!\bullet} \iint f_B(x,y)\delta(\xi - x\cos\gamma - y\sin\gamma)dxdy. \tag{5.20}$$

Die Hough-Transformation für Geraden (vgl. Gleichung (5.20)) entspricht einem Spezialfall der Radontransformation (vgl. Gleichung (2.16)) für binäre Kantenbilder [80]. Das Maximum innerhalb der Hough-Transformierten der Geraden, gekennzeichnet durch den roten Punkt in Abbildung 5.22 (b), entspricht dem Winkel unter dem die Gerade im Bild gedreht ist, hier einem Winkel von $\gamma = 45°$.

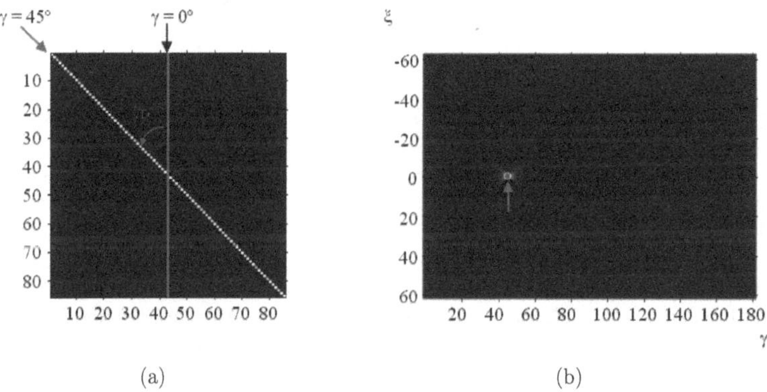

Abbildung 5.22: Prinzip der Hough-Transformation: (a) Bild einer Geraden unter einem Winkel von $\gamma = 45°$; (b) Hough-Transformierte von (a).

Die Information über die Lage der Geraden im Ausgangsbild, gegeben durch die Lage des Maximums in der Hough-Transformation, wird nun verwendet, um die Interpolationsrichtung zur Reparatur der Lücke zu bestimmen.

Das in dem folgenden Abschnitt entwickelte Verfahren der Hough-basierten-Interpolation (HBI) zur Sinogrammrestauration wurde im Rahmen dieser Arbeit zum Patent angemeldet [123].

Abbildung 5.23 (a) entspricht der Ausgangssituation, den Rohdaten des Torsophantoms markiert mit zwei Stahlmarkern, innerhalb welcher die inkonsistenten Daten eliminiert wurden. Ebenfalls wurde hier, wie auch bei der LSI und der GBI, das Sinogramm an den Rändern erweitert. Allerdings ist im Fall der HBI diese Erweiterung abhängig von der verwendeten ROI-Größe bei der Berechnung. In dem folgend zur Erklärung des HBI-Verfahrens verwendeten Beispiel fand eine Erweiterung um je 120° statt.

Zunächst wird der Gradient des Sinogramms $p_\gamma(\xi)$ berechnet. Hierauf wird ein Mittelwertfilter angewendet, um starkes Rauschen in den Daten zu unterdrücken und eine einheitliche Kantendetektion mit Hilfe des Canny-Kantendetektors zu ermöglichen. Abbildung 5.23 (b) stellt das Ergebnis der Kantendetektion dar.

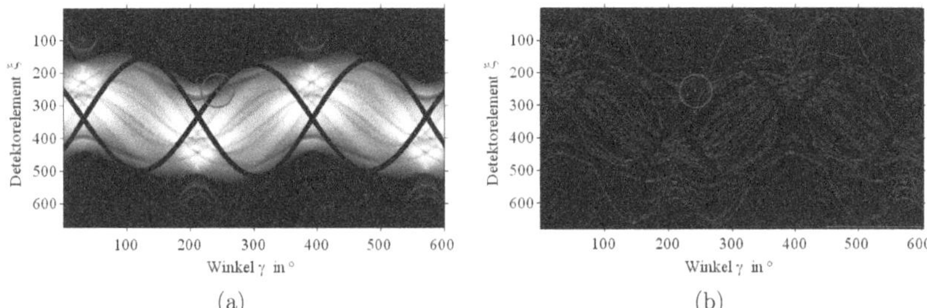

Abbildung 5.23: (a) Ausgangssituation: Rohdaten von dem Torsophantom markiert mit zwei Stahlmarkern (inkonsistente Daten wurden eliminiert = schwarzer sinusförmiger Verlauf innerhalb der Daten), erweitert um je 120° an den Rändern; (b) Kantenbild ermittelt mit dem Canny-Kantendetektor (σ_C = 0.01) des mit dem Mittelwertfilter geglätteten Gradientenbildes der Rohdaten (b).

Um eine anschauliche Vorstellung für die einzelnen Schritte innerhalb dieses Verfahrens zu erhalten, wird es im folgenden Abschnitt anhand eines Ausschnittes der Sinogrammdaten (siehe Abbildung 5.24), gekennzeichnet durch die roten Kreise in Abbildung 5.23, beschrieben.

Der rote Punkt innerhalb der ROIs entspricht dem momentan zu berechnenden Wert und ist der Mittelpunkt dieser ROI. Die Breite der Lücke $\Delta\xi$L ist verantwortlich für die Größe der ROI, diese entspricht jeweils einem Vielfachen dieser Breite (hier $5 \times \Delta\xi$L).

Es wird an dieser Stelle ein kreisförmiger Ausschnitt der Sinogrammdaten betrachtet, da ein quadratischer Ausschnitt den Nachteil hat, dass er nach Berechnung der Houghtransformierten, immer Geraden im Bild f_B, die diagonal verlaufen, auf Grund ihrer größeren Länge als Interpolationsrichtung bevorzugen würde.

In einem ersten Schritt wird, wie bereits erwähnt, ein Kantenbild (siehe Abbildung 5.24 (b)) der ROI der Originaldaten (siehe Abbildung 5.24 (a)) berechnet. Abbildung 5.24

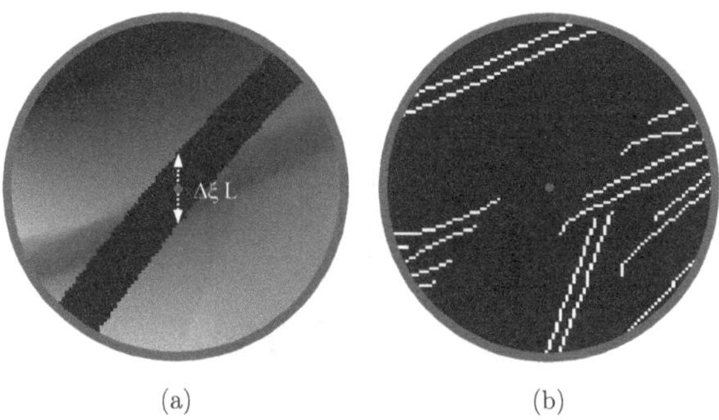

Abbildung 5.24: (a) ROI innerhalb der aufgenommenen Projektionen des Torsophantoms, gekenzeichnet durch den roten Kreis in Abbildung 5.23 (a); (b) ROI entnommen aus dem berechneten Kantensinogramm (siehe Abbildung 5.23 (b)).

(b) zeigt das Ergebnis der Canny-Kantendetektion bei einem Schwellwert von $\sigma_C = 0.01$. Von dieser Kanten-ROI wird im nächsten Schritt die Hough-Transformierte berechnet (siehe Abbildung 5.25). Dieser Schritt ist identisch mit der Berechnung der Radontransformation und wird auch als Vorwärtsprojektion bezeichnet.

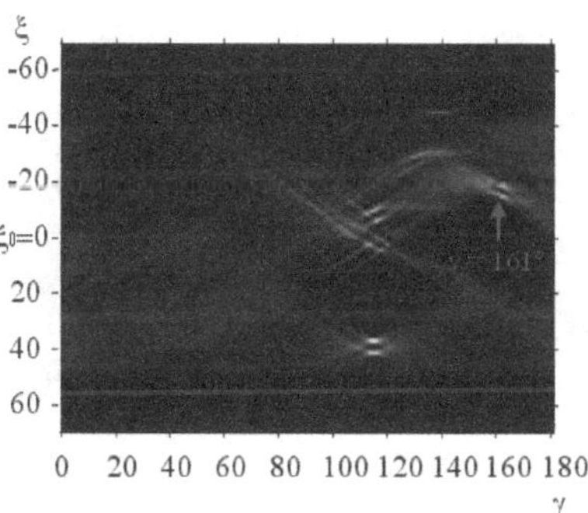

Abbildung 5.25: Hough-Transformation der Kanten-ROIs.

Das Maximum der Hough-Transformierten der Kanten-ROI findet sich in diesem Beispiel unter einem Winkel von $\gamma = 161°$ (in Abbildung 5.25 gekennzeichnet durch den roten Punkt an der Stelle des Maximums) und ist der Winkel, unter dem die längste Gerade im Kantenbild zu finden ist. Dieser Winkel wird nun verwendet, um die Lücke in den Rohdaten an der betrachteten Stelle durch Interpolation in diese Richtung zu schließen.

Dafür wird eine Gerade mittels Rückprojektion eines Punktes unter dem gemessenen Winkel durch den Mittelpunkt der ROI berechnet (siehe Abbildung 5.26).

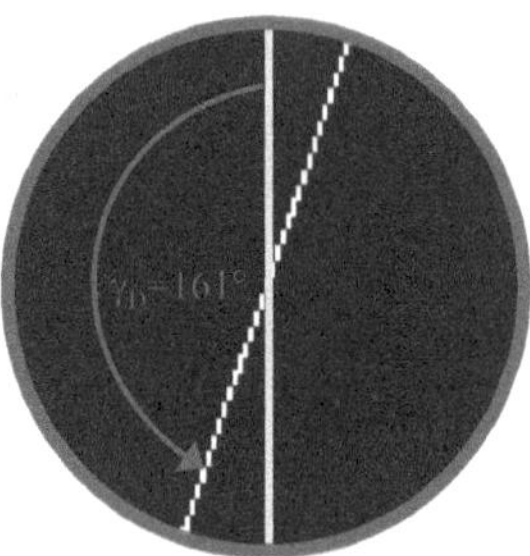

Abbildung 5.26: Berechnete Gerade unter einem Winkel $\gamma = 161°$.

Projiziert man diese Gerade in die ROI der Rohdaten (siehe Abbildung 5.26), so ist zu erkennen, dass die gefundene Richtung in etwa den Verlauf der Spur der inkonsistenten Projektionen (entspricht der schwarzen Spur in Abbildung 5.27) (a) widerspiegelt. Betrachtet man den Verlauf der Geraden innerhalb der Kanten-ROI, so zeigt sich, dass die Ursache für diese Richtung durch eine Gerade parallel zu der berechneten Geraden gegeben ist, die relativ am Rand der ROI gelegen ist (siehe Abbildung 5.27 roter Pfeil).

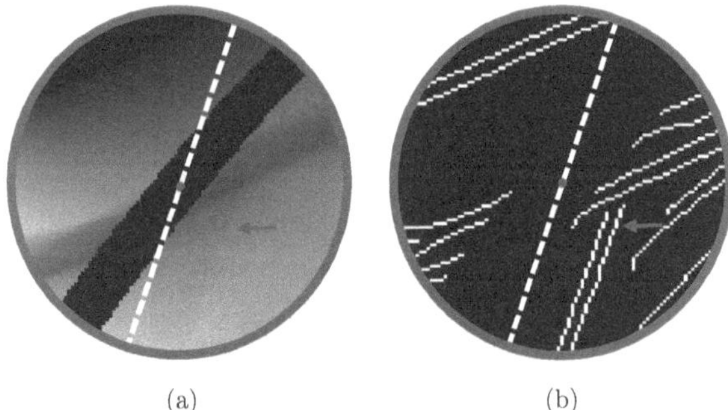

(a) (b)

Abbildung 5.27: (a) ROI innerhalb der Projektionen mit eingezeichneter Gerade unter einem Winkel von $\gamma = 161°$; (b) Kanten-ROI mit eingezeichneter Gerade unter einem Winkel von $\gamma = 161°$.

An diesem Beispiel wird deutlich, dass es nicht sinnvoll ist, Geraden, die in zu großer Entfernung vom betrachteten Punkt liegen, mit in die Berechnung der Richtung einzubeziehen. Aus diesem Grund wird der Bereich, in dem das Maximum innerhalb der Hough-Transformation gesucht wird, um einem Bereich von ±5 Pixeln um den Nullpunkt des Sinogramms (entspricht der Lage des Mittelpunktes der ROI) eingeschränkt. Abbildung 5.28 stellt den begrenzten Bereich durch die weißen Linien dar. Das Iso-Zentrum des Hough-Raumes ξ_0 entspricht hier der gestrichelten weißen Linie.

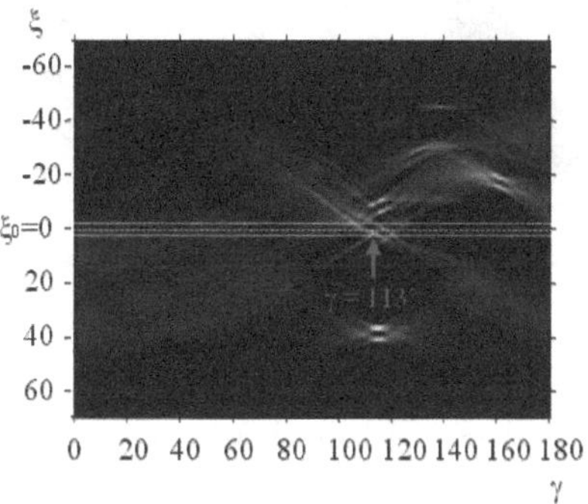

Abbildung 5.28: Hough-Transformation der Kanten-ROI.

Verwendet man zur Suche des Maximums nur den eingeschränkten Bereich, so findet man dieses unter einem Winkel von $\gamma = 113°$. Verfährt man hier analog zu dem vorherigen Beispiel und berechnet eine Gerade unter dem ermittelten Winkel (siehe Abbildung 5.29 (a)) und projiziert sie in die Kanten-ROI (siehe Abbildung 5.29 (a)), so zeigt sich, dass in diesem Fall die Lage der berechneten Gerade den Verlauf der umliegenden Kanten sinnvoll vervollständigt und eine Interpolation unter diesem Winkel zu dem gewünschten Ergebnis führt.

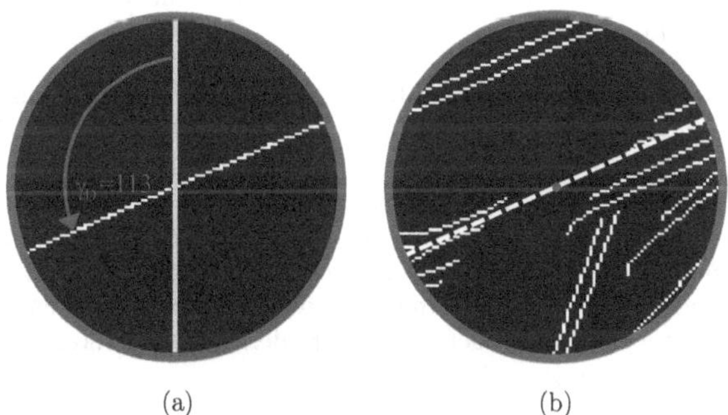

Abbildung 5.29: (a) berechnete Gerade unter einem Winkel von $\gamma = 113°$; (b) Gerade unter dem Winkel von $\gamma = 113°$ eingezeichnet in der Kanten-ROI.

Die ermittelte Gerade wird dann als Maske verwendet, um die Werte zu ermitteln, die

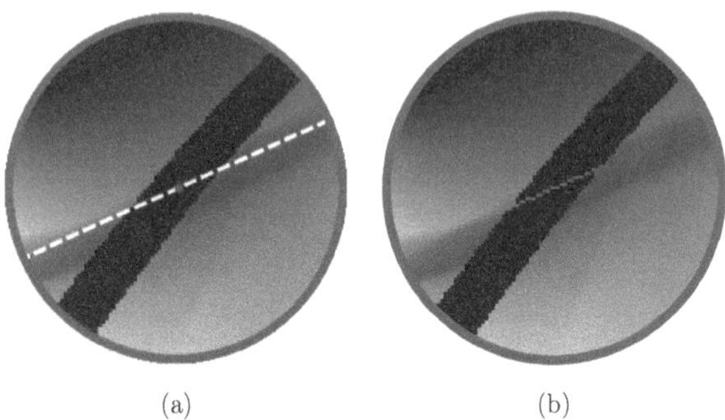

(a) (b)

Abbildung 5.30: (a) ROI mit eingezeichnetem Verlauf der berechneten Geraden unter einem Winkel von $\gamma = 113°$; (b) Ergebnis der Interpolation unter dem Winkel von $\gamma = 113°$.

in die Berechnung der interpolierten Daten mit einbezogen werden. Abbildung 5.30 (a) zeigt den Verlauf der Geraden innerhalb der Projektionen. Alle Werte der Projektionen $p_\gamma(\xi) \in \Omega\backslash\Omega_{pM}$, für die die Gerade den Wert eins besitzt, werden zur Berechnung der interpolierten Daten verwendet.Abbildung 5.30 (b) zeigt das Ergebnis der Berechnung mit der HBI innerhalb der hier betrachteten ROI.

Das Gesamtergebnis der Berechnung der Interpolationsrichtung mit Hilfe der Hough-Transformation ist in Abbildung 5.31 (c) dargestellt. Hierbei wurde für jeden Punkt der Spur, die mittig durch die inkonsistenten Projektionen verläuft, zunächst die Interpolationsrichtung berechnet und anschließend linear unter diesem Winkel interpoliert. Abschließend werden die berechneten Interpolationswerte für die komplette Gerade ermittelt und in die Lücke eingesetzt.

Das Ergebnis der Berechnung ist in Abbildung 5.31 (a) dargestellt. Innerhalb der auf diese Weise gefüllten Lücke sind jedoch noch weiterhin verbleibende Lücken zu erkennen. Diese liegen meist in homogenen Bereichen und werden im folgenden Schritt mit Hilfe der in Kapitel 5.4.1.1 beschriebenen anisotropen Diffusion nach Perona und Malik [124] geschlossen. Nach Durchführung der anisotropen Diffusion wurden alle verbleibenden Lücken innerhalb der Spur erfolgreich geschlossen (siehe Abbildung 5.31 (b)). Um verbleibende einzelne Ausreißer zu eliminieren, wird im Anschluss hieran eine Medianfilterung im Maskenbereich durchgeführt. Das Endergebnis der Interpolation mit Hilfe der Hough-Transformation zeigt Abbildung 5.31 (c).

Alternativ kann die Lücke aber auch wie bereits bei der Berechnung des Gradientenfeldes (vgl. Abschnitt 5.3.1) angewendet durch einen iterativen Prozess geschlossen werden.

In diesem Fall werden zunächst die Randwerte ermittelt und auf diese Weise die Lücke Schritt für Schritt geschlossen (siehe Abbildung 5.32). Abschließend wird auch hier eine

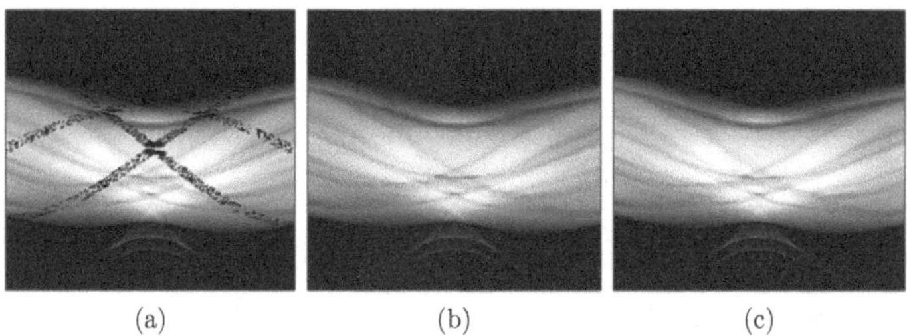

Abbildung 5.31: (a) Ergebnis der HBI bei vollständiger Berechnung aller Werte innerhalb des Maskenbereiches; (b) Ergebnis nach zusätzlicher Füllung der noch verbleibenden Lücken in (a) unter Verwendung der anisotropen Diffusion nach Perona und Malik; (c) Endergebnis nach zusätzlicher Medianfilterung der reparierten Sinogrammbereiche (Größe der hier verwendeten Filtermaske: 5 × 5 Pixel).

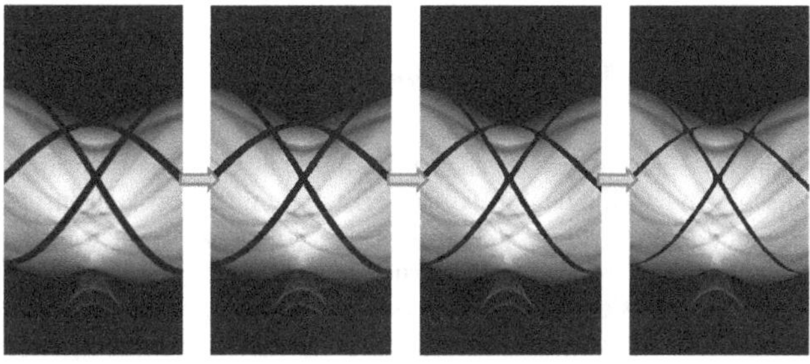

Abbildung 5.32: Ergebnis der Hough-basierten Interpolation ohne, nach 2, 4 und 6 Iterationen; (Aufnahmeparameter: 110 kV, 60 mAs, 1 mm).

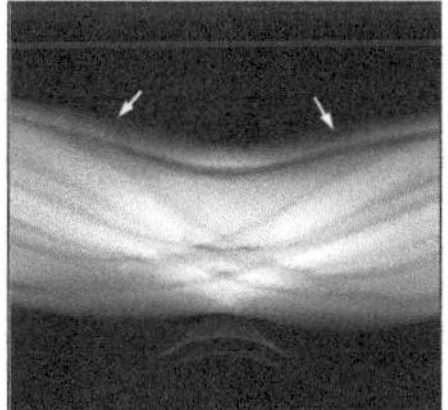

Abbildung 5.33: Ergebnis der Hough-basierten Interpolation nach Filterung der reparierten Rohdaten mit dem Medianfilter (Filterkerngröße: 5 × 5 Pixel); Die weißen Pfeile markieren erkennbare, verbleibende Fehler (Aufnahmeparameter: 110 kV, 60 mAs, 1 mm).

Medianfilterung durchgeführt und man erhält das iterative HBI-Ergebnis, das in Abbildung 5.33 dargestellt ist. Die weißen Pfeile innerhalb des Bildes markieren verbleibende sichtbare Fehler.

5.4 2D-Verfahren

Im vorangegangenen Kapitel wurde gezeigt, dass sowohl die 1D- als auch die 1.5D-Interpolationsverfahren nicht immer zum gewünschten Ergebnis führen. Es wurde ersichtlich, dass besonders die Vervollständigung der Kanteninformation innerhalb der Sinogrammdaten eine entscheidende Rolle bei der Reparatur der Sinogrammdaten spielt.

Im nun folgenden Kapitel werden verschiedene, auf partiellen Differentialgleichungen (engl. Partial Differential Equations (PDEs)) basierende 2D-Verfahren zur Reparatur der Lücke innerhalb der Sinogramme vorgestellt.

5.4.1 PDE-basierte Inpainting-Verfahren

Image-Inpainting (II) ist ein Verfahren zur Bildbearbeitung, das ursprünglich aus der Restauration sehr alter Gemälde und Kunstwerke stammt. Es ermöglicht die Reparatur von durch Risse oder verblichene Stellen im Bild verursachte Lücken in digitalisierten Bildern oder Fotografien sowie die Wiederherstellung alter, beschädigter Filmsequenzen. Ebenfalls ist die Entfernung von unerwünschten Objekten, wie z.B. rote Augen oder Texten, aber auch bestimmten Personen oder Gegenständen im Bild möglich. Die auf die unterschiedlichsten Arten entstandenen Lücken in den aufgenommenen Daten werden unter Ausnutzung der umgebenden Informationen mit Hilfe verschiedener Techniken wieder sinnvoll geschlossen, so dass die Lücken optimalerweise abschließend für den Betrachter nicht länger zu erkennen sind.

In der Literatur findet sich eine Vielzahl unterschiedlicher Inpainting-Methoden, die im folgenden Abschnitt erläutert werden. Eine gute Übersicht über die einzelnen Verfahren wird z.B. in [125] und [126] gegeben.

Die unterschiedlichen Inpainting-Ansätze lassen sich nach Art ihrer Anwendung in vier Kategorien einteilen. Die erste Kategorie stellen Verfahren dar, die die Lücken in Bildern durch Verwendung umliegender Informationen, wie z.B. der Kanten im Bild, zur Reparatur verwenden. Sie werden als klassische oder auch geometrische Inpainting-Verfahren bezeichnet [127–137]. Ein anderes Anwendungsgebiet ist die Wiederherstellung von Filmen. Dies wird durch Informationen realisiert, die den Frames vor und nach dem beschädigten Abschnitt entnommen werden [138]. Die dritte Kategorie der Inpainting-Ansätze beschäftigt sich mit der Wiederherstellung von Texturen[11] in den beschädigten Bildbereichen [139, 140]. Zur letzten Kategorie zählen Verfahren, die die Wiederherstellung geometrischer Strukturen mit dem Ansatz der Textursynthese kombinieren [141–144].

Eine weitere Möglichkeit, die unterschiedlichen Inpainting-Methoden zu unterteilen, stellt die mathematische Betrachtung der verschiedenen Reparaturansätze dar. In der Bayesschen Betrachtung kann das Inpainting-Verfahren wieder als Schätzverfahren angesehen werden (vgl. Kapitel 2.3.2.2), bei dem die A-posteriori- Wahrscheinlichkeit maximiert (MAP) wird. Betrachtet man die Rohdaten $p_0|_{\Omega\setminus\Omega_{pM}}$ als gegebenes Datenmodell und lässt das Vorwissen über das Bild in Form eines A-priori-Bildmodells, von welchem man glaubt, dass die Originalrohdaten dadurch beschrieben werden können, mit in die Berechnung einfließen, so kann die A-posteriori-Wahrscheinlichkeitsverteilung $P(p|p_0)$ wie folgt beschrieben werden [132]

$$P(p|p_0) = \frac{P(p_0|p) \cdot P(p)}{P(p_0)}. \tag{5.21}$$

Das Problem, das sich hierbei stellt, ist es, ein geeignetes Bildmodell zu finden, das als A-priori-Modell verwendet werden kann. Insgesamt lassen sich drei verschiedene mathematische Bildinterpretationen unterscheiden: das Bild als Simulation eines physikalischen Prozesses, als statistisches Modell und beschrieben in einem Funktionenraum (vgl. [145]):

- **Physikalischer Prozess:** Hierbei werden die zu Grunde liegenden physikalischen, chemischen oder biologischen Prozesse simuliert, um das Bild zu generieren. Die Lösung der Navier-Stokes-Gleichung stellt ein bekanntes Verfahren aus der Strömungsdynamik hierzu dar. Verfahren des IIs, die auf dieser Idee basieren, sind zum Beispiel in [146–148] beschrieben.

- **Stochastischer Prozess:** Hierbei werden die Bilder als Zufallsfelder modelliert. Am häufigsten wird das Markovsche Zufallsfeld verwendet (vgl. Kapitel 2.3.2.2). Eine weitere Möglichkeit zur Erzeugung eines Zufallsfeldes ist das Lernen von Bilddatenbanken durch Filterung oder aber auch Schätzung mit der Maximum-Entropie-Methode. Diese Form des Inpaintings wird meist bei Verfahren zur Textursynthese verwendet, wie z.B. in [149], aber auch für klassische Inpainting-Ansätze [150].

- **Funktionen:** Hierbei werden geeignete Funktionenräume verwendet, um die Eigenschaften des Bildes mit Hilfe eines Energiemodells zu beschreiben. Die lineare Filtertheorie geht zum Beispiel davon aus, dass das Bild dem Sobolev-Raum $W^{1,\Omega}(\Omega)$ angehört, wobei die visuellen Eigenschaften durch $E[p] = \int_\Omega ||\nabla p||_{L^2} d\Omega$ beschrieben werden. Rudin, Osher und Fatemi (ROF) haben in ihrem beschränk-

[11] Texturen entsprechen der Oberflächenbeschaffenheit von Objekten.

ten Variationsansatz (engl. bounded variation (BV)) $p \in BV(\Omega)$ das Bildmodell $E[p] = \int_\Omega |\nabla p| d\Omega$ zur Rauschunterdrückung in Bildern eingeführt [151].

Ein weiteres bekanntes Bildmodell ist das von Mumford und Shah beschriebene Kantenmodell für teilweise glatte Bilder [152]. Die Variationsansätze sind die am häufigsten verwendeten Verfahren als Grundlage zur Berechnung des geometrischen Inpaintings [128–137, 142].

Des Weiteren ist eine Kombination unterschiedlicher Ansätze möglich, wie im Fall der Arbeit von Alenne [141], bei der der statistische Ansatz und der Variationsansatz kombiniert werden.
Der Zusammenhang zwischen dem statistischen Bildmodell und dem geometrischen Bildmodell ist nach Mumford [153] wiederum durch die Gibbs-Verteilung (vgl. Gleichung (2.70)) gegeben mit

$$P(p) = \frac{1}{Z} e^{-\beta E[p]} \tag{5.22}$$

wobei $E[p]$ wiederum der Energie von p (z.B. der totalen Variation von p) entspricht, β ist die Inverse der absoluten Temperatur und Z ein Normierungsfaktor, der wiederum bei der Betrachtung nicht näher berücksichtigt werden muss [132]. Die Bayes-Formel (5.21) lässt sich dann in Abhängigkeit von der Energie formulieren und es ergibt sich

$$E[p|p_0] = E[p_0|p] + E[p] + \text{konst.}, \tag{5.23}$$

wobei die Konstante bei der Energieminimierung entfallen kann.

Der Schwerpunkt in diesem Abschnitt der Arbeit liegt auf der Verwendung der geometriebasierten II-Verfahren zur Reparatur der Rohdaten. Sie stellen die hier zur MAR verwendeten Verfahren dar. Die aufgenommenen Rohdaten beinhalten keine unterschiedlichen Texturen, wodurch Verfahren, die die Textur synthetisieren, hier keine Anwendung finden. Ebenfalls nicht sinnvoll sind Inpainting-Ansätze der zweiten Kategorie, da sie auf Grund unbekannter Informationen aus Situationen davor und dahinter nicht auf einzelne Bilder anwendbar sind. Im Fall eines aufgenommenen 3D-CT-Datensatzes würden sie eine Alternative zu den klassischen Inpainting Ansätzen der ersten Kategorie zur MAR darstellen. Unter diesen Umständen könnten Informationen aus benachbarten CT-Schichten, bzw. den zugehörigen Rohdaten, zur Reduktion der Metallartefakte verwendet werden.

Es werden verschiedene Inpainting-Verfahren basierend auf partiellen Differentialgleichungen zur Reparatur der Lücke verwendet. Der Vorteil der Nutzung von PDE-basierten Inpainting-Algorithmen liegt in der automatischen Berechnung der gesuchten Werte mittels geeigneter numerischer PDE-Methoden. Die Segmentierung von Objekten und Detektion von Kanten entfällt und die Geometrie der Inpainting-Region ist nicht limitiert [133].

Der nun folgende Abschnitt liefert einen Überblick über die unterschiedlichen geometrischen Verfahren des Inpaintings basierend auf PDEs. Das II-Verfahren wurde erstmals zur Bearbeitung von digitalen Bildern von Bertalmio im Jahre 2000 verwendet [127]. Die Grundidee bestand darin, die Lücken in Bildern zu reparieren, indem die um die Lücke befindlichen Informationen in diese hinein transportiert wurden. Bertalmio setzte hierbei die Vorgehensweise der Restauratoren alter Gemälde in eine nichtlineare PDE dritter Ordnung um. Er schloss die Lücke, indem er die Isolinien, die auf den Rand der Inpainting-Region Ω_{pM} trafen, in die Lücke weiterführte (für eine detaillierte Beschreibung siehe Kapitel 5.4.1.1). Ähnliche Ideen verfolgten schon vorher Masnou und Morel [154] bei der Wiedersichtbarmachung verdeckter Objekte in Bildern (engl. Disocclusion) sowie Mumford, Nitzberg und Shiota [155] in ihrer Arbeit zur Segmentierung von Objekten in Bildern, wodurch sie die Arbeit von Bertalmio inspirierten [126]. Andere verwandte Forschungsbereiche der Bildverarbeitung stellen z.B. die Rauschunterdrückung und die Kantendetektion in Bildern dar. Auch diese Bereiche liefern Beiträge zur Lösung des Inpainting-Problems.

Bei der Arbeit mit PDEs in diesen Gebieten hat sich gezeigt, dass die Variationsansätze häufig zu der Form der Euler-Lagrange-PDEs führen [133]. Ein gutes Beispiel ist das von Chan und Shen [156] eingeführte TV-Inpainting-Verfahren, das auf dem Bildmodell von Rudin, Osher und Fatemi zur Rauschunterdrückung basiert. Das TV-Inpainting-Modell versagt jedoch bei Problemen, bei denen die zu verschließende Lücke eine gewisse Größe überschreitet. Ist die Lückenbreite größer als die Breite des zu reparierenden Bildobjektes, so können die Objektkanten nicht mehr sinnvoll miteinander verbunden werden [156]. Des Weiteren werden die Objektkanten bei diesem Verfahren nur mit Hilfe gerader Linien verbunden. Dies führt unter visuellen Gesichtspunkten bei großen Lücken nicht immer zu einem zufriedenstellenden Ergebnis hinsichtlich der gewünschten Glattheit der Übergänge. Um diese Problem zu beheben, führten Chan und Chen ein optimiertes Verfahren des Cuvature-Driven-Diffusion (CDD)-Inpaintings ein [128]. Dabei wird in die Berechnung der totalen Variation zusätzlich die Information über die Stärke der Kantenkrümmung einbezogen und die Probleme des TV-Inpaintings lassen sich teilweise beheben (für eine detaillierte Beschreibung siehe Kapitel 5.4.1.3). Ein Nachteil, der jedoch bestehen bleibt, ist die Tatsache, dass die Verbindung der Isolinien weiterhin mittels gerader Linien erfolgt.

Auch die Arbeitsgruppe von Bertalmio entwickelte einen Inpainting-Ansatz basierend auf dem Variationsprinzip, bei dem sowohl das Vektorfeld des Gradienten als auch die entsprechenden Grauwerte glatt in die Lücke fortgesetzt wurden, um diese zu schließen [129]. Sie wendeten diesen auf die 3D-Oberflächenrestauration von Kunstwerken an [157].

Ein Variationsansatz, der den Transportmechanismus des IIs nach Bertalmio [127] und die CDD von Chan und Chen [128] miteinander verbindet, ist das Eulers-Elastica (EE)-Inpainting von Chan aus dem Jahre 2003 [130]. Hierbei wird die Grauwertinformation in die Lücke transportiert, während die Diffusion diesen Transport stabilisiert und sicherstellt, dass das Feld der Isolinien richtig fortgesetzt wird [133]. Eine genaue Erklärung dieses Verfahrens wird in Kapitel 5.4.1.5 gegeben. Das Modell der EE wurde ebenfalls bereits im Bereich der Disocclusion von Objekten von Masnou und Morel verwendet. Ein weiteres Inpainting-Modell, das hierauf basiert, ist das Mumford-Shah-Euler-Inpainting-Verfahren von Esedoglou [135]. Einen anderen PDE-Ansatz stellt z.B. das auf Axiomen basierte Verfahren von Chan dar, bei welchem eine PDE dritter Ordnung aufgestellt wird [133].

Ebenfalls vorgeschlagen wurden Inpainting-Verfahren, die die TV-Minimierung in der Waveletdomäne durchführen [134] sowie Landmarken-basierte Inpainting-Ansätze [158]. Die hier vorgestellten Inpainting-Ansätze beziehen sich meist auf die Bearbeitung von 2D-Datensätzen, jedoch besteht auch die Möglichkeit, diese in den 3D-Bereich zu erweitern, wie z.B. in [159, 160]. Ein anderes Anwendungsgebiet der Inpainting-Algorithmen stellt der Bereich des Zoomens und der Berechnung hochauflösender Bilder dar, wie z.B. beschrieben in [134, 161].

Insgesamt werden drei verschiedene PDE-basierte Inpainting-Verfahren dazu verwendet, die entstandene Lücke in den aufgenommenen Sinogrammdaten, die so genannte Inpainting-Region Ω_{pM} mit dem Rand $\partial\Omega$, wieder sinnvoll zu schließen: das II-Verfahren nach Bertalmio, das Verfahren der CDD und der Ansatz des EE-Inpaintings. Diese drei Verfahren wurden ausgewählt, da sie auf drei unterschiedlichen Mechanismen basieren. Das II-Verfahren nach Bertalmio entspricht einer Transportgleichung, die zur Reparatur der Rohdaten die Richtungsinformation der Isolinien innerhalb des Sinogramms verwendet. Das CDD-Inpainting stellt eine Diffusionsgleichung dar, die auf der Idee basiert, die Information über die Krümmung der Isolinien ebenfalls in die Berechnung einfließen zu lassen. Das Verfahren des EE-Inpaintings kombiniert die Eigenschaften dieser beiden Verfahren.

Das EE-Verfahren von Chan, Kang und Sheng [132] wurde des Weiteren ausgewählt, da Gu im Jahre 2006 durch Anwendung dieses Verfahrens auf einen simulierten Shepp-Logan-Phantomdatensatz mit einem Metallobjekt gezeigt hat, dass hierdurch gute Ergebnisse bezüglich der MAR erzielt werden können. Eine Anwendung dieses Verfahrens auf realen CT-Daten zur MAR hat jedoch bis zum jetzigen Zeitpunkt noch nicht stattgefunden. Neben dem von Gu verwendeten EE-Verfahren zur MAR wurde ein weiteres PDE-basiertes Inpainting-Modell, das TV-Inpainting nach Chan und Shen [156], ebenfalls von Duan 2008 [107] sowie von Xue im Jahre 2009 zur MAR im Bereich der Dual-Energy-CT verwendet. Da jedoch das Verfahren der CDD eine Weiterentwicklung des TV-Inpaintings darstellt und diesem überlegen ist (siehe Kapitel 5.4.1.3), wird an dieser Stelle auf eine detaillierte Anwendung des TV-Inpaintings zur MAR verzichtet.

Die drei ausgewählten Verfahren wurden mit Hilfe eines iterativen Verfahrens implementiert, das auf folgender Iterationsvorschrift beruht

$$p^{n+1}(\gamma,\xi) = p^{n}(\gamma,\xi,) + \Delta t p_t^n(\gamma,\xi), \forall(\gamma,\xi,) \in \Omega_{pM}. \tag{5.24}$$

In jedem Iterationsschritt n wird hierbei die Lücke Ω_{pM} in den Projektionen $p_\gamma(\xi)$ geschlossen, indem ein Korrekturterm $p_t^n(\gamma,\xi,)$ auf die Daten angewendet wird. Die Stärke der Korrektur wird durch den Parameter $\Delta t \in \{0,1\}$ gesteuert. Für die numerische Implementation wurde hierzu ein explizites Zeitschrittverfahren verwendet, wobei die diskrete Zeitschrittweite Δt und die diskrete Ortschrittweite Δx entspricht. Die Zeitschrittweite wurde hier entsprechend der Courant-Friedrich-Levy (CFL)Bedingung gewählt, die besagt, dass $\Delta t \leq \hat{c}\Delta x^2|\nabla p|$ für eine Konstante $\hat{c} \geq 0$ ist [162, 163]. Explizite Zeitschrittverfahren konvergieren jedoch sehr langsam [163, 164]. Um das Füllen der Lücke zusätzlich zu beschleunigen, gibt es die Möglichkeit, diese unter Ausnutzung von Vorwissen zu füllen. So verwendet Bertlamio z.B. zunächst einige Iterationen der Wärmediffusion innerhalb der Inpainting-Region Ω_{pM}, um eine gute Ausgangssituation zu schaffen [126].

In dieser Arbeit wird eine etwas andere Form des Vorwissens genutzt, um die Lücke vorab schon mit vorhandenem Wissen zu füllen und somit eine günstige Ausgangssituation herzustellen. Hierzu wird zunächst eine FBP der aufgenommenen Rohdaten berechnet. Mit Hilfe des Schwellwertes werden die Metallobjekte innerhalb des Bildes eliminiert. Hierbei wird die Region, die den Metallobjekten entspricht, jedoch zusätzlich noch erweitert, um sicher zu gehen, dass das gesamte Metallobjekt erfasst wurde. Anschließend wird die so entstandene Lücke in der FBP unter Ausnutzung bekannten Vorwissens gefüllt. Das Vorwissen liegt z.B. in der Form vor, dass die Stahlmarker in dem hier beschriebenen Fall der aufgenommenen Daten des Torsophantoms außen an dem Phantom befestigt wurden. Das bedeutet, man kennt den ungefähren Schwächungswert an der beschriebenen Stelle, hier den Schwächungswert von Luft, und setzt alle Werte innerhalb des Bereiches der eliminierten Werte der Metallobjekte auf den Schwächungswert von Luft.

Befinden sich die Metallobjekte, wie z.B. bei einer Hüftprothese, im Körperinneren, so stellt der Schwächungswert von Luft kein sinnvolles Vorwissen dar. In diesem Fall würde man nach Segmentierung der Hüftprothese die Lücke mit dem Schwächungswert von Knochen füllen, bzw. wenn das Metallobjekt sich in Weichteilgewebe befindet mit den Schwächungswert des Gewebes. Nachdem man die Lücke unter Verwendung des Vorwissens geschlossen hat, kann anschließend eine Vorwärtsprojektion des reparierten Bildes durchgeführt werden. Hierdurch erhält man ein Sinogramm, bei dem die Lücke unter Ausnutzung des Vorwissens geschlossen wurde. Abbildung 5.34 stellt die Ergebnisse der Ausnutzung des Vorwissens für „Luft", „Wasser" und „Knochen" dar. In der oberen Reihe sind die FBP-Rekonstruktionen, nach Segmentierung mit den Lücken gefüllt durch das Vorwissen, dargestellt. Die untere Reihe zeigt das Ergebnis der jeweiligen Vorwärtsprojektion. Es wird sichtbar, dass auf diese Weise die Lücken der inkonsistenten Projektionen vorab mit sinnvollen Daten gefüllt werden können.

Der Vorteil bei dieser Art der Lückenfüllung besteht darin, dass die Kanteninformationen basierend auf den umliegenden Informationen im Bild innerhalb der Lücke erhalten bleiben. Auf Grund der Tatsache, dass es sich bei dem Schwächungswert, der zum Füllen genutzt wird, jedoch nur um einen ungefähren Schätzwert handelt, kann die Höhe der geschätzten Daten in den neuen Sinogrammen von den umliegenden Projektionswerten abweichen. Des Weiteren kann auf diese Weise nie ein perfektes Ergebnis erzielt werden, da die im Bild enthaltenen Metallartefakte zwischen den einzelnen Markern ebenfalls

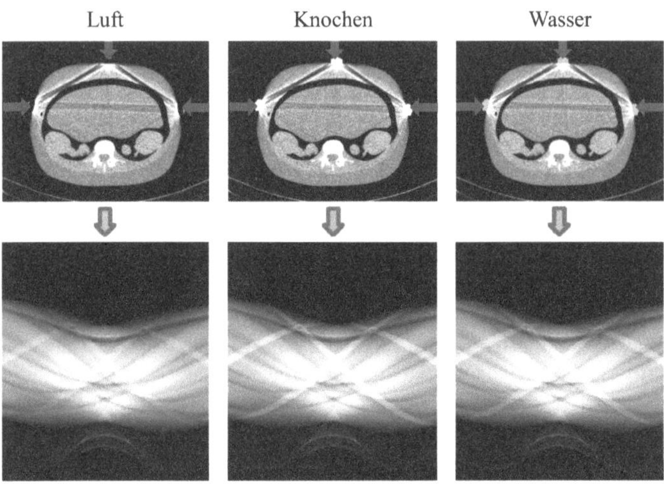

Abbildung 5.34: Füllen der Lücke in den aufgenommenen Projektionsdaten unter Ausnutzung von Vorwissen; Links: Vorwissen „Luft", Mitte: „Knochen" und rechts: „Wasser".

vorwärtsprojiziert werden. Durch die Verwendung des so eingebauten Vorwissens ist es jedoch möglich, die unterschiedlichen Algorithmen zu beschleunigen.

Andere Möglichkeiten der Konvergenzbeschleunigung wären z.B. die Verwendung einer abgeschwächten Form der CFL-Bedingung nach Marquina und Osher, die die Gleichung (5.24) mit $|\nabla p|$ multiplizieren und hierdurch die Unabhängigkeit der CFL von $|\nabla p|$ erreichen [163, 164].

Einen weiteren wichtigen Punkt stellt die Bestimmung der Iterationsanzahl dar, die zum Füllen der Lücke mittels der PDE-basierten Methoden benötigt wird. Die Iterationsanzahl wird hierbei wie folgt bestimmt. In jedem Iterationschritt n wird die SAD zwischen p_t^n und p_0 bestimmt. Diese konvergiert mit zunehmender Iterationsanzahl n gegen einen festen Wert. Liegt der berechnete SAD-Wert über einer Iterationsanzahl von 500 Iterationen und unterhalb von $\pm 0,0001\%$ des SAD-Mittelwertes, wird die Berechnung beendet. Die maximale Iterationsanzahl wurde hier auf 50.000 Iterationen festgelegt. Wird bis zum Erreichen dieser Anzahl das Abbruchkriterium nicht erfüllt, wird das Füllen der Lücke dennoch beendet. An dieser Stelle wäre auch eine Berechnung zwischen p_t^n und dem Referenzsinogramm p_{ref} denkbar gewesen. Bei dieser Berechnung würde die SAD gegen Null konvergieren und das Abbruchkriterium könnte so gewählt werden, dass die Iteration beendet wird, falls die SAD kleiner als ein fester Wert größer Null ist. Allerdings ist diese Vorgehensweise bei den klinischen Daten nicht möglich, da hier kein Referenzsinogramm p_{ref} vorhanden ist. Daher wird in dieser Arbeit auf die erste Vari-

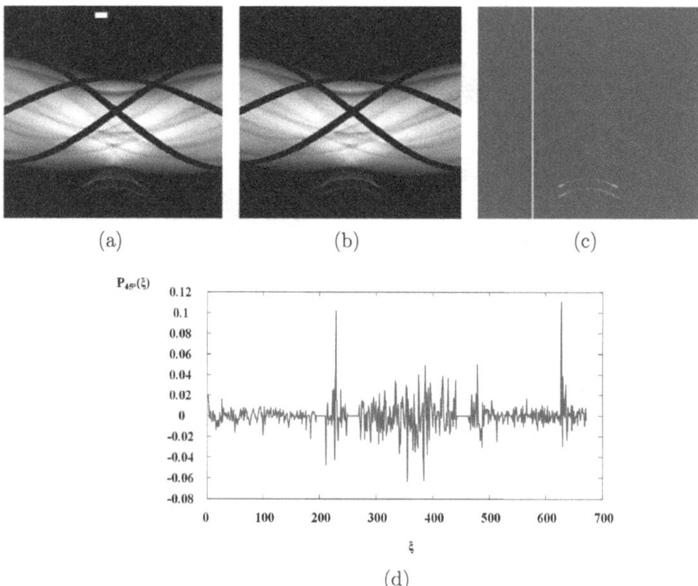

(d)

Abbildung 5.35: (a) Referenzsinogramm mit ROI (weißer Bereich am oberen Rand) zur Bestimmung von σ; (b)Sinogramm nach Glättung mit TV nach ROF sowie (c) die Differenz zwischen diesem und dem Referenzsinogramm dargestellt im Intervall $[-0.5, 0.5]$ und dem entsprechenden Profil durch (c) entsprechend der weißen Linie unter einem Projektionswinkel von 45° dargestellt in (d).

ante zurückgegriffen. Die Anzahl von 500 Iterationen stellt hierbei einen experimentell ermittelten Wert dar, der sich als sinvoll erwiesen hat.

Um die Glattheit der Daten p_0, die für die Berechnungen mit den unterschiedliche Inpainting-Verfahren notwendig ist, zu gewährleisten, wird im Vorfeld zusätzlich eine Rauschunterdrückung durchgeführt. Diese ist sinnvoll, um den Einfluss des Rauschens auf das Inpainting-Ergebnis zu minimieren. Hierzu wird die Rauschunterdrückung von Rudin, Osher und Fatemi (ROF) (detailliert beschrieben in Kapitel 5.4.1.3) verwendet. Diese kann auch direkt in die Minimierung des Energiefunktionals eingebaut werden wie vorgeschlagen in [128, 130]. Somit werden die umliegenden Daten im Vorfeld durch 1000 Iteration des ROF-Verfahrens geglättet[12].

Das Rauschen σ innerhalb der aufgenommenen Rohdaten wird hierbei in einer homogenen Region außerhalb der Projektionen, die durch das Objekt verlaufen, bestimmt.

[12] Alternativ wäre an dieser Stelle auch die von Bertalmio im Vorfeld durchgeführte anisotrope Diffusion denkbar [127].

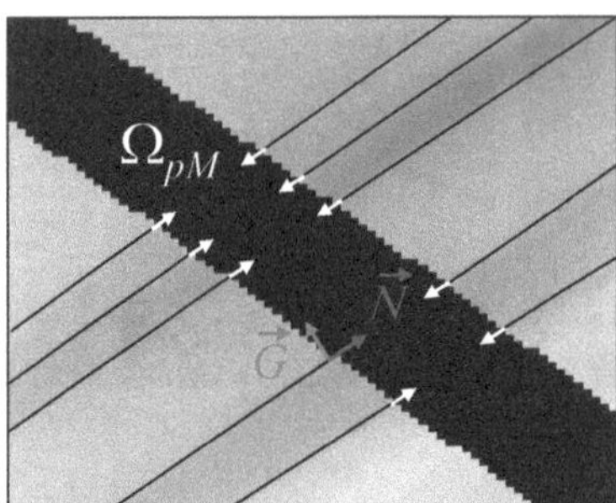

Abbildung 5.36: Schematische Darstellung des Prinzips des Inpaintings.

Abbildung 5.35 (a) zeigt die aufgenommenen Rohdaten der Torsophantomdaten mit eingezeichneter ROI zur Bestimmung des Rauschparameters σ innerhalb dieser Daten. In Abbildung 5.35 (b) bis (d) sind die geglätteten Sinogrammdaten sowie deren Differenz im Intervall $[-0.5, 0.5]$ und ein Profil durch diese am Beispiel einer aufgenommenen Projektion unter einem Winkel von 45° in Abbildung 5.35 (d) dargestellt.

5.4.1.1 Image-Inpainting nach Bertalmio (II)

Das II-Verfahren nach Bertalmio stellt das erste Inpainting-Verfahren zur Reparatur digitaler Bilder dar. Die Grundidee dieses Verfahrens besteht darin, die Inpainting-Region mittels umliegender Informationen zu schließen. Hierzu wird die Richtung der Isolinien, die auf den Rand der Inpainting-Region $\partial\Omega$ stoßen, genutzt, um die Information entlang der Isolinien möglichst glatt in die Lücke fortzusetzen und diese so zu schließen. Der Korrekturterm p_t^n im Fall des IIs nach Bertalmio ist gegeben durch

$$\frac{\partial p}{\partial t} = \nabla L \mathbf{N}. \tag{5.25}$$

Der Term setzt sich dabei zusammen aus der Richtung der Isolinien $\mathbf{N}$ innerhalb der Sinogrammdaten und den Informationen L, die in die Lücke fortgesetzt werden sollen. Die Richtung der Isolinien $\mathbf{N}$ spiegelt die Richtung wider, in der die im Rand $\partial\Omega$ enthaltenen Informationen in die Lücke Ω_{pM} weitergeführt werden müssen, um diese sinnvoll zu reparieren.

Mathematisch entspricht die Isolinienrichtung $\mathbf{N}$ der Normalen auf dem Gradienten $\mathbf{G}$ des Sinogramms und kann wie folgt berechnet werden

$$\mathbf{N} = \nabla^{\perp} p^n = \mathbf{G}\perp = (-p_\xi, p_\gamma) \,. \tag{5.26}$$

Dabei entsprechen die Indizes γ und ξ den Ableitungen in die jeweiligen Raumrichtungen.

Die Information L, die in die Lücke Ω_{pM} fortgesetzt werden soll, wird als so genannte Glattheitsinformation bezeichnet und kann im einfachsten Fall mit dem Laplace-Operator ermittelt werden

$$L = \Delta p = p_{\gamma\gamma} + p_{\xi\xi}. \tag{5.27}$$

Somit entspricht $\nabla \mathbf{L}$ einer Änderung der Glattheitsinformation in Richtung der Isolinie. Das Inpainting-Verfahren von Bertalmio entspricht einer PDE dritter Ordnung, die in folgender Form geschrieben werden kann

$$\frac{\partial p(\gamma,\xi,t)}{\partial t} = \nabla\left(\Delta p(\gamma,\xi,t)\right)\nabla^{\perp}p(\gamma,\xi,t), \forall(\gamma,\xi) \in \Omega_{pM}. \tag{5.28}$$

Abbildung 5.36 stellt die beschriebene Vorgehensweise des IIs schematisch dar.

Um zu verhindern, dass die Isolinien, die in die Lücke fortgesetzt werden, sich überschneiden, werden nach jeder 15. Iteration zwei Iterationen nichtlinearer anisotroper Diffusion durchgeführt (jeweils gewählt entsprechend der Angabe von Bertalmio in [127]). Die nichtlineare anisotrope Diffusion stellt sicher, dass eine korrekte Richtungsfeldfortsetzung erfolgt. Sie ermöglicht eine kantenerhaltende Fortsetzung der Informationen in die Lücke. Hierzu können verschiedene Formen der nichtlinearen anisotropen Diffusion verwendet werden. Einen Überblick der unterschiedlichen nichtlinearen Diffusionen findet sich z.B. in [165, 166]. Physikalisch lässt sich die Diffusion allgemein durch das zweite Ficksche Gesetz wie folgt beschreiben

$$\frac{\partial p}{\partial t} = -\nabla \cdot \mathbf{j} \tag{5.29}$$

mit der Teilchenstromdichte

$$\mathbf{j} = -D\nabla p. \tag{5.30}$$

Hierbei können die Projektionsdaten p als Funktion einer Verteilung von Partikeln angesehen werden. Das Konzentrationsgefälle der Teilchen entspricht dem Gradienten innerhalb der Sinogrammdaten ∇p und D ist der Diffusionskoeffizient. Im Fall einer isotropen Diffusion ist der Diffusionskoeffizient D konstant und Gleichung (5.29) reduziert sich zur Wärmeleitungsgleichung $p_t = D\Delta p$. Ziel der anisotropen Diffusion ist es, die Diffusionsgeschwindigkeit in Abhängigkeit von der Kantenstärke im Bild zu steuern und hierdurch die Kanten zu erhalten. Der Diffusionskoeffizient D stellt dann eine Funktion $D(\xi,\gamma,t)$ in Abhängigkeit von dem Ort und der Zeit dar. Erstmals eingesetzt wurde die anisotrope Diffusion von Perona und Malik zur Kantendetektion in Bildern [124]. Insgesamt ergibt sich durch Einsetzen von Gleichung (5.30) in Gleichung (5.29) für die anisotrope Diffusion nach Perona-Malik

$$\frac{\partial p}{\partial t} = \nabla \cdot (D \nabla p) = D \Delta p + \nabla D \cdot \nabla p. \tag{5.31}$$

Der Diffusionskoeffizient $D(\gamma, \xi, t)$ wird hierbei in Abhängigkeit des Gradientenbetrags des Sinogramms wie folgt berechnet

$$D = g\left(|\nabla p|\right) \tag{5.32}$$

mit

$$g = g_1\left(|\nabla p|\right) = e^{\left(-\frac{|\nabla p|}{K}\right)^2} \tag{5.33}$$

oder

$$g = g_2\left(|\nabla p|\right) = \frac{1}{1 + \left(\frac{|\nabla p|}{K}\right)^2} \tag{5.34}$$

und die Diffusionsstärke ist somit umgekehrt proportional zur Stärke der Isolinien.

Die beiden Gleichungen (5.33) und (5.34) verhalten sich unterschiedlich: während Gleichung (5.33) starke Kontrastkanten gegenüber schwachen Kontrastkanten bevorzugt, werden im Fall von Gleichung (5.34) die großen Bereiche gegenüber den schmalen privilegiert. In beiden Fällen entspricht K einer Konstante, die in dieser Arbeit in Abhängigkeit der Stärke des maximal vorkommenden Gradienten innerhalb der Sinogrammdaten ∇p_{max} in Prozent ermittelt wird.

Die anisotrope Diffusion nach Alvarez, Lion und Morel [167] ist eine Weiterentwicklung der anisotropen Diffusion nach Perona-Malik. Hierbei wird die Diffusionsgleichung durch die Krümmung

$$\kappa = \nabla \cdot \frac{\nabla p}{|\nabla p|} \tag{5.35}$$

der Isolinien erweitert und es ergibt sich

$$\frac{\partial p}{\partial t} = g\left(|\nabla p_{\sigma_{\mathrm{GF}}}|\right) \kappa \left|\nabla p\right|, \forall \left(\gamma, \xi\right) \in \Omega_{pM} \tag{5.36}$$

mit den Gaußkern-geglätteten Sinogrammdaten p_σ und einer glatten Funktion $g(s)$ mit $s \in \mathbb{R}$ die für $s \to \infty$ gegen Null geht. Dabei werden hier die Gleichungen (5.33) und (5.34) verwendet. Als Gaußfilter (GF) wird der Standardgaußfilterkern mit $\sigma_{\mathrm{GF}} = 0.5$ und einer Filterkerngröße von 3×3 Pixeln verwendet. Für eine detaillierte Beschreibung des GFs siehe z.B. [80]. Eine Modifikation dieser als *Mean-Curvature-Motion* (MCM) [168]

Tabelle 5.1: Zusammenhang zwischen dem II-Verfahren und der Navier-Stokes-Gleichung für inkompressible Flüssigkeiten.

Navier-Stokes	Image-Inpainting
Strömungsfunktion Ψ	Bildintensität p
Flussgeschwindigkeit $v = \nabla^{\perp} p$	Isolinienrichtung $\nabla^{\perp} p$
Beschleunigung $w = \Delta\Psi$	Glattheit Δp
Viskosität ρ	anisotrope Diffusion ρ

bezeichneten Gleichung (5.36), beschreibt Weickert [165] und bezeichnet diese als *modifizierte Mean-Curvature-Motion* (MMCM)-Gleichung, welche wie folgt definiert ist

$$\frac{\partial p}{\partial t} = \frac{\kappa \left|\nabla p\right|}{1 + \left(\frac{\left|\nabla p_{\sigma_{\text{GF}}}\right|}{K_w}\right)^2}, \forall \left(\gamma, \xi\right) \in \Omega_{pM}. \tag{5.37}$$

Sie entspricht einer Kombination aus dem Verfahren von Alvarez, Lion und Morel und der zweiten Gleichung von Perona und Malik (siehe Gleichung (5.34)). Der iterative Prozess des IIs nach Bertalmio in Kombination mit der Diffusion nach Alvarez, Lion und Morel sieht somit insgesamt wie folgt aus

$$p^{n+1} = p^n + \Delta t p_t^n + \Delta t g\left(\left|\nabla p_{\sigma_{\text{GF}}}\right|\right) \kappa \left|\nabla p\right|, \forall (\gamma, \xi) \in \Omega_{pM}. \tag{5.38}$$

Somit ergibt sich für das II-Modell nach Bertalmio

$$p_{\text{MAR-II}} = \begin{cases} \frac{\partial p}{\partial t} = \nabla \Delta p \cdot \nabla^{\perp} p + \nabla \cdot \left(g\left(\left|\nabla p\right|\right) \nabla p\right), & (\gamma, \xi,) \in \Omega_{pM} \\ p = p_0, & (\gamma, \xi) \notin \Omega_{pM} \end{cases}. \tag{5.39}$$

Es wurden insgesamt sechs verschiedene Diffusionen getestet: (G1) nach Perona und Malik mit Gleichung g_1 (siehe Gleichung (5.33)), (G2) nach Perona und Malik mit Gleichung g_2 (siehe Gleichung (5.34)), (G3) wie (G1) nur an Stelle von ∇p wird $\nabla p_{\sigma_{GF}}$ verwendet, (G4) wie (G2) nur an Stelle von ∇p wird $\nabla p_{\sigma_{GF}}$ verwendet, (G5) nach Alvarez, Lion und Morel in Kombination mit Gleichung g_1, (G6) nach Alvarez Lion und Morel in Kombination mit Gleichung g_2[13].

Das hier beschriebene Verfahren von Bertalmio ist identisch mit der aus der Strömungslehre bekannten Navier-Stokes-Gleichung. Tabelle 5.1 verdeutlicht den von Bertalmio in seiner Arbeit [146] dargestellten Zusammenhang zwischen dem II-Verfahren und der Navier-Stokes Gleichung für inkompressible Flüssigkeiten.

Abbildung 5.37 zeigt das Resultat der Sinogrammrestauration mit dem II-Verfahren nach

[13] Die sechs Diffusionsgleichungen G1-G6 werden in Kapitel 8.3.1 für die Auswertung des IIs nach Bertalmio benötigt.

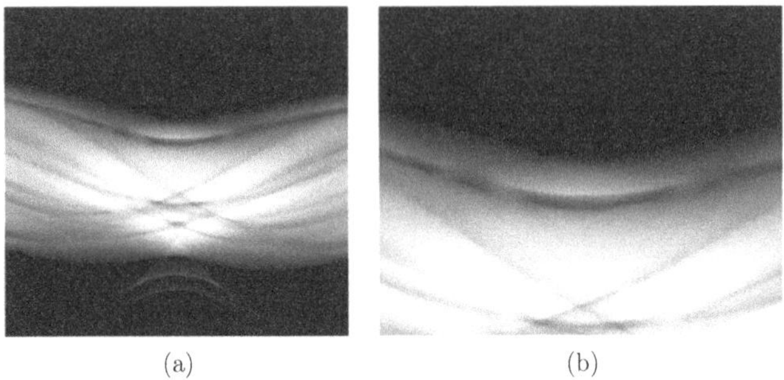

(a) (b)

Abbildung 5.37: (a) Sinogramm nach Reparatur mit dem II nach Bertalmio unter Verwendung von G4 und einem Vorwissen von „Luft“; (b) vergrößerter Ausschnitt aus (a).

Bertalmio unter Verwendung von (G4) und einem Vorwissen von „Luft“ bei der Berechnung. Zur besseren Beurteilbarkeit der Lückenreparatur innerhalb des Sinogramms ist in Abbildung 5.37 (b) ein vergrößerter Ausschnitt eines kritischen Bereiches dargestellt. Es ist gut zu erkennen, dass das Ergebnis der Sinogrammrestauration sehr verwaschen wirkt und die Kanten mittels dieses Verfahrens nicht im gewünschten Maße in die Lücke fortgesetzt werden konnten. Die Lücke ist innerhalb des restaurierten Sinogramms weiterhin erkennbar.

5.4.1.2 Numerische Implementierung des Image-Inpaintings nach Bertalmio

Allgemein gilt:

- Gradient
$$\nabla p \equiv \left(\frac{\partial}{\partial\gamma}, \frac{\partial}{\partial\xi}\right) p = (p_\gamma, p_\xi) \tag{5.40}$$

- Divergenz
$$\nabla \cdot \mathbf{j} = \partial_\gamma j^1 + \partial_\xi j^2 \tag{5.41}$$

- Laplace
$$\Delta p = \nabla \cdot \nabla p = \partial_{\gamma\gamma} p + \partial_{\xi\xi} p = p_{\gamma\gamma} + p_{\xi\xi} \tag{5.42}$$

Die numerische Implementierung des IIs nach Bertalmio erfolgt in Anlehnung an seine Veröffentlichung [127] und wird hier durch Berechnung eines expliziten Berechnungsschemas mit dem Finiten-Differenzenverfahren realisiert. Sei $p(i,j)^n$ das gegebene Sinogramm an jedem Pixel (i, j) innerhalb der Inpainting-Region Ω zum Zeitpunkt n, dann ist die diskrete Inpainting-Gleichung gegeben durch

$$p^{n+1}(i,j) = p^n(i,j) + \Delta t p_t^n(i,j), \forall (i,j) \in \Omega_{pM}. \tag{5.43}$$

Dies bedeutet, dass in jedem Iterationsschritt n das gegebene Sinogramm innerhalb der Inpainting-Region Ω_{pM} mit dem Korrekturterm p_t^n, multipliziert mit der Verbesserungsrate Δt, beaufschlagt wird. Der Korrekturterm p_t^n wird hierbei wie folgt berechnet

$$p_t^n(i,j) = (\nabla L^n \cdot \mathbf{N}) |\nabla p^n(i,j)|. \tag{5.44}$$

Dabei entspricht $\mathbf{N}$ der Richtung der Isolinien mit

$$\mathbf{N} = (-p_\xi(i,j), p_\gamma(i,j)) \tag{5.45}$$

und L der Glattheitsinformation, die in die Lücke fortgesetzt werden soll. Diese wird im einfachsten Fall mittels des Laplace-Operators ermittelt und ist gegeben durch

$$L^n(i,j) = \Delta p^n = p_{\gamma\gamma}^n(i,j) + p_{\xi\xi}^n(i,j), \tag{5.46}$$

wobei

$$p_{\gamma\gamma} = p(i-1,j) - 2p(i,j) + p(i+1,j) \tag{5.47}$$

und somit insgesamt

$$\Delta p^n = -4p^n(i,j) + p^n(i+1,j) + p^n(i-1,j) + p^n(i,j+1) + p^n(i,j-1) \tag{5.48}$$

gilt.

Die Änderung hiervon ist die Information, die in die Lücke fortgesetzt wird

$$\nabla L(i,j) := (L^n(i+1,j) - L^n(i-1,j), L^n(i,j+1) - L^n(i,j-1)). \tag{5.49}$$

Der Betrag des Gradienten wird wie folgt ermittelt

$$|\nabla p^n(i,j)| = \sqrt{p_\gamma^{n2} + p_\xi^{n2}}, \tag{5.50}$$

wobei zur Berechnung innerhalb dieser Arbeit die regularisierte Form von Gleichung (5.50)

$$|\nabla p| = \sqrt{|\nabla p|^2 + \varepsilon_r^2} \tag{5.51}$$

verwendet wird, mit $\varepsilon_r << 1$ (hier $\varepsilon_r = 10^{-5}$)

Die oben beschriebenen Gleichungen werden immer auf die Pixel des erweiterten Randbereiches Ω^{ε_R} angewendet, die durch Erweiterung (ε_R) des Randes der Inpainting-Region $\delta\Omega$ berechnet wurden. Dies bedeutet, dass die Information, die in die Lücke Ω_{pM} fließt, mittels umliegender Informationen berechnet, der Updateterm jedoch nur auf die Inpainting-Region Ω_{pM} selbst angewendet wird. Während des Iterationsprozesses finden immer $\hat{A}$ Inpainting-Schritte gefolgt von $\hat{B}$ Schritten anisotroper Diffusion statt. Die Wahl der Parameter, d.h. die Anzahl der Schritte $\hat{A}$ und $\hat{B}$, wurde hierbei in Anlehnung an die Arbeit von Bertalmio [127] gewählt, so dass $\hat{A} = 15$ und $\hat{B} = 2$. Die Gesamtanzahl der Iterationsschritte $\hat{A}$ und $\hat{B}$ variiert hierbei mit der Größe der Inpainting-Region, beträgt jedoch maximal 50.000 Iterationen. Zur Berechnung der anisotropen Diffusion wurde wiederum ein zentrales Differenzenverfahren verwendet.

5.4.1.3 Image-Inpainting mittels Curvature-Driven-Diffusion (CDD)

Das Verfahren der Curvature-Driven-Diffusion (CDD) [128] steht in enger Relation zu dem anisotropen Diffusionsprozess beschrieben von Alvarez, Lion und Morel aus dem vorherigen Abschnitt. Es wurde von Chan und Shen im Jahre 2001 als Modifizierung des TV-Inpaintings [156] entwickelt. Dieses Verfahren basiert auf dem Variations-Modell und stellt eine Abwandlung des bekannten TV-Ansatzes zur Rauschunterdrückung in Bildern von Rudin Osher und Fatemi (ROF) [151] dar. Sie verwendeten zur Beschreibung des Bildes die TV-Norm

$$||p||_{\mathrm{TV}} = \int_{\Omega} |\nabla p| = \sup \left\{ \int_{\Omega} p \nabla \cdot h dx \quad h \in C_c^1 (\Omega, \mathbb{R}^n), |h(x)| \leq 1 \forall \mathbf{x} \in \Omega \right\}, \tag{5.52}$$

mit $p \in L^1(\Omega)$ und $\Omega \subseteq \mathbb{R}^n$. Diese entspricht der L1-Norm der Ableitungen des Bildes und eignet sich besser als die L2-Norm (diese lässt keine Unstetigkeitsstellen in der Lösung zu), um die Eigenschaften des Bildes, gegeben durch die Kanten im Bild, zu modellieren [151]. Dabei spielt der Raum der Funktionen mit beschränkter totaler Variation eine entscheidende Rolle bei der exakten Berechnung von Unstetigkeiten in der Lösung, d.h. es gilt $p \in BV(\Omega)$, mit $BV = \{p \in L^1(\Omega) \,|\, \int_{\Omega} |\nabla p| < \infty\}$ [163].
Folgend wird nun die Idee des TV-Inpaintings in Anlehnung an [132] hergeleitet. Die Grundidee des TV-Inpainting-Modells basiert darauf, die Energie der Länge einer Isolinie τ

$$E[\tau] = \int_{\tau} \vartheta(s) ds \tag{5.53}$$

zu minimieren (eindimensional), wobei $\vartheta(s) = a =$ konst. und ds dem Bogenlängenelement entspricht. Die Minimierung der Energie entspricht im zweidimensionalen Bildbereich dem Finden der Verbindung der Isolinien über den Inpainting-Bereich mit der kürzesten Distanz. Hierzu muss das Kurvenmodell (siehe Gleichung (5.53)) in den Bildbereich übertragen werden. Die Isolinien τ_w im Bild werden durch $\tau_w = \{(\gamma, \xi) \in \Omega : p(\gamma, \xi) = w\}$ für unterschiedliche Grauwerte w definiert. Durch Erweiterung von Gleichung (5.53) in den 2D-Raum erhält man somit das entsprechende Bildmodell

$$E[p] = \int_{-\infty}^{+\infty} \text{Länge}(\tau_w) dw. \tag{5.54}$$

Für jede Isolinie τ_w in einem glatten Bild p gilt $dw = \nabla|p|d\sigma$ und Länge$(\tau_w) = \int_{\tau_w} ds$ und es folgt insgesamt

$$E[p] = \int_{-\infty}^{+\infty} \int_{\tau_w} |\nabla p| \, d\sigma ds. \tag{5.55}$$

Hierbei entspricht ds wiederum dem Bogenlängenelement der Isolinie und $d\sigma$ der Änderung des Gradientenflusses. Diese stehen senkrecht aufeinander und lassen sich zum Raumelement $d\Omega = dsd\sigma$ zusammenfassen, so dass sich ergibt

$$E[p] = \int_{\Omega} |\nabla p| \, d\Omega. \tag{5.56}$$

Gleichung (5.56) entspricht dem von Rudin, Osher und Fatemi vorgestellten TV-Modell zur Rauschunterdrückung. Das TV-Inpainting-Modell basiert nun auf der Minimierung des Funktionals

$$J_{\mathrm{TV}}[p] = \int_{\Omega} |\nabla p| \, dx + \frac{\lambda_L}{2} \int_{\Omega \setminus \Omega_{pM}} (p - p_0)^2 \, d\Omega. \tag{5.57}$$

Der erste Teil von Gleichung (5.57) wird auch als Regularisierungsterm oder TV-Norm bezeichnet und ist für die Glattheit des Ergebnisses verantwortlich. Der zweite Teil entspricht dem Datenterm, auch Approximationsterm genannt, der dafür sorgt, dass die Differenz zwischen den Ausgangsdaten p_0 und den berechneten Daten p möglichst klein ist. Für eine detaillierte Beschreibung siehe [132]. Die Euler-Lagrange-Gleichung für den TV-Inpaining-Ansatz lautet somit wie folgt

$$\frac{\partial p}{\partial t} = \nabla \cdot \left[\frac{\nabla p}{|\nabla p|} \right] + \lambda_e (p - p_0) \; \forall \in \Omega, \tag{5.58}$$

wobei λ_e dem erweiterten Lagrange-Multiplikator entspricht mit $\lambda_e = \lambda_L(1 - \Omega_{pM})$ und die Berechnung von $\lambda_L \geq 0$ wie im Falle der Rauschunterdrückung (siehe [151] Gleichung 2.6) erfolgt. Somit wird innerhalb des Inpainting-Bereiches Ω_{pM} nur ein einfacher anisotroper Diffusionsprozess durchgeführt

$$\frac{\partial p}{\partial t} = \nabla \cdot \left[\frac{\nabla p}{|\nabla p|} \right] \in \Omega_{pM}. \tag{5.59}$$

Betrachtet man Gleichung (5.59) und multipliziert sie mit $|\nabla p|$, wird sie identisch mit der MCM-Gleichung (siehe Gleichung (5.36)), wie sie von Alvarez, Lions und Morel vorgeschlagen wurde. Ein wesentlicher Nachteil des TV-Inpainting-Verfahrens besteht darin, dass es bei großen Lücken innerhalb der Bilder, bzw. hier innerhalb der aufgenommenen Sinogrammdaten, nicht in der Lage ist, zusammengehörende schmale Objekte bzw. sinusförmige Kurven wieder zu verbinden. Eine ausführliche Beschreibung der Gründe hierfür findet sich in [128]. Da die Größe der Lücke innerhalb der aufgenommenen Rohdaten, hervorgerufen durch Projektionen, die durch ein Metallobjekt verlaufen, jedoch von der Größe des Metalls abhängt und dieses im Fall einer Hüftprothese relativ groß sein kann, erweist sich das TV-Inpainting-Verfahren für diese Arbeit nicht als sinnvoller Ansatz und findet in Bezug auf das Füllen der Lücke keine weitere Betrachtung.

Jedoch stellt es ein gutes Verfahren zur Rauschunterdrückung in den umliegenden Sinogrammdaten dar. Es wird in dieser Arbeit verwendet, um Glattheit der Übergänge an den Rändern zu gewährleisten. So findet bei allen angewendeten Inpainting-Verfahren im Vorfeld eine Rauschunterdrückung nach ROF statt und die Inpainting-Verfahren werden auf diese geglätteten Sinogramme angewendet.

Die Weiterentwicklung des TV-Inpainting-Verfahrens, das Verfahren der CDD, stellt eine Methode dar, die eine glattere Verbindung der Kanten ermöglicht. Im Falle des TV-Inpaintings wurde zur Vervollständigung der Lücke in den Projektionen ein einfacher anisotroper Diffusionsprozess verwendet, der von der Stärke der Isolinien abhängt, was sich im dort verwendeten Diffusionskoeffizient

$$D = \frac{1}{|\nabla p|} \tag{5.60}$$

widerspiegelt.

Bei der CDD wird dieser Diffusionskoeffizient (in allgemeiner Form beschrieben durch Gleichung (5.32)) modifiziert, indem die Krümmung κ der Isolinien mit in die Berechnung des Diffusionskoeffizienten

$$D = \frac{g\left(\kappa p\right)}{|\nabla p|} \tag{5.61}$$

eingeschlossen wird. Die Funktion $g(s)$ wird in dieser Arbeit wie folgt gewählt

$$g\left(s\right) = s, s > 0. \tag{5.62}$$

Sie bewirkt dabei eine Auslöschung sehr starker und einer Stabilisierung von schwachen Krümmungen. Somit wird die Diffusion stärker, wenn die Isolinien eine starke Krümmung besitzen und wird abgeschwächt, wenn sie eine schwache Krümmung besitzen, bzw. es findet keine Diffusion mehr statt, wenn die Krümmung gleich Null ist [128]. Somit ergibt sich für das CDD-Inpainting-Model

$$p_{\text{MAR-CDD}} = \begin{cases} \frac{\partial p}{\partial t} = \nabla \cdot \left[\frac{g(|\kappa|)}{|\nabla p|} \nabla p\right], & (\gamma, \xi,) \in \Omega_{pM} \\ p = p_0, & (\gamma, \xi) \notin \Omega_{pM} \end{cases}. \tag{5.63}$$

Das Strömungsfeld der CDD entspricht somit

$$\mathbf{j}_{\text{cdd}} = -D\nabla p = -\frac{g\left(|\kappa|\right)}{|\nabla p|}\nabla p,^{14} \tag{5.64}$$

d.h. der Diffusionskoeffizient ist direkt abhängig von der Krümmung. Hierin besteht auch der Unterschied zur Diffusion von Alvarez, Lion und Morel (siehe Gleichung (5.36)). Dort fließt die Krümmung nicht direkt in die Berechnung des Diffusionskoeffizienten ein, sondern wird nur in die Diffusionsgleichung mit eingefügt. Dabei handelt es sich um ein Diffusionsmodel zweiter Ordnung, wie auch im Falle der Diffusion von Perona und Malik, die beide nur von der Stärke der Isolinien abhängen. Das Verfahren der CDD stellt ein Verfahren der dritten Ordnung dar und verwendet zur Berechnung des Diffusionskoeffizienten sowohl die Stärke der Isolinien als auch deren Geometrie.

Durch Einsetzen von $\mathbf{G} = \frac{\nabla p}{|\nabla p|}$ in Gleichung (5.64) ergibt sich

$$\mathbf{j}_{\text{cdd}} = -g\left(|\kappa|\right)\mathbf{G}. \tag{5.65}$$

In Gleichung (5.65) wird ein weiterer Unterschied zu dem von Bertalmio verwendeten II-Verfahren deutlich. Das II stellt eine Transportgleichung dar, bei der die Information in Richtung der Isolinien $\mathbf{N}$ in die Inpainting-Region Ω_{pM} fortgesetzt wird. Im Gegensatz hierzu findet bei der CDD eine Diffusion über die Isolinien in Richtung des Gradienten $\mathbf{G}$ statt.

In [128] wird noch ein weiteres CDD-Model vorgestellt, welches zusätzlich das Rauschen in dem Bereich um die Inpainting-Region Ω_{pM} mit Hilfe der Rauschreduktion von Rudin, Osher und Fatemi [151](ROF)

$$\frac{\partial p}{\partial t} = \nabla \cdot \left[\frac{\nabla p}{|\nabla p|}\right] + \lambda_e \left(p - p_0\right), \quad \forall \left(\gamma, \xi\right) \notin \Omega_{pM} \tag{5.66}$$

unterdrückt (vgl. Gleichung (5.58)). Dieses Verfahren wird folgend als CDD bezeichnet, d.h. in dem Fall ergibt sich für das CDD-Inpainting-Modell

$$p_{\text{MAR-CDD}} = \begin{cases} \frac{\partial p}{\partial t} = \nabla \cdot \left[\frac{g(|\kappa|)}{|\nabla p|}\nabla p\right], & (\gamma, \xi,) \in \Omega_{pM} \\ \frac{\partial p}{\partial t} = \nabla \cdot \left[\frac{\nabla p}{|\nabla p|}\right] + \lambda_e \left(p - p_0\right), & (\gamma, \xi) \notin \Omega_{pM} \end{cases}. \tag{5.67}$$

Ein bekanntes Problem, das hierbei neben dem Verlust von Kontrast, Geometrie und Textur [163] auftreten kann, ist das so genannte Staircasing (engl. für Treppenartefakte) [169]. Dieses führt insbesondere in den Randbereichen des Sinogramms zur Ausbildung von Treppenartefakten. Abbildung 5.40(a) stellt das Problem exemplarisch am Beispiel der Torsophantomdaten nach Durchführung der Berechnung mit dem CDD-Verfahren

[14] Der Index *cdd* des Strömungsfeldes entspricht einer Abkürzung des CDD-Verfahrens um es von den anderen in dieser Arbeit verwendeten Strömungsfeldern (siehe Gleichung (5.83)) zu unterscheiden.

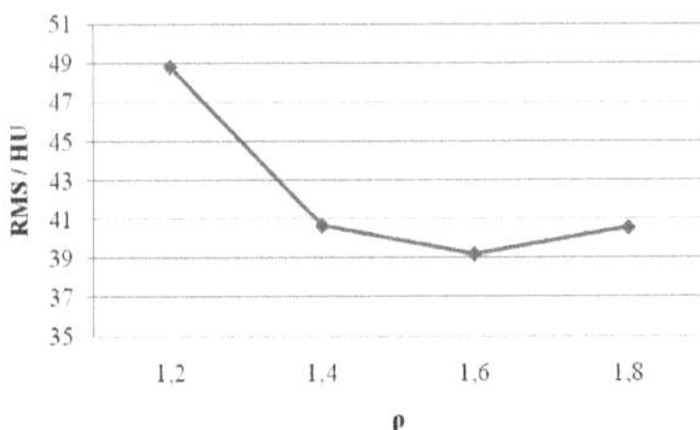

Abbildung 5.38: RMS-Ergebnisse der FBP-Rekonstruktion des Torsophantoms nach Anwendung des ρ-CDD-Verfahrens unter Verwendung des Vorwissens „Luft“.

unter Verwendung des Vorwissens von „Luft“ dar. Innerhalb der Randbereiche sind die neu entstandenen Treppenartefakte deutlich zu erkennen.

Eine Möglichkeit, dieses Problem zu beheben, ist die Verwendung des ρ-Laplace-Operators[15], eingeführt von Li im Jahre 2009 [169], innerhalb der CDD. Dabei wird die unter Anwendung des ρ-Laplace-Operators modifizierte Krümmung $\kappa\hat{}$ wie folgt berechnet

$$\hat{\kappa} = \Delta p_\rho = \nabla \cdot \left(|\nabla p|^{\rho-2} \nabla p \right), \quad 1 < \rho < 2. \tag{5.68}$$

Somit ergibt sich insgesamt die modifizierte CDD-Gleichung unter Verwendung des ρ-Laplace-Operators mit

$$\frac{\partial p}{\partial t} = \nabla \cdot \left[\frac{g(|\hat{\kappa}|)}{|\nabla p|} \nabla p \right] \quad (\gamma, \xi,) \in \Omega_{pM}. \tag{5.69}$$

Diese wird folgend als ρ-CDD-Verfahren bezeichnet und insgesamt ergibt sich für das ρ-CDD-Modell

$$p_{\text{MAR-}\rho\text{-CDD}} = \begin{cases} \frac{\partial p}{\partial t} = \nabla \cdot \left[\frac{g(|\hat{\kappa}|)}{|\nabla p|} \nabla p \right], & (\gamma, \xi,) \in \Omega_{pM} \\ \frac{\partial p}{\partial t} = \nabla \cdot \left[\frac{\nabla p}{|\nabla p|} \right] + \lambda_e (p - p_0), & (\gamma, \xi) \notin \Omega_{pM} \end{cases}. \tag{5.70}$$

In [169] wurde der Parameter $\rho = 1.4$ gewählt. Um jedoch zu testen, welcher Wert für den Parameter ρ hier eine geeignete Wahl darstellt, wurde er zwischen eins und zwei in 0.2-er Schritten variiert. Das Ergebnis der ρ-CDD-Berechnungen mit unterschiedlicher Wahl von ρ ist in Abbildung 5.38 zu sehen.

Das beste Ergebnis bezüglich des RMS wird hierbei mit einer Wahl von $\rho = 1.6$ erzielt,

[15] Dieser wird normalerweise als p-Laplace-Operator bezeichnet auf Grund der zu Verwirrung führenden Bezeichnung mit den aufgenommenen Sinogrammdaten p wurde er in dieser Arbeit umbenannt in ρ-Laplace-Operator.

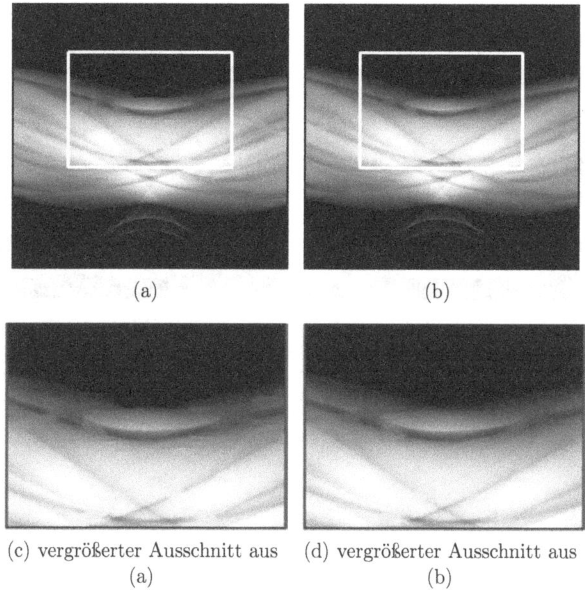

(a) (b)

(c) vergrößerter Ausschnitt aus (a) (d) vergrößerter Ausschnitt aus (b)

Abbildung 5.39: Ergebnisse der Sinogrammrestauration der Torsophantomdaten durch Berechnung mit (a) und (c) CDD und des (b) und (d) ρ-CDD.

so dass folgend in allen Berechnungen $\rho = 1.6$ verwendet wird. Betrachtet man das Ergebnis der ρ-CDD-Berechnung (siehe Abbildung 5.39) so zeigt sich hierin deutlich, dass die entstandenen Treppenartefakte reduziert werden konnten. Dies lässt sich ebenfalls gut in den FBP-Rekonstruktionen der Sinogramme aus Abbildung 5.39 erkennen (siehe Abbildung 5.40).

Um jedoch noch sichtbare verbleibende Restartefakte zu unterdrücken, wird abschließend noch ein GF auf die Daten angewendet. An dieser Stelle ist es nicht sinnvoll, eine Medianfilterung zu verwenden, da sie Kanten innerhalb der Daten erhält. Da man jedoch genau diese in Form der auftretenden Treppenartefakte unterdrücken möchte, stellt der GF an diesem Punkt die geeignete Wahl dar.

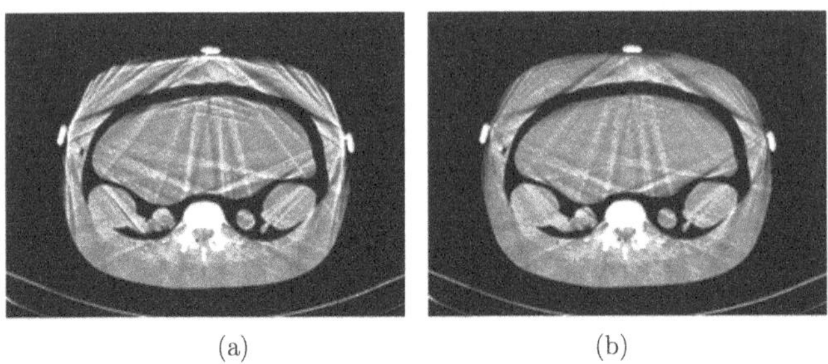

Abbildung 5.40: FBP-Ergebnisse nach Sinogrammrestauration der Torsophantomdaten durch Berechnung mit (a) CDD und (b) ρ-CDD.

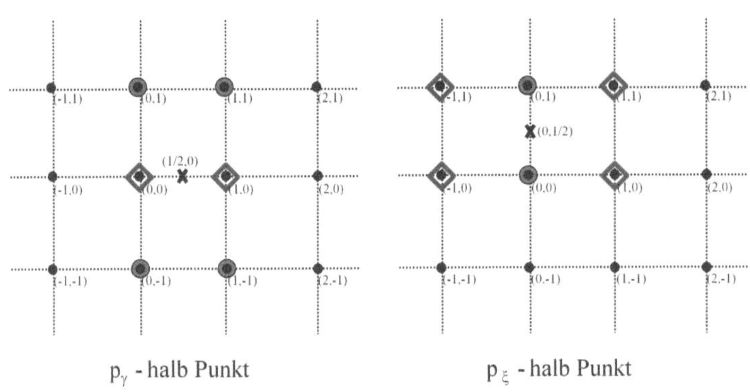

Abbildung 5.41: Berechnung der finiten Differenzen auf halben Gitterpunkten.

5.4.1.4 Numerische Implementierung des CDD-Inpaintings

In diesem Abschnitt soll nun folgend ein Überblick über das explizite Berechnungsschema für die CDD in Anlehnung an [128] gegeben werden. Der Korrekturterm lässt sich allgemein beschreiben als

$$\frac{\partial p}{\partial t} = -\nabla \cdot \mathbf{j}. \tag{5.71}$$

Die Iterationsvorschrift des expliziten Berechnungsschemas lautet somit

$$p^{n+1} = p^n - \Delta t \nabla \cdot \mathbf{j}. \tag{5.72}$$

Zur Berechnung werden nun die zentralen Differenzen auf halben Punkten berechnet. Das Strömungsfeld ist gegeben durch

$$\mathbf{j} = \left(j^1, j^2\right), \tag{5.73}$$

wobei sich die Divergenz des Strömungsfeldes am Punkt $(0,0)$ hierbei durch

$$\nabla \cdot \mathbf{j}_{(0,0)} = \frac{j^1_{(\frac{1}{2},0)} - j^1_{(-\frac{1}{2},0)}}{h} + \frac{j^2_{(0,\frac{1}{2})} - j^2_{(0,-\frac{1}{2})}}{h} \tag{5.74}$$

berechnet, mit Wahl der Schrittweite $h = 1$.

Der Gradient auf einem γ-Halb-Punkt, hier demonstriert für den Punkt$\left(\frac{1}{2},0\right)$, lässt sich berechnen durch

$$\nabla p_{(\frac{1}{2},0)} = \left(\frac{\partial p}{\partial \gamma}\Big|_{(\frac{1}{2},0)}, \frac{\partial p}{\partial \xi}\Big|_{(\frac{1}{2},0)}\right) \approx \left(\frac{p_{(1,0)} - p_{(0,0)}}{h}, \frac{p_{(\frac{1}{2},1)} - p_{(\frac{1}{2},-1)}}{2h}\right). \tag{5.75}$$

Eine genaue Übersicht der Berechnung hierzu liefert Abbildung 5.41. Hierbei werden für den neuen Halb-Punkt-Wert $p_{(\frac{1}{2},\pm 1)}$ die Mittelwerte von $p_{(0,\pm 1)}$ verwendet. Dies bedeutet, dass sowohl $\nabla p_{(\frac{1}{2},0)}$, als auch $\nabla |p|_{(\frac{1}{2},0)}$ durch die Pixel-Werte beschrieben werden. Die Krümmung κ berechnet sich, wie bereits oben beschrieben, wie folgt

$$\kappa = \nabla \cdot \left[\frac{\nabla p}{|\nabla p|}\right] = \frac{\partial}{\partial \gamma}\left[\frac{p_\gamma}{|\nabla p|}\right] + \frac{\partial}{\partial \xi}\left[\frac{p_\xi}{|\nabla p|}\right], \tag{5.76}$$

d.h. die Krümmung κ am Halb-Punkt $(i,j) = \left(\frac{1}{2},0\right)$ erfolgt entsprechend über

$$h \cdot \frac{\partial}{\partial \gamma}\left[\frac{\partial p_\gamma}{|\nabla p|}\right]_{(\frac{1}{2},0)} \approx \left[\frac{p_\gamma}{|\nabla p|}\right]_{(1,0)} - \left[\frac{p_\gamma}{|\nabla p|}\right]_{(0,0)}. \tag{5.77}$$

Die Werte für $\left[\frac{p_\gamma}{|\nabla p|}\right]_{(1,0)}$ werden hierbei durch zentrale Differenzen berechnet, so dass die Halb-Punkt-Krümmung $\kappa_{(\frac{1}{2},0)}$ wieder durch die Pixelwerte repräsentiert wird. Zur Berechnung des Gradientenbetrages wird, wie bereits im vorherigen Abschnitt erwähnt, innerhalb dieser Arbeit die regularisierte Form mit $\varepsilon_r << 1$ ($\varepsilon_r = 10^{-5}$)

$$|\nabla p| = \sqrt{|\nabla p|^2 + \varepsilon_r^2} \tag{5.78}$$

verwendet.

5.4.1.5 Inpainting mittels Eulers-Elastica (EE)

Das Eulers-Elastica (EE)-Verfahren von Chan, Kang und Cheng [130] stellt das einzige hier vorgestellte PDE-Verfahren dar, das bereits im Jahre 2006 von Gu [18] zur MAR in der CT getestet wurde. In seiner Arbeit wendet Gu das EE-Verfahren auf simulierten Sinogrammdaten des Shepp-Logan-Phantoms mit einem integrierten Metallobjekt an. Hier findet nun folgend erstmalig eine Anwendung auf realen CT-Daten statt. Die Grundlagen dieses Verfahrens werden im nun folgenden Kapitel detailliert in Anlehnung an die Arbeit von Chan [130, 132] beschrieben. Euler beschrieb 1744 in seiner Arbeit anhand eines torsionsfreien, eingespannten, dünnen Stabes auf den eine Kraft wirkt, die Eigenschaften der gekrümmten elastischen Linie, die als Eulersche Elastica (engl. Eulers Elastica) bezeichnet wird. Er beschäftigte sich mit der Berechnung der minimalen Energie durch die von ihm und Lagrange entwickelte Variationstheorie (Euler-Lagrange-Gleichung). Eine ausführliche geschichtliche Entwicklung der Elastica findet sich z.B. in [170]. Die EE bilden die Grundlage des im folgenden Kapitel vorgestellten EE-Inpainting-Verfahrens. Hierbei wird in Analogie zu den TV-Inpainting-Ansätzen die Energie der Isolinien minimiert. Das TV-Inpainting-Modell wird unter Verwendung der EE zu

$$E[p] = \int_\Omega \left(\alpha + \beta\kappa^2\right) dx = \int_\Omega \left(\alpha + \beta\left(\nabla \cdot \frac{\nabla p}{|\nabla p|}\right)^2\right) dx \tag{5.79}$$

modifiziert [130, 132], d.h in diesem Fall entspricht $\vartheta(s) = \alpha + \beta s^2$ (vgl. Gleichung (5.53)) der elastischen Beschreibung der Kurve nach Euler. In Gleichung (5.79) sind α und β zwei positive konstante Gewichtungen und κ entspricht der Krümmung der Isolinie. Die Energie der Kurve setzt sich in diesem Fall aus der Energie der Länge sowie der Energie der Krümmung der Isolinie zusammen. Es gilt wieder die Energie des Funktionals

$$J_{\text{ee}}(p) = \int_\Omega \vartheta(\kappa) + \frac{\lambda_L}{2} \int_{\Omega \setminus \Omega_{pM}} (p - p_0)^2 \, dx \tag{5.80}$$

zu minimieren. Die Euler-Lagrange-Gleichung im Falle des Inpaintings mittels Eulers-Elastica lautet damit

$$\frac{\partial p}{\partial t} = \nabla \cdot \mathbf{j}_{ee} + \lambda_e(x)(p - p_0).^{16} \tag{5.81}$$

Der erste Teil von Gleichung (5.81) entspricht wiederum einer Diffusion im Inpainting-Bereich Ω_{pM}. Die Berechnung des Strömungsfeldes

$$\mathbf{j}_{\mathrm{ee}} = \nabla\vartheta(\kappa) = \nabla\left(\alpha + \beta\left(\nabla \cdot \frac{\nabla p}{|\nabla p|}\right)^2\right) \tag{5.82}$$

ergibt

$$\mathbf{j}_{\mathrm{ee}} = \vartheta(\kappa)\,\mathbf{G} - \frac{\mathbf{N}}{|\nabla p|}\frac{\partial\left(\vartheta'(\kappa)\,|\nabla p|\right)}{\partial \mathbf{N}}. \tag{5.83}$$

Insgesamt ergibt sich somit

$$\mathbf{j}_{\mathrm{ee}} = \left(\alpha + \beta\kappa^2\right)\mathbf{G} - \frac{2\beta}{|\nabla p|}\frac{\partial\kappa\,|\nabla p|}{\partial \mathbf{N}}\mathbf{N}. \tag{5.84}$$

In Gleichung (5.83) entspricht **G** der Richtung des Gradienten in den aufgenommenen Projektionsdaten, d.h. senkrecht zu den Isolinien und **N** der Richtung der Isolinien

$$\mathbf{G} = \frac{\nabla p}{|\nabla p|},\quad \mathbf{N} = \mathbf{G}^{\perp},\quad \frac{\partial}{\partial \mathbf{N}} = \mathbf{N} \cdot \nabla. \tag{5.85}$$

Im Fall des EE-Inpaintings findet somit eine Diffusion zum einen in Richtung der Isolinie **N** und zum anderen senkrecht hierzu in Richtung von **G** statt. Betrachtet man den vorderen Teil von Gleichung (5.83), so entspricht $\vartheta(\kappa)\mathbf{G}$ wie bei der CDD (siehe Kapitel 5.4.1.3) dem Fluss der Information über die Isolinien. Im Gegensatz hierzu beschreibt der hintere Teil von Gleichung (5.83) den Transport in Richtung der Isolinien **N** wie im Fall des Inpaintings nach Bertalmio. Betrachtet man den Fluss in Richtung der Isolinien im Detail

$$\mathbf{j}_{\mathrm{ee_N}} = -\left(\frac{1}{|\nabla p|^2}\frac{\partial\left(\vartheta'(\kappa)\,|\nabla p|\right)}{\partial \mathbf{N}}\right)\nabla^{\perp}p \tag{5.86}$$

und berechnet hiervon die Divergenz, so ergibt sich

$$\nabla \cdot \mathbf{j}_{\mathrm{ee_N}} = \nabla^{\perp}p \cdot \nabla\left(\frac{-1}{|\nabla p|^2}\frac{\partial\left(\vartheta'(\kappa)\,|\nabla p|\right)}{\partial \mathbf{N}}\right), \tag{5.87}$$

[16] Der Index *ee* des Strömungsfeldes entspricht einer Abkürzung des EE-Verfahrens, um es von den anderen in dieser Arbeit verwendeten Strömungsfeldern (siehe Gleichung (5.64)) zu unterscheiden.

da $\nabla^{\perp}p$ divergenzfrei ist. Definiert man

$$L_{\vartheta} = \frac{-1}{|\nabla p|^2}\frac{\partial\left(\vartheta'(\kappa)|\nabla p|\right)}{\partial \mathbf{N}} \tag{5.88}$$

so lässt sich Gleichung (5.87) in folgender Form schreiben

$$\nabla \cdot \mathbf{j}_{\mathrm{ee_N}} = \nabla^{\perp}p \cdot \nabla L_{\vartheta} \tag{5.89}$$

und es zeigt sich, dass die Komponente in Richtung der Isolinie $\mathbf{j}_{\mathrm{ee_N}}$ in Form der Transportgleichung des IIs von Bertalmio geschrieben werden kann (vgl. Gleichung (5.28)). Bei dem Verfahren des EE-Inpaintings handelt es sich um eine PDE vierter Ordnung. Dies hat zur Folge, dass die Berechnung mit einem größeren Aufwand verbunden ist als im Fall der vorherigen beschriebenen Verfahren. Dies kann bei der Berechnung großer Inpainting-Regionen dazu führen, dass dieses Verfahren sehr langsam konvergiert.

Das EE-Inpainting-Modell lautet somit für rauschfreie Daten

$$p_{\mathrm{MAR\text{-}EE}} = \begin{cases} \frac{\partial p}{\partial t} = \nabla \cdot \left[(\alpha + \beta\kappa^2)\,\mathbf{G} - \frac{2b}{|\nabla p|}\frac{\partial \kappa|\nabla p|}{\partial \mathbf{N}}\mathbf{N}\right], & (\gamma,\xi,) \in \Omega_{pM} \\ p = p_0, & (\gamma,\xi) \notin \Omega_{pM} \end{cases} . \tag{5.90}$$

Mit zusätzlicher Rauschunterdrückung innerhalb der umliegenden Projektionen ergibt sich für das EE-Inpainting-Modell

$$p_{\mathrm{MAR\text{-}EE}} = \begin{cases} \frac{\partial p}{\partial t} = \nabla \cdot \left[(\alpha + \beta\kappa^2)\,\mathbf{G} - \frac{2\beta}{|\nabla p|}\frac{\partial \kappa|\nabla p|}{\partial \mathbf{N}}\mathbf{N}\right], & (\gamma,\xi,) \in \Omega_{pM} \\ \frac{\partial p}{\partial t} = \nabla \cdot \left[\frac{\nabla p}{|\nabla p|}\right] + \lambda_e\left(\mathbf{p} - \mathbf{p_0}\right), & (\gamma,\xi) \notin \Omega_{pM} \end{cases} . \tag{5.91}$$

Abbildung 5.42 (a) zeigt das Ergebnis der Sinogrammrestauration mit dem EE-Verfahren bei einer Wahl von $\alpha = 0.01$ und $\beta = 0.1$, bei einem Vorwissen von „Wasser“ sowie einen vergrößerten Ausschnitt in (b). Innerhalb des Ausschnittes lässt sich erkennen, dass das EE-Verfahren besser als das II- (siehe Abbildung 5.37) und das ρ-CDD-Verfahren (siehe Abbildung 5.39) in der Lage ist, die vorhandenen Kanten in die Lücke fortzusetzen. Jedoch verbleiben gerade im Bereich sehr stark ausgeprägter Kanten mit großen Größenunterschieden in den umliegenden Projektionswerten verwaschene Bereiche innerhalb des restaurierten Sinogramms, in denen keine kantenerhaltende Vervollständigung gelingt.

5.4.1.6 Numerische Implementierung des Eulers-Elastica-Inpaintings

In diesem Abschnitt soll nun folgend ein Überblick über das explizite Berechnungsschema für das EE-Verfahren gegeben werden. Die EE-Implementierung erfolgt dabei in

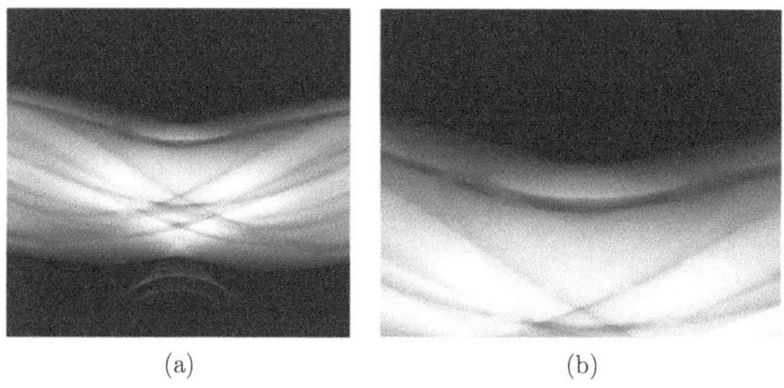

(a) (b)

Abbildung 5.42: (a) Sinogramm nach Reparatur mit dem EE unter Verwendung von $\alpha = 0.01$ und $\beta = 0.1$ bei einem Vorwissen von „Wasser“; (b) vergrößerter Ausschnitt aus (a).

Anlehnung an die von Chan, Kang und Chen in [132] sowie von Gu in [18] beschriebene Vorgehensweise. Der Korrekturterm lässt sich wiederum allgemein beschreiben als

$$\frac{\partial p}{\partial t} = -\nabla \cdot \mathbf{j}_{\text{ee}}. \tag{5.92}$$

Die Iterationsvorschrift des expliziten Berechnungsschemas lautet somit

$$p^{n+1} = p^n - \Delta t \nabla \cdot \mathbf{j}_{\text{ee}}. \tag{5.93}$$

Zur Berechnung werden hier ebenfalls die zentralen Differenzen auf halben Punkten berechnet. Die Berechnung des Strömungsfeldes (vgl. Gleichung (5.73)), dessen Divergenz (vgl. Gleichung (5.74)) sowie der Gradient (vgl. Gleichung (5.75)) und die Krümmung (vgl. Gleichung (5.76)) erfolgen in Analogie zu dem Vorgehen bei der CDD. Ebenso berechnen sich wiederum der Gradient

$$\mathbf{G} = \left(\mathbf{G^1}, \mathbf{G^2}\right) = \left(\frac{p_\gamma}{|\nabla p|}, \frac{p_\xi}{|\nabla p|}\right) \tag{5.94}$$

und die Normale

$$\mathbf{N} = \left(\mathbf{N^1}, \mathbf{N^2}\right) = \left(-\frac{p_\xi}{|\nabla p|}, \frac{p_\gamma}{|\nabla p|}\right), \tag{5.95}$$

auf diesen. Somit kann insgesamt das Strömungsfeld wie folgt beschrieben werden

$$\mathbf{j}^{\mathbf{1}}_{\mathbf{ee}} = \left(\alpha + \beta\kappa^2\right)\mathbf{G^1} - \frac{2\beta}{|\nabla p|}\left(\mathbf{N^1} D_\gamma\left(\kappa\,|\nabla p|\right) + \mathbf{N^2} D_\xi\left(\kappa\,|\nabla p|\right)\right)\mathbf{N^1}. \tag{5.96}$$

Hierbei entsprechen D_γ und D_ξ den jeweiligen partiellen Ableitungen. In gleicher Weise lässt sich entsprechend $\mathbf{j}^{\mathbf{2}}_{\mathrm{ee}}$ schreiben. Die partiellen Ableitungen auf den Halb-Punkten werden hierbei durch die zentralen Differenzen der beiden nächsten Ganzen-Punkte angenähert

$$D_\gamma \left(\kappa \left|\nabla p\right|\right)_{\left(\frac{1}{2},0\right)} = \frac{1}{2}\left(\kappa_{(1,0)} \left|\nabla p\right|_{(1,0)} - \kappa_{(0,0)} \left|\nabla p\right|_{(0,0)}\right). \tag{5.97}$$

6 Angepasste Rekonstruktionsverfahren

Das statistische gewichtete Rekonstruktionsverfahren stellt eine Modifikation der klassischen MLEM-Rekonstruktion dar. In den vorangegangenen Kapiteln hat sich gezeigt, dass die Standardrekonstruktionsmethode in der Computertomographie, die FBP, nicht zu einem perfekten Rekonstruktionsergebnis führt.

Betrachtet man die Differenzen zwischen dem Referenzsinogramm (für eine detaillierte Erklärung siehe Kapitel 7) und den auf die unterschiedlichen Arten reparierten Sinogrammdaten, so zeigt sich, das in allen Fällen in den Bereichen der inkonsistenten Daten weiterhin fehlerbehaftete Daten enthalten sind (siehe z.B. Kapitel 8.1.1). Dieses Wissen wird nun in die Rekonstruktionsvorschrift des MLEM-Algorithmus integriert. Der modifizierte MLEM-Algorithmus wird folgend als λ-MLEM-Rekonstruktion bezeichnet.

Die Herleitung des λ-MLEM-Algorithmus basiert auf zwei Änderungen der klassischen MLEM-Formel für die Transmissions-Computertomographie. Zum einen werden die Zeilen der Systemmatrix $\mathbf{A} = \{a_{ij}\}$, die zu Projektionen gehören, die durch ein Metallobjekt verlaufen, mit einem Gewichtungsfaktor $0 \leq \lambda \leq 1$ multipliziert. Somit ergibt sich folgende modifizierte Log-Likelihood-Funktion für die Computertomographie

$$\begin{aligned} l_\lambda(\mathbf{f}^*) &= ln(L_\lambda(\mathbf{f}^*)) \\ &= \sum_{i=1}^{M} \left(-\tilde{n}_i \sum_{j=1}^{N} \lambda_i a_{ij} f_j^* - n_0 e^{-\sum\limits_{j=1}^{N} \lambda_i a_{ij} f_j^*} \right) + \text{konst.}, \end{aligned} \tag{6.1}$$

wobei n_0 der Anzahl der Photonen entspricht, die die Röntgenröhre verlassen. $\tilde{n}$ entspricht der modifizierten Anzahl der detektierten Photonen. In Kapitel 2.3.2.1 wurde gezeigt, dass das MLEM-Verfahren ein einfaches Gradientenverfahren ist, das somit in folgender Form geschrieben werden kann.

$$\mathbf{f}^{*(n+1)} = \mathbf{f}^{*(n)} + \mathbf{D}_\lambda\left(\mathbf{f}^{*(n)}\right) \mathrm{grad}\left(l_\lambda(\mathbf{f}^*)\right) \tag{6.2}$$

Hierbei entspricht $\mathbf{D}_\lambda$ der modifizierten Diagonalmatrix für die Computertomographie

$$\mathbf{D}_\lambda\left(\mathbf{f}^{*(n)}\right) = \operatorname{diag}\left(\frac{f_r^{*(n)}}{\sum\limits_{i=1}^{M} \tilde{n}_i \lambda_i a_{ir}}\right) \tag{6.3}$$

und die Iterationsvorschrift für den λ-MLEM-Algorithmus kann (vgl. Gleichung 2.61) somit in folgender modifizierter Form geschrieben werden

$$\begin{aligned} f_r^{*(n+1)} &= f_r^{*(n)} + \frac{f_r^{*(n)}}{\sum\limits_{i=1}^{M} \tilde{n}_i \lambda_i a_{ir}} \left(\frac{\partial l_\lambda(\mathbf{f}^*)}{\partial f_r^*}\right) \\ &= f_r^{*(n)} + \frac{f_r^{*(n)}}{\sum\limits_{i=1}^{M} \tilde{n}_i \lambda_i a_{ir}} \left(\sum_{i=1}^{M} n_0 \lambda_i a_{ir} e^{-\sum\limits_{j=1}^{N} \lambda_i a_{ij} f_j^{*(n)}} - \sum_{i=1}^{M} \tilde{n}_i \lambda_i a_{ir}\right). \end{aligned} \tag{6.4}$$

Die zweite Modifikation basiert auf der Tatsache, dass die Anzahl der Photonen, die die Röntgenquelle verlassen, proportional zur Intensität der Strahlung ist. Dies bedeutet das die Projektionssumme $p_i = \sum\limits_{j=1}^{N} a_{ij} f_j$ ebenfalls entsprechend mit dem Gewichtungsfaktor λ_i multipliziert werden muss. Somit ergibt sich für die angepasste Anzahl an detektierten Photonen $\tilde{n}_i = n_0 e^{-\lambda_i p_i}$ und insgesamt folgende modifizierte Fixpunktiteration

- Gewichtete statistische Rekonstruktion

$$f_r^{*(n+1)} = f_r^{*(n)} \frac{\sum\limits_{i=1}^{M} \lambda_i a_{ir} e^{-\sum\limits_{j=1}^{N} \lambda_i a_{ij} f_j^{*(n)}}}{\sum\limits_{i=1}^{M} \lambda_i a_{ir} e^{-\lambda_i p_i}}. \tag{6.5}$$

Analog wird im Fall der MAP-Rekonstruktion vorgegangen und man erhält folgende modifizierte λ-MAP-Rekonstruktionsvorschrift

- Regularisierte gewichtete statistische Rekonstruktion

$$f_r^{*(n+1)} = f_r^{*(n)} \frac{\sum\limits_{i=1}^{M} \lambda_i a_{ir} e^{-\sum\limits_{j=1}^{N} \lambda_i a_{ij} f_j^{*}} + 2\beta^2 \sum\limits_{k,r \in C} w_{kr} V_c'\left(f_k - f_r^*\right)}{\sum\limits_{i=1}^{M} \lambda_i a_{ir} e^{-\lambda_i p_i}}. \tag{6.6}$$

7

Artefaktmaße

In diesem Kapitel werden die in der vorliegenden Arbeit verwendeten Artefaktmaße vorgestellt. Folgend werden sie am Beispiel der Beurteilung der rekonstruierten Bilder **f** erläutert. Sie sind jedoch ebenfalls für die Beurteilung der Ergebnisse der Sinogrammrestauration im Radonraum anwendbar. Insgesamt werden folgende Metriken verwendet:

- **Korrelations-Koeffizient** Der Korrelationskoeffizient r kann durch

$$r = \frac{\sum_{j=1}^{N} \left(f_j - \overline{f}\right)\left(f_j^{\text{ref}} - \overline{f}^{ref}\right)}{\sqrt{\left(\sum_{j=1}^{N} \left(f_j - \overline{f}\right)^2\right)\left(\sum_{j=1}^{N} \left(f_j^{\text{ref}} - \overline{f}^{\text{ref}}\right)^2\right)}} \tag{7.1}$$

  ermittelt werden, wobei $\overline{f} = \frac{1}{N}\sum_{j=1}^{N} f_j$ das zu evaluierende Bild und $\overline{f}^{\text{ref}} = \frac{1}{N}\sum_{j=1}^{N} f_j^{\text{ref}}$ die Referenz darstellen. Er wird auch als *Pearsons r* bezeichnet.

- **Quadratisches Mittel** Die Wurzel aus dem quadratische Mittel (engl. Root Mean Square (RMS) berechnet sich wie folgt

$$RMS = \sqrt{\left(\frac{\sum_{j=1}^{N} \left(f_j - f_j^{ref}\right)^2}{N}\right)}. \tag{7.2}$$

- **Relativer Fehler** Der relative Fehler RF ist gegeben durch

$$RF = \frac{|f_j - f_j^{\text{ref}}|}{|f_j^{\text{ref}}|} \cdot 100\%. \tag{7.3}$$

- **Entropie** Die Entropie H gibt den mittleren Informationsgehalt eines Bildes $\boldsymbol{f}$ an. Sie ist wie folgt definiert

$$H = -\sum_{p \in \hat{G}} p_f(f_j) \cdot \log_2(p_f(f_j)). \tag{7.4}$$

  Dabei entspricht $\hat{G}$ der Menge aller Grauwerte, f_j dem Grauwert des Bildes und $p_f(f_j)$ der relativen Häufigkeit des Gauwertes im Bild mit $0 \leq p_f(f_j) \leq 1$. Diese wird durch Berechnung des Histogrammes des Bildes bestimmt. Die Anzahl der Bins innerhalb des Histogrammes beträgt 256. Das Maximum und Minimum des Histogrammes wird derart ermittelt, dass der höchste und niedrigste Wert innerhalb der Rekonstruktionsergebnisse (ausgenommen des Bereiches der Metallmarker) als Grenzen dienen. Im Fall der klinischen Daten wurde analog verfahren, nur dass hierbei der kleinste und größte Wert über alle Datensätze ermittelt wurde (wiederum mit Ausnahme der Position der Metallobjekte). Auf diese Weise wird sichergestellt, dass alle Werte in die Berechnung der Häufigkeitsverteilung (diese wird angefertigt ohne Berücksichtigung des Metallmarkerbereiches) einfließen. Eine hohe Entropie entspricht hierbei einer Gleichverteilung der Grauwerte im Bild, d.h. alle Grauwerte im Bild kommen gleich häufig vor. Durch Glätten des Bildes erzielt man eine Reduktion des Rauschens und damit eine Verkleinerung der Entropie. Je mehr Kanten in einem Bild enthalten sind, desto höher ist die berechnete Entropie. Da Metallartefakte und Artefakte hervorgerufen durch MAR meist neu entstehenden Kanten im Bild entsprechen, bedeutet eine große Entropie bei der Beurteilung der MAR-Ergebnisse eine hohe Anzahl an Artefakten im Bild. Das heißt, je niedriger die Entropie, desto glatter und artefaktfreier ist das Bild.

In allen beschriebenen Metriken entspricht $\mathbf{f}^{ref}$ dem so genannten Referenzdatensatz. Dieser entspicht den rekonstruierten aufgenommenen Rohdaten des Torsophantoms markiert mit ein, zwei und drei Stahlmarkern, wobei die inkonsistenten Daten innerhalb der Rohdaten durch die Daten des Ground-Truth-Datensatzes an diesen Stellen ersetzt werden. Auf diese Weise hat man das bestmögliche Referenzsinogramm bzw. nach Rekonstruktion das bestmögliche Referenzbild erzeugt, um die Artefakte in den Bilder zu evaluieren. Würde man den aufgenommenen Ground-Truth-Datensatz vollständig verwenden, führte dies zu einer erhöhten Abweichung auf Grund des unterschiedlichen Rauschens in den Daten.

Die beschriebenen unterschiedlichen Artefaktmaße werden nun dazu verwendet, die Qualität der Sinogrammrestauration sowie die der unterschiedlich rekonstruierten Bilder zu ermitteln. Dabei werden folgende Situationen betrachtet:

1. Bestimmung der Qualität der Sinogrammrestauration

   Die Qualität der Sinogrammrestauration der Phantomdaten wird durch Berechnung der Korrelation, des RMS und des RFs zwischen den unterschiedlichen MAR-Ergebnissen im Radonraum und dem Referenzsinogramm betrachtet. Bei der Auswertung der klinischen Daten steht kein Referenzsinogramm zur Verfügung. In allen Fällen findet eine Berechnung der unterschiedlichen Metriken immer nur innerhalb des reparierten Bereiches der Sinogrammdaten statt. Um die Qualität der Sinogramme nach der Reparatur beurteilen zu können, wird hier die Entropie als Qualitätsmaß zur Hilfe genommen. In diesem Fall wird die Entropie jedoch von dem gesamten Sinogramm berechnet, um so den Einfluss der neu generierten Daten im Verhältnis zu den umliegenden Daten zu ermitteln.

2. Bestimmung der Qualität der rekonstruierten Bilder

   Zur Beurteilung der MAR in den rekonstruierten Bildern wird bei der Betrachtung der Phantomdaten die Korrelation, der RMS und der RF zwischen den in HU umgerechneten rekonstruierten Bildern (der reparierten Sinogrammdaten) und der Referenz berechnet. Im Fall der klinischen Datensätze steht wiederum kein Referenzbild zur Verfügung. Aus diesem Grund wird hier ebenfalls auf die Entropie zurückgegriffen. Um zu zeigen, dass die Entropie ein geeignetes Maß zur Bildbeurteilung darstellt, wird ebenfalls von den Torsophantomdaten die Entropie berechnet. Bei allen Berechnungen wird der Bereich der Metalle aus der Berechnung ausgeschlossen.

8

Ergebnisse der unterschiedlichen Interpolationsmethoden

Im nun folgenden Kapitel werden die Ergebnisse der unterschiedlichen Interpolationsmethoden analysiert. In Kapitel 8.1 werden zunächst die Ergebnisse der 1D-Interpolation miteinander verglichen. Folgend werden die Ergebnisse der 1.5D-Interpolation in Kapitel 8.2 und in Kapitel 8.3 jene der 2D-Interpolation dargestellt. Dabei werden immer zuerst die Ergebnisse der Torsophantomdaten und anschließend die der klinischen Daten präsentiert. Hierbei werden zunächst die Ergebnisse der FBP gefolgt von denen des λ-MLEM und des λ-MAP dargestellt.

8.1 Ergebnisse der 1D-Interpolation

Dieses Kapitel zeigt die Ergebnisse der 1D-Interpolation. Hierbei findet zunächst eine detaillierte Betrachtung der Sinogrammrestauration der 1D-Ergebnisse (siehe Kapitel 8.1.1) statt. Diese werden evaluiert mit den unterschiedlichen in Kapitel 7 vorgestellten Metriken, um einmalig die Vergleichbarkeit der unterschiedlichen Verfahren aufzuzeigen. Folgend werden die Ergebnisse der FBP-, der λ-MLEM- und der λ-MAP-Rekonstruktion dieser Sinogramme betrachtet (siehe Kapitel 8.1.2). Anschließend werden die klinischen Daten entsprechend ausgewertet.

8.1.1 Restaurationsergebnisse der Phantomdaten

Die einfachste Form der in dieser Arbeit vorgestellten Interpolationen stellt die in Kapitel 5.2.1.1 beschriebene PI dar. Hierbei hat sich gezeigt, dass mit höherer Ordnung

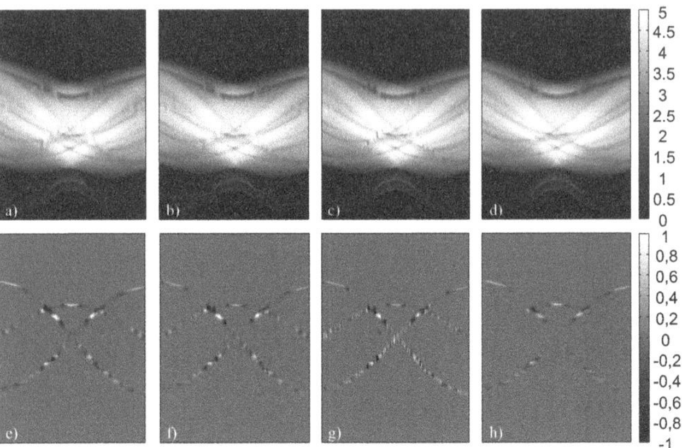

Abbildung 8.1: Ergebnisse der Sinogrammrestauration mit den unterschiedlichen 1D-Interpolationen: (a) LI, (b) HI, (c) SPI und (d) LSI. Die untere Reihe zeigt die Differenzbilder, berechnet zwischen den Referenzdaten und den mit der 1D-Interpolation reparierten Sinogrammen (obere Reihe).

der Polynome die Oszillationen im reparierten Sinogramm deutlich zunehmen (vergleiche Abbildung 5.4 und Abbildung 5.5). Ein zufriedenstellendes Ergebnis wurde dabei im rekonstruierten Bild nur mit den Polynomen ersten (LI) (siehe Abbildung 5.6 (a)) und dritten Grades erreicht (siehe Abbildung 5.6 (b)). In den beiden Kapiteln 5.2.1.2 und 5.2.1.3 wurde die PI dritten Grades mit Hilfe der zwei Interpolationsverfahren HI und SPI weiter verbessert. Innerhalb dieser beiden Methoden werden bei der stückweisen Berechnung des Polynoms dritten Grades die erste bzw. zweite Ableitung ebenfalls glatt interpoliert. Diese beiden Verfahren sind der PI dritten Grades überlegen. Daher wird folgend auf die Darstellung des Polynoms dritter, fünfter und siebter Ordnung verzichtet und ausschließlich die LI, die HI die SPI und das Verfahren der LSI miteinander verglichen. Das Verfahren der LI wird mit in die Beurteilung der unterschiedlichen Verfahren einbezogen, da es das erste und einzige Verfahren in der Literatur darstellt, das jemals auf einem kommerziellen CT-Scanner implementiert war und somit als eines der KI der MAR in der CT bezeichnet werden kann. Die Ergebnisse der Sinogrammrestauration mit der LI, der HI, der SPI sowie der LSI sind in Abbildung 8.1 zu sehen.

Vergleicht man die Ergebnisse der HI mit der SPI, so zeigt sich, dass die letztere zu stärkeren Oszillationen führt als die HI. Die SPI kann im Fall verrauschter Daten zusätzlich zu Überschwingern an den Rändern führen, was bei der HI nicht in diesem Maße auftritt. Innerhalb der Differenzbilder lässt sich erkennen, dass die LSI insgesamt zu den geringsten Abweichungen führt.

Anhand der Sinogrammrestaurationsergebnisse der 1D-Interpolationen wird folgend die

Auswertung für alle Metriken im Vergleich zueinander gegenübergestellt, um auf diese Weise die Anwendbarkeit und Austauschbarkeit der unterschiedlichen Metriken zu verdeutlichen. Betrachtet man in Abbildung 8.2 die Ergebnisse des Referenzdatensatzes, so liefert dieser die höchste Korrelation und entsprechend den niedrigsten RMS, relativen Fehler (ist in diesen beiden Fällen gleich Null und deshalb innerhalb der Grafiken nicht erkennbar) und die kleinste Entropie. Hierbei sei darauf hingewiesen, dass die Berechnung der Entropie nicht nur innerhalb der Spur der inkonsistenten Projektionen sondern für das gesamte Sinogramm erfolgt ist. Diese Vorgehensweise wurde gewählt, da die Entropie ein Maß ist, das den Gesamteindruck des „Bildes" widerspiegelt. Würde nur der Bereich der inkonsistenten Daten betrachtet werden, erhielte man hierbei kein aussagekräftiges Ergebnis.

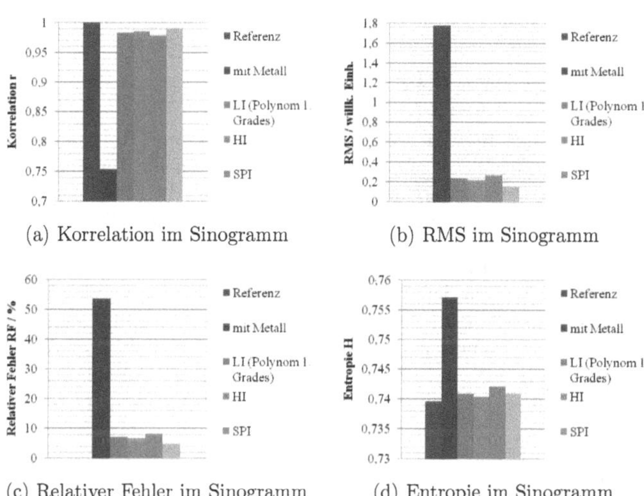

(a) Korrelation im Sinogramm

(b) RMS im Sinogramm

(c) Relativer Fehler im Sinogramm

(d) Entropie im Sinogramm

Abbildung 8.2: Vergleich der Metriken, berechnet innerhalb der Spur der inkonsistenten Projektionsdaten im Sinogramm (Korrelation RMS und RF), bzw. berechnet für das gesamte Sinogramm (Entropie); (Aufnahmeparameter: 110 kV, 60 mAs, 1 mm).

Die besten Ergebnisse werden im Fall der Korrelation (siehe Abbildung 8.2 (a)), des RMS (siehe Abbildung 8.2 (b)) und des RF (siehe Abbildung 8.2 (c)) mit der LSI, gefolgt von der HI und der LI erzielt. Einzig die Entropie (siehe Abbildung 8.2 (d)) liefert leicht abweichende Ergebnisse. Die niedrigste Entropie und damit die geringste Abweichung zum Referenzsinogramm der 1D-Interpolationen wird hierbei in der Reihenfolge HI, LI, LSI und SPI erzielt. Dabei unterscheidet sich nur das Ergebnis der LSI von denjenigen berechnet mit den übrigen Metriken. Insgesamt ist jedoch gut zu erkennen, dass die Entropie ebenfalls ein Maß darstellt, das in der Lage ist, das Restaurationsergebnis auch ohne vorhandene Referenz erstaunlich gut wiederzugeben.

Somit kann geschlussfolgert werden, dass mit den Metriken Korrelation, RMS, RF und Entropie weitestgehend vergleichbare Ergebnisse erzielt werden können. Zur Beurteilung der Qualität der Sinogrammrestauration der Torsophantomdaten wird folgend der RF verwendet, da er die entstehenden bzw. verbleibenden Fehler in der anschaulichen Einheit Prozent angibt.

8.1.2 Ergebnisse der Rekonstruktion der Phantomdaten

In diesem Kapitel werden in einzelnen Abschnitten die Resultate der unterschiedlichen Rekonstruktionsmethoden der FBP, des λ-MLEM- und des λ-MAP-Verfahrens dargestellt.

Gefilterte Rückprojektion (FBP)

Innerhalb der klinischen Routine werden die rekonstruierten CT-Bilder mit der FBP berechnet. Aus dem Grund soll an dieser Stelle nicht auf die Darstellung der FBP-Ergebnisse verzichtet werden, auch wenn bekannt ist, dass die FBP nicht das geeignete Verfahren im Umgang mit den inkonsistenten Projektionen darstellt.

Abbildung 8.3 zeigt die FBP-Rekonstruktionsergebnisse nach vorangegangener 1D-Interpolation. Die drei Spalten der Abbildung stellen die Ergebnisse für die Aufnahmen des Torsophantoms jeweils markiert mit einem, zwei und drei Stahlmarkern dar. Die Darstellung erfolgt dabei immer in der Reihenfolge der FBP-Rekonstruktionen ohne Interpolation, mit LI, HI, SPI und LSI (von oben nach unten). Abschließend werden die zu Beginn segmentierten Metallmarker wieder in das Bild eingefügt, um eine bessere visuelle Darstellung der Bilder zu ermöglichen.

Betrachtet man die unterschiedlich 1D-interpolierten Rekonstruktionen, so sieht man, dass mit steigender Anzahl der Marker die Streifenartefakte im Bild zunehmen und sich Aufhärtungsartefakte in Form der dunklen Streifen zwischen den Markern ausbilden.

Ebenfalls zeigt sich, dass die verschiedenen Interpolationen einerseits zu Reduktionen der von den Markern ausgehenden Streifenartefakte und andererseits zu neuen Artefakten im Bild führen. Diese neu entstehenden Artefakte bilden sich vornehmlich zwischen den Rändern der Marker und anderen Objektkanten im Bild aus. Einzig die LSI führt optisch zu einer verbesserten Darstellung, in der die neu entstehenden Artefakte im Vergleich zu den übrigen 1D-Interpolationsformen weniger stark ausgeprägt sind. Die LSI liefert visuell das beste Ergebnis der MAR mit den 1D-Interpolationen (siehe Abbildung 8.3 (m), (n), und (o))

In Abbildung 8.4 sind die Differenzen zwischen dem FBP-rekonstruierten Referenzdatensatz und den in Abbildung 8.3 zu sehenden FBP-Rekonstruktionen dargestellt. Hierin sind in Abbildung 8.3 (a) - (c) die von den Metallen ausgehenden hellen Streifenartefakte

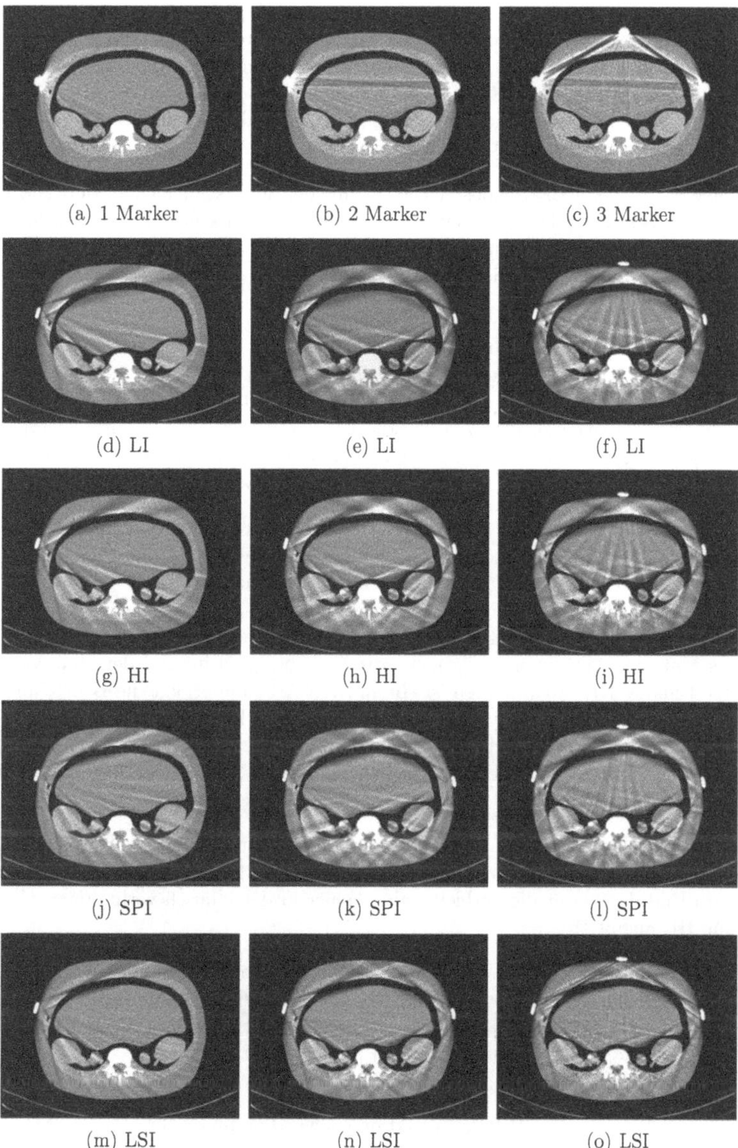

(a) 1 Marker (b) 2 Marker (c) 3 Marker

(d) LI (e) LI (f) LI

(g) HI (h) HI (i) HI

(j) SPI (k) SPI (l) SPI

(m) LSI (n) LSI (o) LSI

Abbildung 8.3: Vergleich der FBP-Ergebnisse der Torsophantomdaten mit ein, zwei und drei Markern (von links nach rechts).

gut zu erkennen. Betrachtet man nun die Positionen der neu entstehenden Artefakte, so stimmen diese weitestgehend mit denen der Streifenartefakte überein. Allerdings entsprechen die neuen Artefakte eher breiteren glatten, als feinen verrauschten Streifen. Betrachtet man die Art der Streifen, so sind diese bei der LSI im Vergleich zu allen anderen 1D-Interpolationen eher feiner ausgeprägt und fallen hierdurch bei der visuellen Betrachtung nicht so sehr ins Gewicht.

Die Auswertung der FBP-Rekonstruktionen mit den unterschiedlichen Metriken ist in Abbildung 8.5 zu sehen. Diese verdeutlichen ebenfalls die Aussage, dass mit zunehmender Anzahl der Marker die Ergebnisse schlechter werden. Es wird auch ersichtlich, dass mit allen Metriken überwiegend die gleichen Aussagen über den Erfolg der MAR getroffen werden können.

Lediglich die Entropie führt auch hier, wie bei der Beurteilung im Rohdatenraum, zu geringfügig abweichenden Ergebnissen. Die Entropie der SPI liefert bei zwei und drei Stahlmarkern ein schlechteres Ergebnis als die LI, die HI und die LSI, während sie bei allen anderen Metriken zu dem zweitbesten Resultat führt. Dies bedeutet, dass durch die SPI neue Artefakte im Bild generiert werden, die zu einer größeren Gleichverteilung der Grauwerte im Bild führen, als dies bei den anderen Verfahren der Fall ist.

Insgesamt lässt sich allerdings ansonsten feststellen, dass die Entropie auch bei der Beurteilung der Rekonstruktionsergebnisse zu vergleichbaren Resultaten wie die übrigen Metriken gelangt, jedoch ohne Verwendung einer Referenz. Sie stellt somit ebenfalls ein geeignetes Maß zur Beurteilung der MAR dar. Daher wird sie folgend zur Beurteilung der Qualität der MAR der Rekonstruktionen der klinischen Datensätze verwendet. Ein anderes Maß steht an dieser Stelle nicht zur Verfügung, da im Fall der klinischen Datensätze keine Referenz vorhanden ist. In anderen Arbeiten erfolgt die Beurteilung der Artefaktreduktion ansonsten vorwiegend durch visuelle Beurteilung der Rekonstruktionsergebnisse. Diese Form der Beurteilung wird weiterhin verwendet, um auf diese Weise auch die berechneten Entropieergebnisse bei vorhandenen Abweichungen im Vergleich korrigieren zu können.

Als Beurteilungskriterium der Qualität der FBP-Rekonstruktion der Torsophantomdaten wird folgend immer der RMS verwendet. Er stellt ein gutes Maß zur Beurteilung der MAR im Bild dar, da er die verbleibenden Fehler in der klinisch verbreiteten Größenordnung HU angibt.

Des Weiteren werden von nun an die unterschiedlichen Interpolationen an dem Beispiel der aufgenommenen Torsophantomdaten mit drei Markern präsentiert, da diese Situation den kompliziertesten Fall darstellt. Können hierbei gute MAR-Ergebnisse erzielt werden, so lassen sich diese auf einfachere Problematiken übertragen.

Vergleicht man die Ergebnisse der Metrikauswertung der Sinogrammrestauration (siehe Abbildung 8.2) und der FBP-Rekonstruktion (siehe Abbildung 8.3 rechte Spalte) für die Torsophantomdaten mit drei Markern miteinander so sieht man, dass die LSI das beste Ergebnis erzielt (ausgenommen der Aussage der Entropie im Sinogramm). Allerdings ist

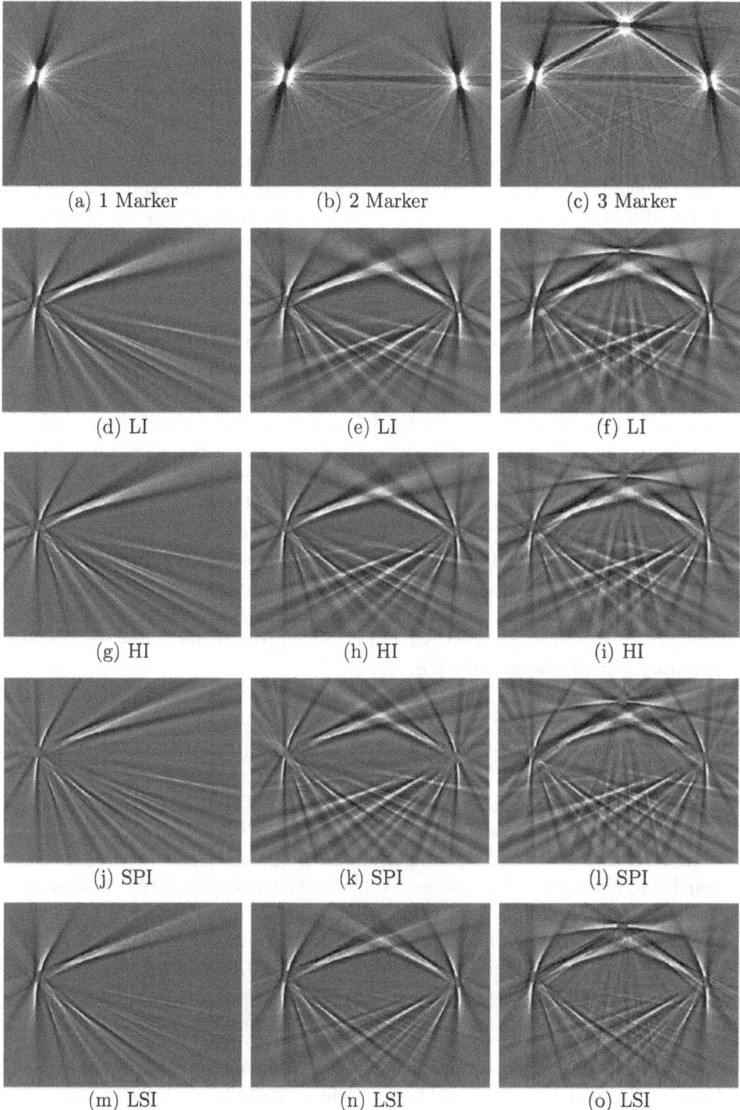

(a) 1 Marker (b) 2 Marker (c) 3 Marker

(d) LI (e) LI (f) LI

(g) HI (h) HI (i) HI

(j) SPI (k) SPI (l) SPI

(m) LSI (n) LSI (o) LSI

Abbildung 8.4: Vergleich der Differenzbilder zwischen den FBP-Ergebnissen der Torsophantomdaten mit ein, zwei und drei Markern (von links nach rechts) der 1D-Interpolationen und dem Referenzdatensatz. $f_{Diff} \in [-250\,\text{HU} \quad 250\,\text{HU}]$.

die Abfolge der darauffolgenden Ergebnisse unterschiedlich. So liefert bei der Sinogrammrestauration die HI und bei der FBP-Rekonstruktion die SPI das zweitbeste Ergebnis. Somit ergibt sich, dass die Betrachtung der Entropie der FBP-Rekonstruktionen und die der unterschiedlichen Metriken der Sinogrammrestaurationen (ausgenommen dem der Entropie) das gleiche Ergebnis liefern.

Alles in allem scheint es sehr schwierig zu sein, einen kompletten Zusammenhang zwischen der Abfolge der besten Ergebnisse im Sinogramm und im rekonstruierten Bild zu erzielen. Hierdurch wird die Beurteilung der Restaurationsergebnisse im Rohdatenraum hinfällig, da letztendlich nur das Rekonstruktionsergebnis von Interesse ist. Aus diesem Grund wird folgend auf die Auswertung der Sinogrammrestaurationen im Radonraum verzichtet.

Bisher wurden ausschließlich die Ergebnisse der Rohdaten bei 110 kV betrachtet. Es wurden jedoch ebenfalls Daten des Torsophantoms bei einer Beschleunigungsspannung von 130 kV aufgenommen. Die Ergebnisse dieser Aufnahmen am Beispiel der Torsophantomdaten mit drei Markern ist in Abbildung 8.6 zu sehen. Es ist deutlich erkennbar, dass die unterschiedlichen 1D-Interpolationen zu vergleichbaren Ergebnissen im Bild führen, einschließlich der neu entstehenden Artefakte, ähnlich wie im Fall der Aufnahmen des Torsophantoms mit einer Beschleunigungsspannung von 110 kV. Der einzige Unterschied besteht im Rauschen innerhalb der rekonstruierten Bilder, das auf die unterschiedlichen Aufnahmeparameter zurückzuführen ist. Die kompliziertere Situation bezüglich der verrauschten Daten ist somit bei einer Beschleunigungsspannung von 110 kV gegeben. Auf Grund dieser Tatsache werden folgend die Ergebnisse vorwiegend für die aufgenommenen Daten bei 110 kV präsentiert. Wird bei 110 kV ein zufriedenstellendes Ergebnis erzielt, so ist dies auch bei 130 kV zu erwarten.

λ-MLEM

Zur Beurteilung der MAR-Qualität bei Verwendung der λ-MLEM-Rekonstruktion wird der RMS berechnet zwischen dem Referenzdatensatz $\mathbf{f}^{\mathrm{ref}}$ und den auf die unterschiedlichen Arten 1D-interpolierten Torsophantomdaten $\mathbf{f}$, jeweils mit den λ-MLEM rekonstruierten Bildern bei unterschiedlicher Wahl des Gewichtungsfaktors λ. Das Ergebnis für 110 kV ist in Abbildung 8.7 (a) und das für 130 kV in Abbildung 8.7 (b) zu sehen. Die besten Ergebnisse werden für 110 kV für die Daten mit Metall bei $\lambda = 0,1$, für LI bei $\lambda = 0,4$, HI bei $\lambda = 0,5$, SPI bei $\lambda = 0,5$ und LSI bei $\lambda = 0,5$ erreicht. Bei 130 kV ergeben sie sich für mit Metall bei $\lambda = 0,4$, LI bei $\lambda = 0,4$, HI bei $\lambda = 0,5$, SPI bei $\lambda = 0,5$ und LSI bei $\lambda = 0,5$ (siehe Abbildung 8.8 für 110 kV und Abbildung 8.9 für 130 kV).

Bei beiden Beschleunigungsspannungen liefert die LSI bei einer Wahl von $\lambda = 0,5$ das beste Resultat bezüglich der MAR. Die Bereiche unterhalb der Referenzkurven stellen diejenigen dar, die mit dem λ-MLEM-Verfahren niemals erreicht werden können. Bei 130 kV ist das Ergebnis mit Metall vergleichbar mit jenem nach LI, so dass hier nur die anderen Interpolationen sinnvoll sind. Zurückzuführen ist dies auf das höhere SNR

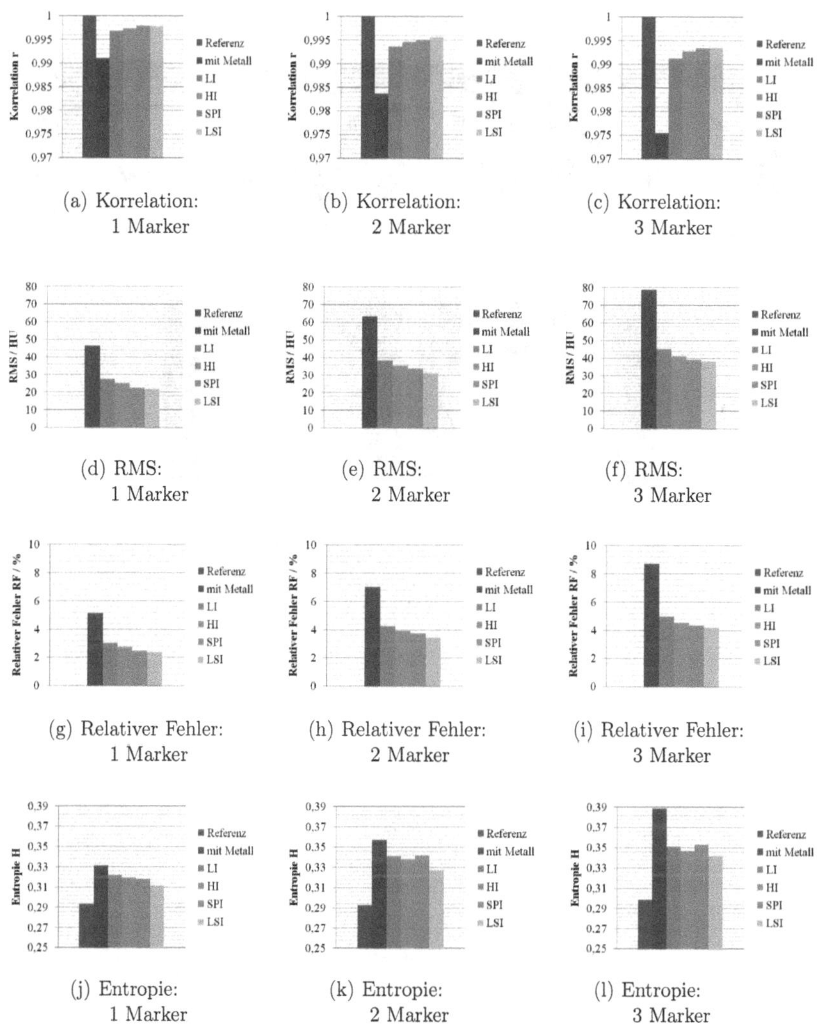

(a) Korrelation: 1 Marker

(b) Korrelation: 2 Marker

(c) Korrelation: 3 Marker

(d) RMS: 1 Marker

(e) RMS: 2 Marker

(f) RMS: 3 Marker

(g) Relativer Fehler: 1 Marker

(h) Relativer Fehler: 2 Marker

(i) Relativer Fehler: 3 Marker

(j) Entropie: 1 Marker

(k) Entropie: 2 Marker

(l) Entropie: 3 Marker

Abbildung 8.5: Vergleich der Metriken, berechnet von den FBP-Rekonstruktionen der unterschiedlich reparierten Sinogrammdaten (erste Spalte: ein Marker; zweite Spalte: zwei Marker und dritte Spalte: drei Marker).

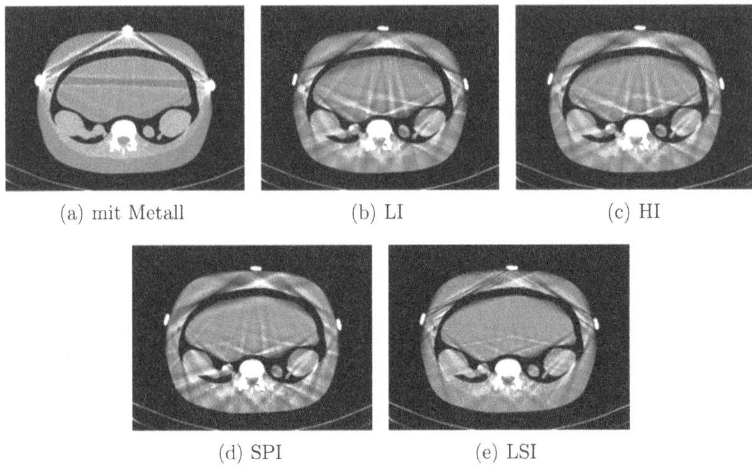

(a) mit Metall (b) LI (c) HI

(d) SPI (e) LSI

Abbildung 8.6: FBP-Ergebnisse der Torsophantomdaten markiert mit drei Markern aufgenommen mit einer Beschleunigungsspannung von 130 kV.

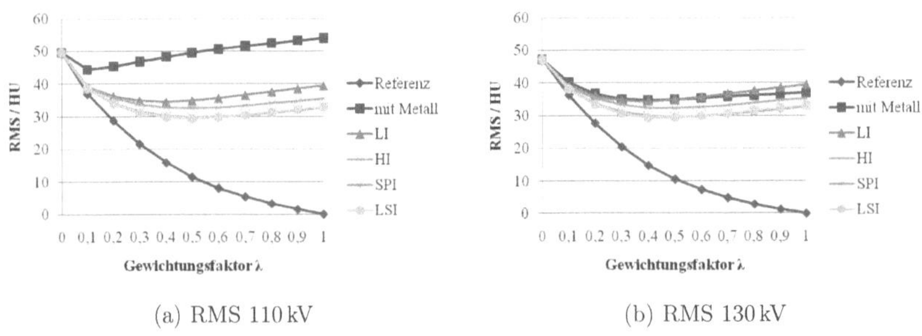

(a) RMS 110 kV (b) RMS 130 kV

Abbildung 8.7: Vergleich der λ-MLEM-Rekonstruktion für 110 kV (60 mAs, 1 mm) und 130 kV (100 mAs, 5 mm).

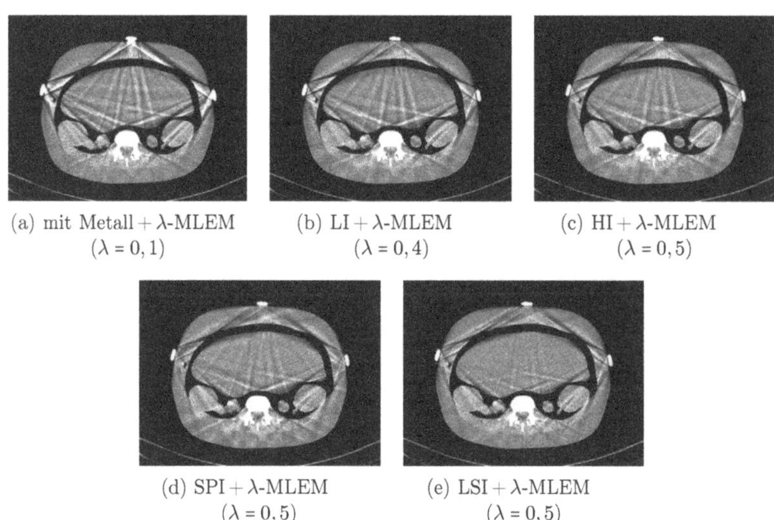

(a) mit Metall + λ-MLEM ($\lambda = 0,1$)

(b) LI + λ-MLEM ($\lambda = 0,4$)

(c) HI + λ-MLEM ($\lambda = 0,5$)

(d) SPI + λ-MLEM ($\lambda = 0,5$)

(e) LSI + λ-MLEM ($\lambda = 0,5$)

Abbildung 8.8: Vergleich der λ-MLEM-Ergebnisse für 110 kV nach 1D-Interpolation bei Wahl des jeweils besten Gewichtungsfaktors λ.

innerhalb der aufgenommenen Daten insbesondere im Bereich der inkonsistenten Projektionsdaten bei 130 kV.

Insgesamt zeigt sich, dass eine Gewichtung während der λ-MLEM-Rekonstruktion mit $\lambda = 0,5$ immer zu einem vergleichbaren oder besseren Ergebnis führt als das komplette Ignorieren der Informationen der inkonsistenten Bereiche, bzw. der reparierten Sinogrammdaten ($\lambda = 0$), sowie das komplette Miteinbeziehen dieser Daten ($\lambda = 1,0$).

Die Abbildungen 8.8 und 8.9 zeigen die besten Ergebnisse bezüglich der Wahl des Gewichtungsfaktors λ für die unterschiedlichen 1D-Interpolationen bei Beschleunigungsspannungen von 110 kV sowie 130 kV. Dabei ist auch visuell das beste Ergebnis mit der LSI in beiden Fällen erkennbar.

Abbildung 8.10 stellt das Ergebnis der Entropieberechnung für die λ-MLEM-Rekonstruktionen dar. Auffallend ist hierbei der Kurvenverlauf der Torsophantomdaten mit Metall. Insgesamt wird die niedrigste Entropie mit dem λ-MLEM-Verfahren der Torsophantomdaten mit Metall und einer Wahl von $\lambda = 0,5$ erzielt. Die Abfolge der restlichen Ergebnissse ist identisch zu jenen, die mit der Beurteilung des RMS der λ-MLEM-Ergebnisse berechnet wurden. So liefert die LSI das beste Ergebnis gefolgt von der SPI, der HI und der LI. Die Schlussfolgerung dieser Beurteilung würde ergeben, dass eine

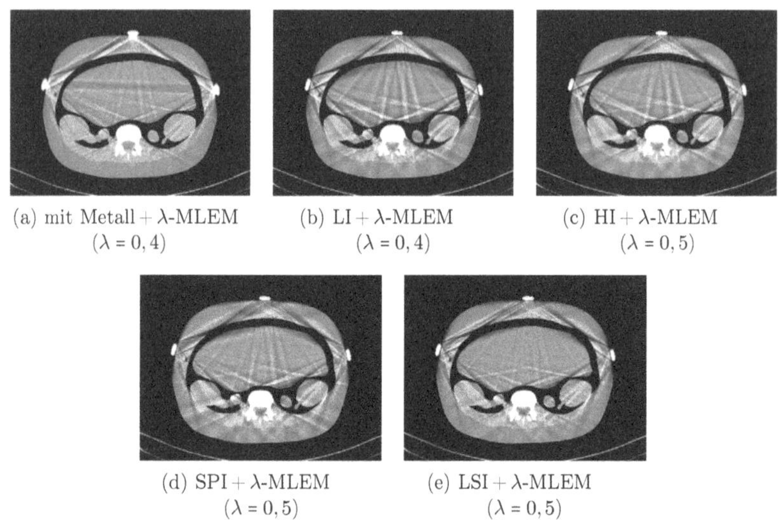

(a) mit Metall + λ-MLEM ($\lambda = 0,4$)

(b) LI + λ-MLEM ($\lambda = 0,4$)

(c) HI + λ-MLEM ($\lambda = 0,5$)

(d) SPI + λ-MLEM ($\lambda = 0,5$)

(e) LSI + λ-MLEM ($\lambda = 0,5$)

Abbildung 8.9: Vergleich der λ-MLEM-Ergebnisse für 130 kV nach 1D-Interpolation bei Wahl des jeweils besten Gewichtungsfaktors λ.

Gewichtung der Originaldaten mit Metall eine bessere Lösung und eine bessere MAR zur Folge hat als die unterschiedlichen 1D-Interpolationen in Kombination mit dem λ-MLEM-Algorithmus. Betrachtet man die beiden besten Resultate der Entropie und des RMS im Vergleich, so zeigt sich, dass das Ergebnis des RMS in diesem Fall genauer ist. Optisch ist das Ergebnis der LSI und $\lambda = 0,5$ (siehe Abbildung 8.11 (a)) jenem mit Metall und $\lambda = 0,5$ (siehe Abbildung 8.11 (b)) überlegen. An diesem Beispiel zeigt sich, dass die Resultate der Entropie zwar zu verhältnismäßig guten Aussagen gelangen, jedoch in einzelnen Fällen durch die visuelle Beurteilung belegt werden müssen.

λ-MAP

In diesem Abschnitt werden die Ergebnisse der λ-MAP-Rekonstruktion in Analogie zu jenen der λ-MLEM-Rekonstruktion präsentiert. Abbildung 8.12 stellt den Kurvenverlauf der λ-MAP-Ergebnisse für die verschiedenen 1D-Interpolationen bei unterschiedlicher Wahl des Gewichtungsfaktors λ mit dem generalisierten Geman-Prior ($\varepsilon = 3$) dar. Insgesamt wird das beste Ergebnis mit dem generalisierten Geman-Prior wiederum mit der LSI und einer Wahl von $\lambda = 0,5$ erzielt.

Die jeweils besten λ-MAP-Ergebnisse bezüglich des Gewichtungsfaktors λ der 1D-Interpolation sind in Abbildung 8.13 zu sehen. Im Vergleich zu den λ-MLEM-Ergebnissen

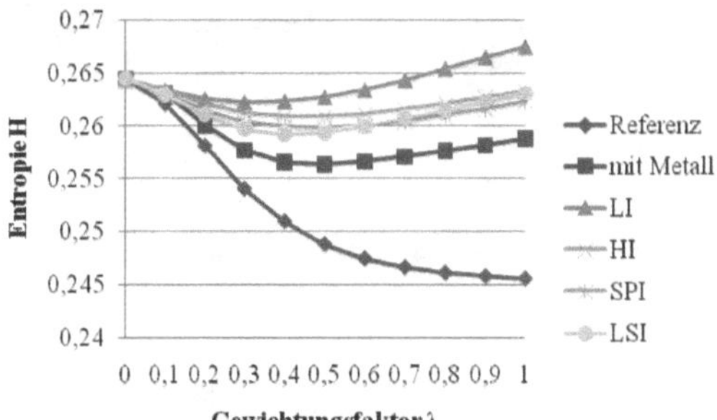

Abbildung 8.10: Entropie der λ-MLEM-Rekonstruktion in Kombination mit der 1D-Interpolation (Aufnahmeparameter: 110 kV, 60 mAs, 1 mm).

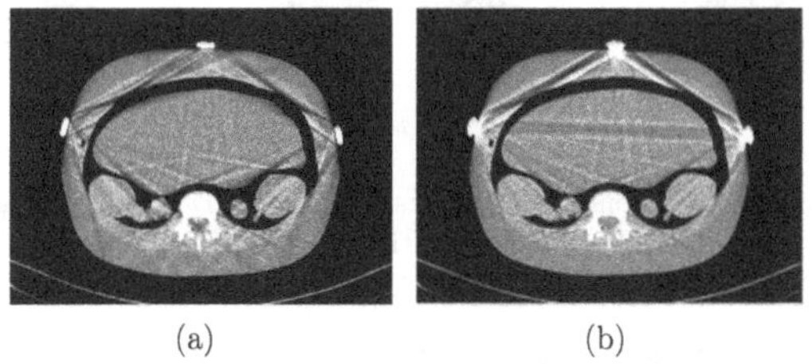

(a) (b)

Abbildung 8.11: Vergleich der jeweils besten Ergebnisse bei Betrachtung der unterschiedlichen Metriken: (a) bestes Ergebnis des RMS: LSI mit $\lambda = 0.5$, (b) bestes Ergebnis der Entropie mit Metall mit $\lambda = 0,5$.

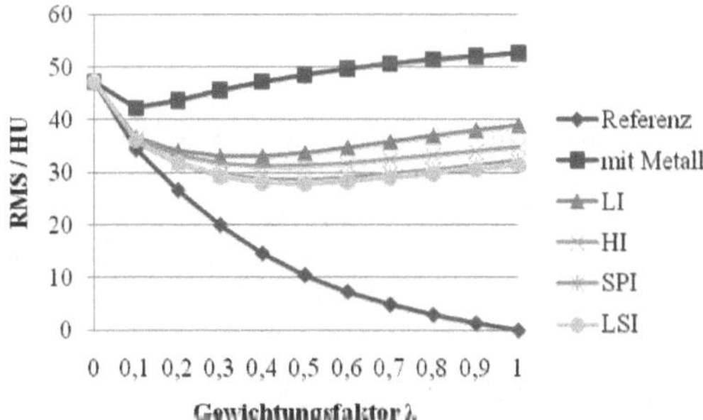

Abbildung 8.12: Ergebnis der λ-MAP-Rekonstruktion der 1D-Interpolationen bei unterschiedlicher Wahl von λ mit dem GG-Prior und $\varepsilon = 3$.

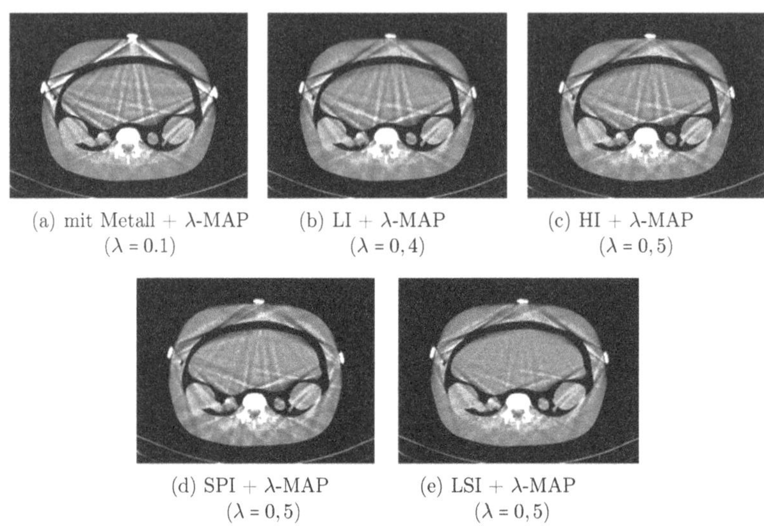

(a) mit Metall + λ-MAP ($\lambda = 0.1$)

(b) LI + λ-MAP ($\lambda = 0,4$)

(c) HI + λ-MAP ($\lambda = 0,5$)

(d) SPI + λ-MAP ($\lambda = 0,5$)

(e) LSI + λ-MAP ($\lambda = 0,5$)

Abbildung 8.13: MAP-Ergebnisse der unterschiedlichen 1D-Interpolationen bei jeweils bestem λ mit GG $\varepsilon = 3$; Aufnahmeparameter: 110 kV, 60 mAs, 1 mm.

(siehe Abbildung 8.8) erscheinen die MAP-Ergebnisse glatter und eher vergleichbar mit den λ-MLEM-Ergebnissen aufgenommen bei 130 kV (vergleiche Abbildung 8.9). Durch die λ-MAP-Rekonstruktion wird eine gute Rauschreduktion der Rekonstruktionsergebnisse erzielt. Des Weiteren können die neu entstandenen Artefakte durch die λ-MAP-Rekonstruktion geglättet werden, was zu einem glatteren Gesamteindruck der Rekonstruktionsergebnisse führt. Dies zeigt sich ebenfalls bei der Beurteilung mit dem RMS. Die Abweichungen in HU werden hierbei reduziert (vergleiche Abbildung 8.12 und Abbildung 8.7).

Insgesamt ergeben sich mit dem λ-MLEM- und dem λ-MAP-Verfahren vergleichbare Ergebnisse, die sich ausschließlich in dem Maß der Glättung unterscheiden, jedoch hinsichtlich der MAR identische Aussagen liefern. Da die λ-MAP-Rekonstruktionen jedoch das glattere und visuell bessere Ergebnis liefern, wird nachfolgend auf die Darstellung der λ-MLEM Ergebnisse verzichtet, da hierdurch keinerlei Informationsgewinn erzielbar ist.

Der Vollständigkeit halber ist in Abbildung 8.14 das Ergebnis der Entropieberechnung dargestellt. Wie im Fall der Ergebnisse des λ-MLEM, ist hier das bester Ergebnis bei Anwendung des λ-MAP-Algorithmus in Kombination mit einer Gewichtung von $\lambda = 0,5$ der aufgenommenen Torsophantomdaten mit Metall zu erkennen. Allerdings kann auch hier bei der Gegenüberstellung der besten Ergebnisse der Entropie und des RMS visuell

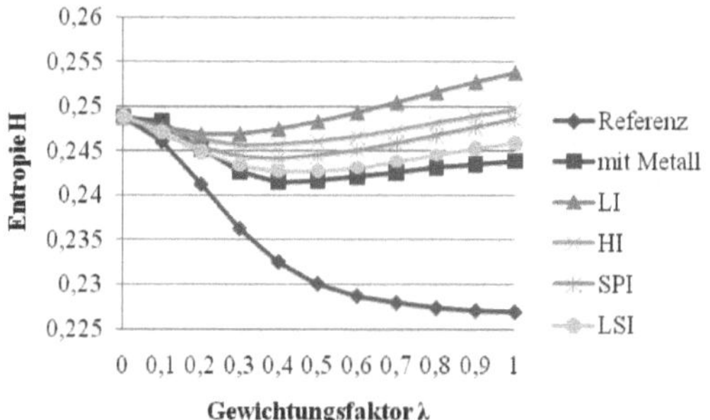

Abbildung 8.14: Entropie der λ-MAP-Rekonstruktion in Kombination mit der 1D-Interpolation.

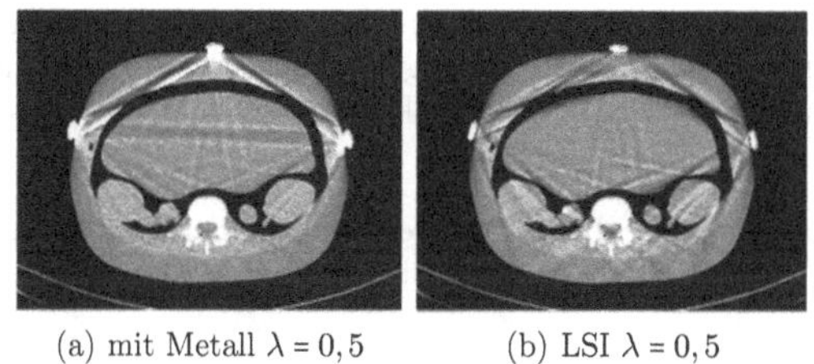

(a) mit Metall $\lambda = 0,5$ (b) LSI $\lambda = 0,5$

Abbildung 8.15: λ-MAP-Rekonstruktion der Torsophantomdaten mit $\lambda = 0,5$ (a) mit Metall und (b) LSI.

das beste Ergebnis durch den RMS bei LSI mit $\lambda = 0,5$ identifiziert werden (siehe Abbildung 8.15).

Fairerweise muss allerdings auch erwähnt werden, dass die Gewichtung von $\lambda = 0,5$ der Daten mit Metall, ermittelt durch die Entropie (siehe Abbildung 8.15 (a)), zu einem subjektiv besseren visuellen Ergebnis führt als jenes ermittelt durch den RMS mit $\lambda = 0,1$ (siehe Abbildung 8.13 (a)). Auch wenn das letztere Ergebnis im Maß der Abweichung von HU evtl. zu dem günstigeren Wert des RMS führt. Insgesamt lässt dies die Vermutung zu, dass unter Umständen die Entropie ein geeigneteres Maß zur Beurteilung der Metallartefakte im Bild darstellt als der RMS.

8.1.3 Ergebnisse der Rekonstruktion der klinischen Daten

Wie auch im vorangegangenen Kapitel werden nun die Ergebnisse der 1D-interpolierten klinischen Daten nach Rekonstruktion mit der FBP und dem λ-MAP in den folgenden zwei Abschnitten betrachtet.

Gefilterte Rückprojektion (FBP)

Die FBP-Ergebnisse der vier Hüftdatensätze sind in Abbildung 8.16 dargestellt. Bei allen verwendeten 1D-Interpolationen entstehen wiederum neue Artefakte im Bild, so dass unter visuellen Gesichtspunkten keines der Ergebnisse ein perfektes Resultat liefert. Da im Fall der klinischen Daten keine Referenz zur Verfügung steht, ist eine Beurteilung der FBP-Ergebnisse im Objektraum nur mittels der Entropie möglich.

Abbildung 8.17 zeigt die Entropieberechnungen der FBP-Rekonstruktionen für die unterschiedlichen 1D-Interpolationen.

Die Ergebnisse für die Hüfte 1 sind in Abbildung 8.17 (a) zu sehen. Das beste Ergebnis der Entropie wird hierbei in der Reihenfolge HI, LI, LSI, SPI und mit Metall erzielt. Betrachtet man hierzu die FBP-Rekonstruktionen im Vergleich, so spiegeln diese die beschriebene Reihenfolge wider.

Bei der Hüfte 2 ergibt sich für die LI und die HI ein vergleichbares Ergebnis gefolgt von der LSI, der SPI und den Daten mit Metall. Auch dieses Ergebnis ist in den Bildern wiederzufinden.

Die Hüfte 3 liefert bezüglich der Auswertung der Entropie folgende Reihenfolge der Interpolationen: LSI, HI, mit Metall, SPI und LI. Betrachtet man die Rekonstruktionsergebnisse, so ist dies ebenfalls vertretbar jedoch ergibt sich im Fall der SPI und der LSI visuell das subjektiv beste Ergebnis, was dem Entropieergebnis der SPI widerspricht. Die LSI führt zu einzelnen dünnen Streifenartefakten zwischen den beiden Hüftprothesen im Bild. Die umliegenden Bereiche sind jedoch weitestgehend artefaktfrei. Die SPI hingegen erzielt ein gutes Ergebnis im Bereich zwischen den beiden Hüftprothesen allerdings führt sie zu neuen Artefakten in den Randbereichen. Eine Kombination der jeweils artefaktfreien Bereiche würde zu einem optimalen Ergebnis führen.

Im Fall der Hüfte 4 werden mit allen Interpolationsmethoden visuell vergleichbare Ergebnisse erzielt. Der Nagel, der zu den entstehenden Artefakten im Bild führt, hat nur einen geringen Durchmesser und hierdurch haben die Artefakte auch nur eine geringere Auswirkung auf das gesamte Bild. Im rekonstruierten Bild entsteht ein neues Artefakt, das in Form einer Verlängerung des rechten Beckens in allen Interpolationsergebnissen erkennbar ist. Dieses ist bei der SPI am deutlichsten ausgeprägt. Innerhalb des SPI-Ergebnisses sind ebenfalls weitere neue Artefakte ausgehend vom Metallobjekt, insbesondere in den Randbereichen, gut zu erkennen. Die Entropie liefert hier das beste Ergebnis mit der LI

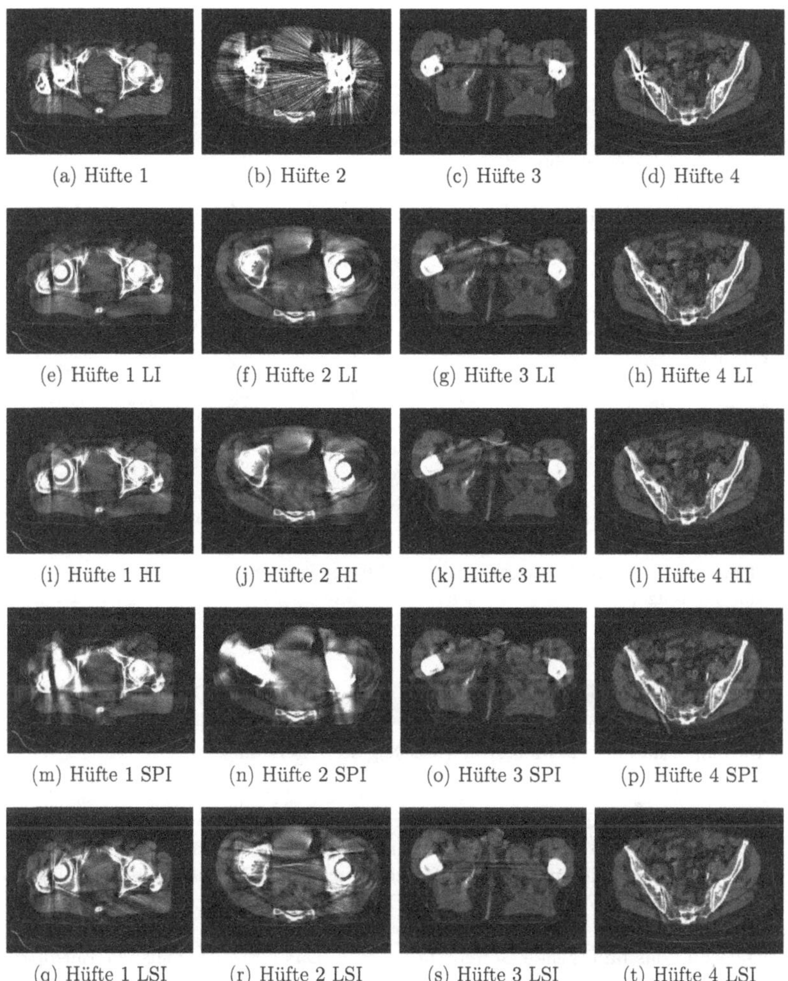

(a) Hüfte 1 (b) Hüfte 2 (c) Hüfte 3 (d) Hüfte 4

(e) Hüfte 1 LI (f) Hüfte 2 LI (g) Hüfte 3 LI (h) Hüfte 4 LI

(i) Hüfte 1 HI (j) Hüfte 2 HI (k) Hüfte 3 HI (l) Hüfte 4 HI

(m) Hüfte 1 SPI (n) Hüfte 2 SPI (o) Hüfte 3 SPI (p) Hüfte 4 SPI

(q) Hüfte 1 LSI (r) Hüfte 2 LSI (s) Hüfte 3 LSI (t) Hüfte 4 LSI

Abbildung 8.16: Vergleich der FBP Ergebnisse der 1D interpolierten Hüftdatensätze 1-4 (von links nach rechts).

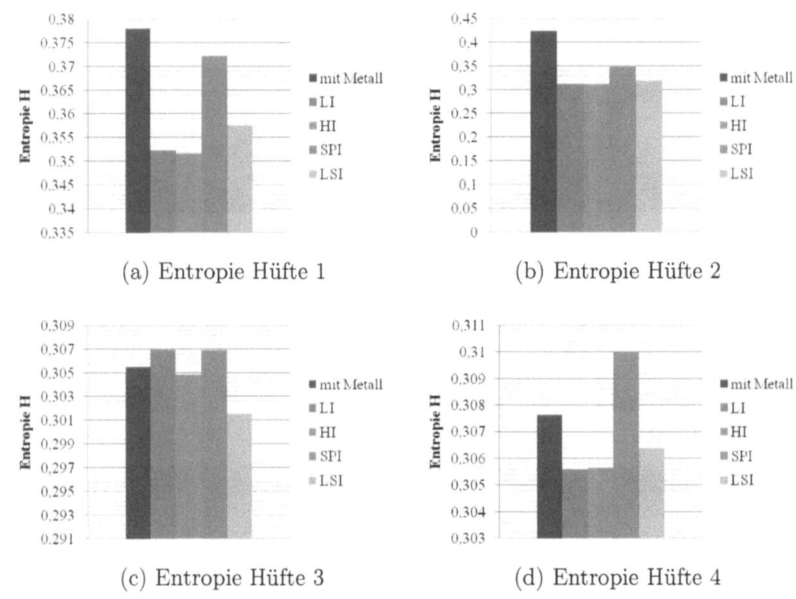

(a) Entropie Hüfte 1 (b) Entropie Hüfte 2

(c) Entropie Hüfte 3 (d) Entropie Hüfte 4

Abbildung 8.17: Entropie berechnet von den FBP-Rekonstruktionen nach 1D-Interpolation der Hüftdatensätze.

gefolgt von der HI, der LSI, den Daten mit Metall und der SPI. Innerhalb der Bildbetrachtung kann auch hier diese Beurteilung wiedergefunden werden. Besonders gut lässt sich dies innerhalb der Randbereiche (Muskelgewebe) erkennen.

Die Ergebnisse der FBP-Rekonstruktionen der Aortendatensätze nach 1D-Interpolation sind in Abbildung 8.18 zu sehen. In der obersten Reihe sieht man die Rekonstruktionen der Aortendaten mit den metallischen Herzklappen. Darunter folgt die Darstellung der LI, der HI, der SPI und der LSI. In allen 1D-interpolierten Rekonstruktionen entstehen auch hierbei wiederum neue Artefakte in Form von Streifen, die von den Metallobjekten ausgehen und das umliegende Gewebe überlagern. Das beste Ergebnis der Entropieberechnung wird in beiden Fällen mit der HI erreicht (siehe Abbildung 8.18 (e) und (f) sowie Abbildung 8.19 (a) und (b)). Betrachtet man die Entropieergebnisse genauer, fällt bei der Aorta 2 auf, dass hierbei wieder der Fall eintritt, dass die Daten mit Metall ohne jegliche Interpolation allen 1D-Interpolationen, ausgenommen der HI, überlegen ist. Bei der rein visuellen Beurteilung der Ergebnisse ergibt sich durch keine der 1D-Interpolationen ein wirklich zufriedenstellendes Ergebnis.

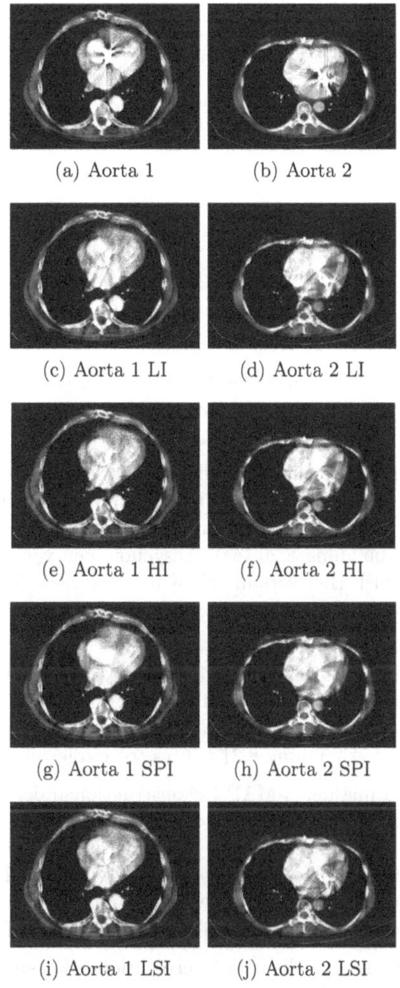

(a) Aorta 1 (b) Aorta 2

(c) Aorta 1 LI (d) Aorta 2 LI

(e) Aorta 1 HI (f) Aorta 2 HI

(g) Aorta 1 SPI (h) Aorta 2 SPI

(i) Aorta 1 LSI (j) Aorta 2 LSI

Abbildung 8.18: Vergleich der FBP-Ergebnisse der Aortendatensätze 1 und 2.

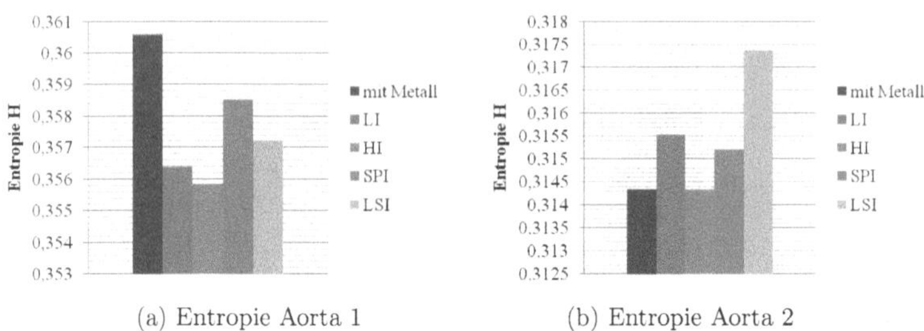

(a) Entropie Aorta 1 (b) Entropie Aorta 2

Abbildung 8.19: Entropie berechnet von den FBP-Rekonstruktionen nach 1D-Interpolation der Aortendatensätze.

λ-MAP

Dieser Abschnitt stellt die Ergebnisse der λ-MAP-Rekonstruktion der unterschiedlichen klinischen Datensätze dar. Zunächst werden die Ergebnisse der Hüftdatensätze und im Anschluss die der Aortendatensätze präsentiert.

Die Ergebnisse der Entropieberechnung für die Hüftdatensätze 1-4 sind in der Abbildung 8.20 (a) bis (d) zu sehen. Die Verläufe der Kurven bei unterschiedlichem Gewichtungsfaktor für die Hüfte 1 sind für alle Daten, einschließlich der Daten mit Metall, weitestgehend deckungsgleich (siehe Abbildung 8.20 (a)). Ausgenommen von dieser Aussage sind die Entropieergebnisse der SPI. Hier verläuft die Kurve oberhalb der restlichen Ergebnisse, d.h. die Entropie der Bilder ist höher und somit sind die Artefakte innerhalb der Bilder größer.

Abbildung 8.21 zeigt die FBP-Rekonstruktionsergebnisse der vier Hüftdatensätze. Das Ergebnis der klassischen MAP-Rekonstruktion der Hüftdaten 1 bis 4 mit Metall (entspricht dem Ergebnis der λ-MAP-Rekonstruktion dieser Daten bei einer Wahl von $\lambda = 1$) ist in der ersten Zeile von Abbildung 8.21 (a) bis (d) dargestellt.

Bei detaillierter Betrachtung der λ-MAP-Rekonstruktionen der Hüfte 1 für den jeweils besten Gewichtungsfaktor λ (siehe Abbildung 8.21 erste Spalte) lässt sich das oben beschriebene Entropieergebnis bestätigen. Die SPI zeigt hierbei besonders im umliegenden Bereich des Metalls erhöhte Abweichungen (siehe Abbildung 8.21 (q)). Bei allen Interpolationen (ausgenommen der SPI) sowie den Daten mit Metall wird das beste Ergebnis für $\lambda = 0,3$ erreicht. Bei der SPI erhält man das beste Ergebnis für $\lambda = 0,2$.

Im Vergleich zu den unterschiedlichen 1D-Interpolationen lassen sich bei der Hüfte 1 bereits sehr gute Ergebnisse durch alleiniges Gewichten der inkonsistenten Daten während der λ-MAP-Rekonstruktion erzielen (siehe Abbildung 8.21 (e)). Diese sind vergleichbar mit denen erzielt mit den unterschiedlichen 1D-Interpolationen. Insbesondere der Bereich zwischen den beiden Hüftknochen ist weitestgehend artefaktfrei, was in den anderen 1D-interpolierten Rekonstruktionen nicht der Fall ist.

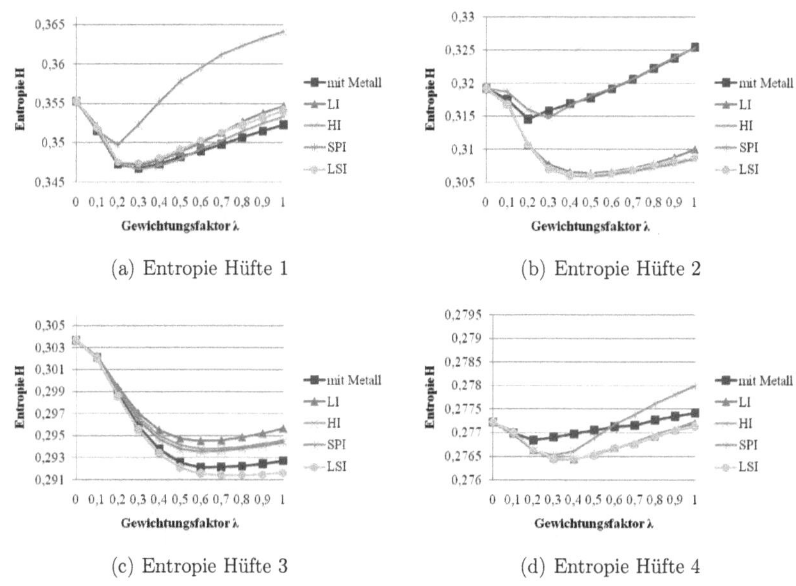

(a) Entropie Hüfte 1

(b) Entropie Hüfte 2

(c) Entropie Hüfte 3

(d) Entropie Hüfte 4

Abbildung 8.20: Entropie berechnet von den λ-MAP-Rekonstruktionen nach 1D-Interpolation der Hüftdatensätze.

Die Verläufe der Entropiekurven für die Hüfte 2 sind in Abbildung 8.20 (b) abgebildet. Nahezu identische Kurvenverläufe erhält man dabei mit der LI, der HI und der LSI. Die besten Ergebnisse werden für die LI und die HI mit einer Gewichtung von $\lambda = 0,5$ und für die LSI mit $\lambda = 0,4$. erzielt. Ein schlechteres Ergebnis bezüglich der Entropie wird mit den Metalldaten und der SPI erreicht. Diese beiden Kurvenverläufe decken sich ebenfalls weitestgehend. Die besten Gewichtungsfaktoren λ stellen hier $\lambda = 0,2$ für die Daten mit Metall sowie $\lambda = 0,3$ für die SPI dar. Die λ-MAP-Ergebnisse für die besten Gewichtungsfaktoren λ der Hüfte 2 sind in der zweiten Spalte von Abbildung 8.21 zu sehen.

Auch hierbei ergeben sich neu entstehende Artefakte, die das umliegende Gewebe überlagern. Es zeigt sich deutlich, dass es mit zunehmender Größe des Metallobjektes sowie mit zunehmender Anzahl immer komplizierter wird, die Lücke in den Daten sinnvoll zu schließen und mit geeigneten Rekonstruktionsmethoden ein verwendbares CT-Bild ohne Artefakte zu generieren.

Allerdings ergibt sich im Vergleich zu dem klassische MAP-Rekonstruktionsergebnis (siehe Abb. 8.21 (b)) ebenfalls, dass durch die unterschiedlichen 1D-Interpolationsmethoden sowie die Gewichtung der reparierten Daten während der Rekonstruktion die Artefakte soweit reduziert werden konnten, dass die umliegenden Bereiche innerhalb des Bildes wieder zu erkennen sind.

Die Ergebnisse der Entropieberechnung der Hüfte 3 sind in Abbildung 8.20 (c) dargestellt. Die niedrigste Entropie erhält man mit der LSI ($\lambda = 0,7$), gefolgt von den gewichteten Daten mit Metall, der SPI, der HI und der LI (jeweils mit $\lambda = 0,6$). Die entsprechenden rekonstruierten CT-Bilder sind in der dritten Spalte von Abbildung 8.21 abgebildet. Die Rekonstruktionen der Daten mit Metall, der LI, der HI und der SPI in Kombination mit dem λ-MAP ergeben visuell alle ein ähnliches Ergebnis. Der Bereich zwischen den beiden Hüftprothesen wird weitestgehend wiederhergestellt, allerdings entstehen von den Hüftprothesen nach oben, mittig verlaufende neue Streifenartefakte. Die Ergebnisse der LSI (vgl. Abbildung 8.21 (w)) verhalten sich genau entgegengesetzt. Hier werden die Artefakte zwischen den Hüftdaten ebenfalls reduziert jedoch verbleiben Restartefakte. In den umliegenden Bereichen entstehen dabei kaum neue Artefakte.

Die Kurven der Hüfte 4 nach Entropieberechnung für die verschiedenen Gewichtungsfaktoren sind in Abbildung 8.20 (c) dargestellt. Vergleichbare Ergebnisse, respektive Kurvenverläufe, werden mit der LI und $\lambda = 0,4$, der HI und $\lambda = 0,3$ sowie der LSI und $\lambda = 0,3$ erreicht. Die Kurvenverläufe der Daten mit Metall sowie der SPI ergeben leicht schlechtere Entropien und haben ihr Minimum für die Daten mit Metall bei $\lambda = 0,2$, bzw. für die SPI bei $\lambda = 0,3$. Innerhalb der rekonstruierten CT-Bilder (siehe vierte Spalte in Abbildung 8.21) erkennt man, dass in allen Fällen die Metallartefakte gut reduziert werden konnten. Lediglich das schon im vorangegangenen Kapitel beschriebene Artefakt in der Verlängerung des rechten Beckens ist bei allen 1D-Interpolationen weiterhin zu erkennen. Einzig die gewichteten Daten mit Metall enthalten dieses Artefakt nicht, hier sind aber noch verbleibende Restartefakte in der Umgebung des Metallobjektes zu erkennen, die in allen anderen 1D-interpolierten Rekonstruktionen nicht mehr vorhanden sind.

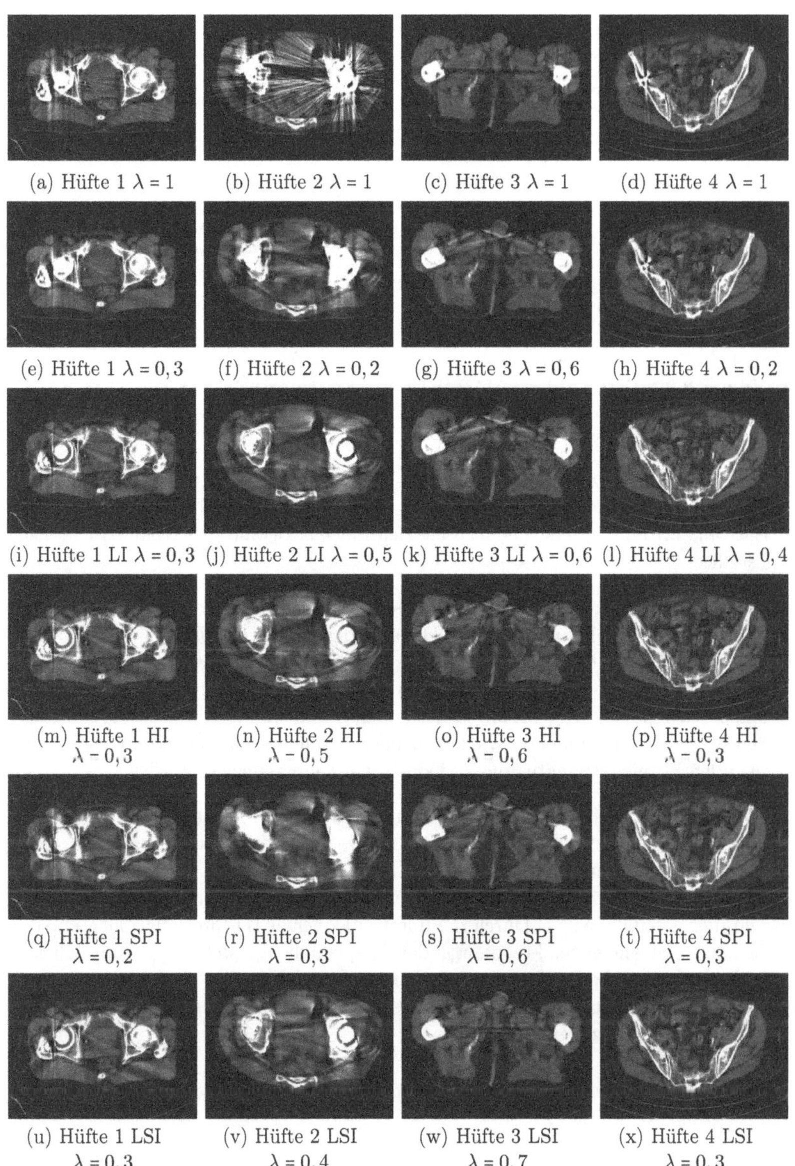

(a) Hüfte 1 $\lambda = 1$ (b) Hüfte 2 $\lambda = 1$ (c) Hüfte 3 $\lambda = 1$ (d) Hüfte 4 $\lambda = 1$

(e) Hüfte 1 $\lambda = 0,3$ (f) Hüfte 2 $\lambda = 0,2$ (g) Hüfte 3 $\lambda = 0,6$ (h) Hüfte 4 $\lambda = 0,2$

(i) Hüfte 1 LI $\lambda = 0,3$ (j) Hüfte 2 LI $\lambda = 0,5$ (k) Hüfte 3 LI $\lambda = 0,6$ (l) Hüfte 4 LI $\lambda = 0,4$

(m) Hüfte 1 HI $\lambda - 0,3$ (n) Hüfte 2 HI $\lambda - 0,5$ (o) Hüfte 3 HI $\lambda - 0,6$ (p) Hüfte 4 HI $\lambda - 0,3$

(q) Hüfte 1 SPI $\lambda = 0,2$ (r) Hüfte 2 SPI $\lambda = 0,3$ (s) Hüfte 3 SPI $\lambda = 0,6$ (t) Hüfte 4 SPI $\lambda = 0,3$

(u) Hüfte 1 LSI $\lambda = 0,3$ (v) Hüfte 2 LSI $\lambda = 0,4$ (w) Hüfte 3 LSI $\lambda = 0,7$ (x) Hüfte 4 LSI $\lambda = 0,3$

Abbildung 8.21: Vergleich der λ-MAP-Ergebnisse der 1D-interpolierten Hüftdatensätze 1-4 (von links nach rechts).

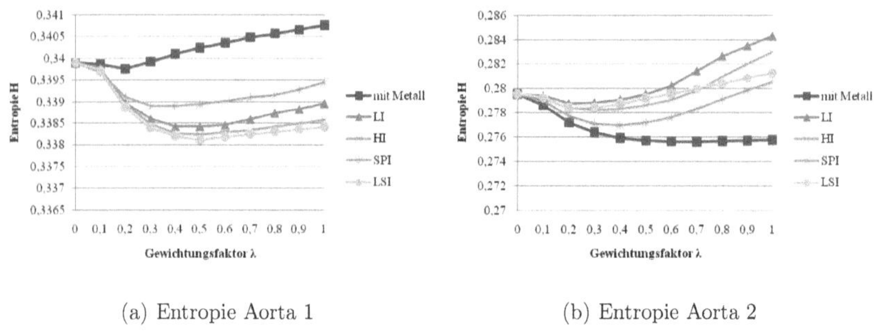

(a) Entropie Aorta 1 (b) Entropie Aorta 2

Abbildung 8.22: Entropie der λ-MAP-Rekonstruktionen nach 1D-Interpolation der Aortendatensätze.

Folgend werden nun entsprechend die Ergebnisse der λ-MAP-Rekonstruktion der 1D-interpolierten Aortendatensätze betrachtet. In Abbildung 8.22 sind die Kurvenverläufe der Entropie für eine unterschiedliche Gewichtungsfaktorwahl λ der beiden Datensätze dargestellt.

Vergleicht man die Ergebnisse der Aorta 1, so ergibt sich die niedrigste Entropie für LSI mit $\lambda = 0,5$ (siehe Abbildung 8.22 (a)). Danach folgt die HI ebenfalls mit $\lambda = 0,5$, die LI sowie die SPI mit $\lambda = 0,4$. Das schlechteste Ergebnis erzielt die Gewichtung der Daten mit Metall. Dabei wird das beste Ergebnis mit einer Gewichtung von $\lambda = 0,2$ erzielt. Die entsprechenden CT-Bilder sind in der ersten Spalte von Abbildung 8.23 dargestellt. Innerhalb der Bilder entstehen wiederum neue Streifenartefakte; die von dem Metall ausgehenden Streifenartefakte können jedoch meist gut reduziert werden.

Anders verhält sich dies bei der Betrachtung des zweiten Aortendatensatzes. Hierbei zeigt sich bereits bei der Betrachtung der Kurvenverläufe der Entropie, dass die Gewichtung der Daten mit Metall das beste Ergebnis erzielt. Die unterschiedlichen 1D-Interpolationen führen jeweils zu höheren Entropien. Die rekonstruierten λ-MAP-Bilder spiegeln dies ebenfalls wider. Durch die unterschiedlichen 1D-Interpolationen entstehen deutliche neue Streifenartefakte, die von dem ursprünglichen Metallobjekt ausgehen und das umliegende Gewebe überlagern. Am geringsten sind diese im Fall der SPI ausgeprägt. Im Fall der Aorta 2 ist mit der 1D-Interpolation insgesamt kein zufriedenstellendes Ergebnis der MAR zu erzielen.

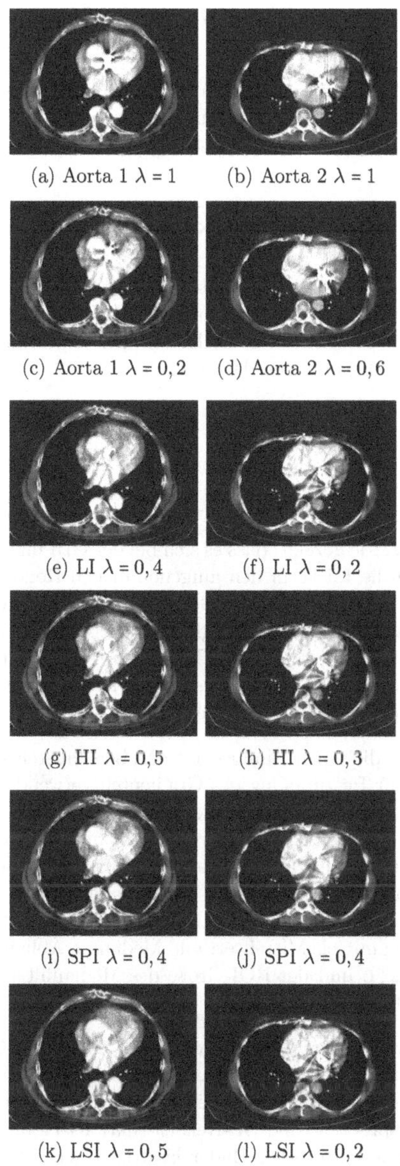

(a) Aorta 1 $\lambda = 1$ (b) Aorta 2 $\lambda = 1$

(c) Aorta 1 $\lambda = 0,2$ (d) Aorta 2 $\lambda = 0,6$

(e) LI $\lambda = 0,4$ (f) LI $\lambda = 0,2$

(g) HI $\lambda = 0,5$ (h) HI $\lambda = 0,3$

(i) SPI $\lambda = 0,4$ (j) SPI $\lambda = 0,4$

(k) LSI $\lambda = 0,5$ (l) LSI $\lambda = 0,2$

Abbildung 8.23: Vergleich der λ-MAP-Ergebnisse der 1D-interpolierten Aortendatensätze.

8.2 Ergebnisse der 1.5D-Interpolation

Die Ergebnisse der 1.5D-Interpolationsverfahren zur Restauration der Sinogrammdaten werden in diesem Kapitel dargestellt. Wie im vorherigen Kapitel werden erst die Ergebnisse der Torsophantomdaten und anschließend die der klinischen Daten betrachtet.

8.2.1 Ergebnisse der Rekonstruktion der Phantomdaten

In diesem Abschnitt werden die Rekonstruktionsergebnisse der 1.5D-Interpolationen, der GBI (Gradienten-basierten-Interpolation) sowie der HBI (Hough-basierten-Interpolation) der Torsophantomdaten präsentiert. Zunächst werden wieder die FBP-Ergebnisse und anschließend die λ-MAP-Ergebnissen dargestellt.

Gefilterte Rückprojektion (FBP)

- **Gradienten-basierte-Interpolation (GBI)**

  In Kapitel 5.3.1 wurde gezeigt, dass es sich bei der GBI um ein iteratives Verfahren handelt, bei dem die Lücke in den aufgenommenen Rohdaten Schritt für Schritt geschlossen wird, basierend auf der Berechnung der Gradienten der umliegenden Projektionen. Dabei gibt es zwei Möglichkeiten, innerhalb einer ROI die Gesamtrichtung aus allen darin enthaltenen Gradienten zu bestimmen. Einerseits ist dies durch die Berechnung des Mittelwertes und andererseits durch die des Medianwertes der enthaltenen Gradienten möglich.

  Die zweite Größe, die einen Einfluss auf den berechneten Gradienten hat, ist die ROI-Größe, die zur Bestimmung des Gradienten verwendet wird. Die ROI-Größe wird hier berechnet in Abhängigkeit der Lückenbreite $\Delta\xi L$ innerhalb einer Projektion unter einem Winkel, multipliziert mit einem Faktor $\in \{0,1; 0,25; 0,75; 1,0\}$. Abschließend werden die so reparierten Sinogramme mit einem Medianoperator gefiltert, um eventuell auftretende Unstetigkeitsstellen zu eliminieren. Die beiden in Abbildung 8.24 dargestellten Grafiken zeigen die unterschiedlichen RMS-Ergebnisse für die Berechnung mittels Mittelwert und Median in Abhängigkeit von der gewählten ROI-Größe $\Delta\xi L$ und der ROI-Größe des Medianfilters, der abschließend zur Glättung der GBI verwendet wird.

  In beiden Fällen wird das beste Ergebnis bei einer ROI-Größe von $0,1 \times \Delta\xi L$ in Kombination mit einer Medianfilterung von 10×10 Pixeln erzielt, wobei die Berechnung mit dem Median geringfügig bessere Resultate hinsichtlich des RMS erreicht. Die entsprechenden FBP-Rekonstruktionsergebnisse sind in Abbildung 8.25 zu sehen. Innerhalb dieser Bilder lässt sich der mit der Medianberechnung erzielte leicht günstigere RMS jedoch optisch kaum erkennen.

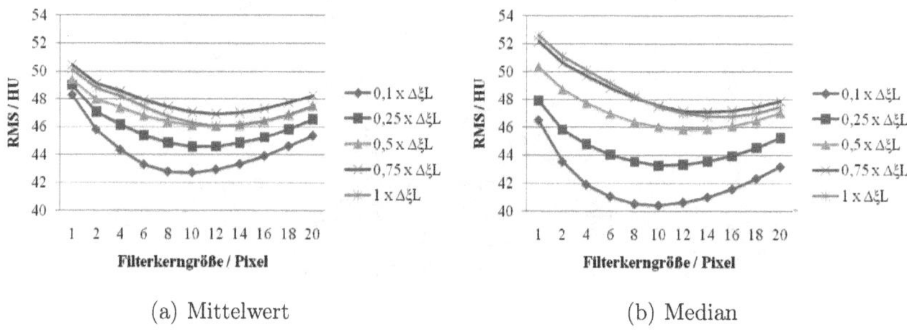

(a) Mittelwert (b) Median

Abbildung 8.24: Vergleich der FBP-Ergebnisse der Gradienten-basierten Interpolation.

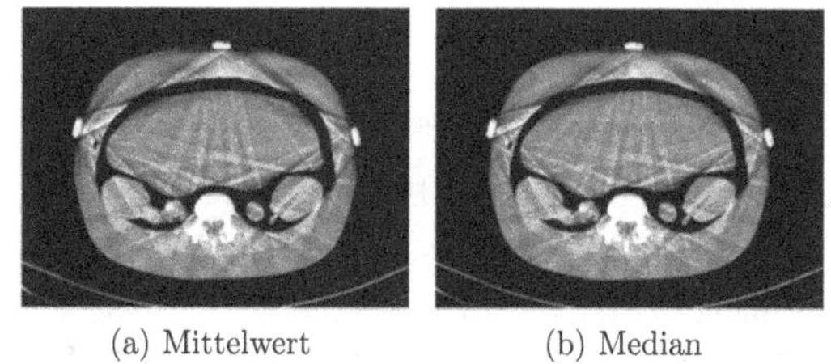

(a) Mittelwert (b) Median

Abbildung 8.25: Vergleich der FBP-Ergebnisse der GBI mit unterschiedlicher Berechnung der Gradientenrichtung; $0,1 \times \Delta\xi$L, ROI-Größe Medianfilter = 10 Pixel.

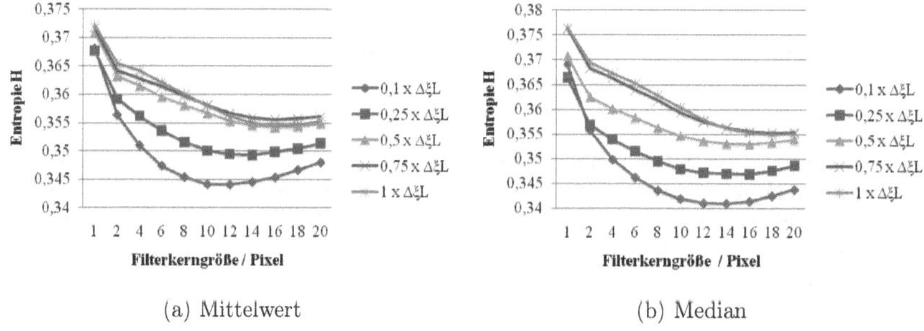

(a) Mittelwert (b) Median

Abbildung 8.26: Entropie der FBP-Ergebnisse der Gradienten-basierten Interpolation.

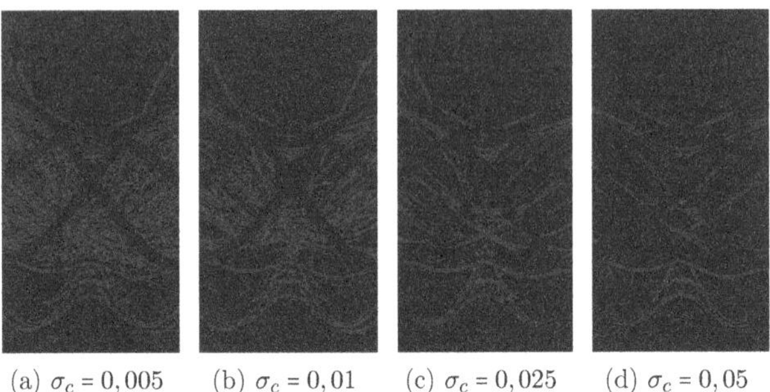

(a) $\sigma_c = 0,005$ (b) $\sigma_c = 0,01$ (c) $\sigma_c = 0,025$ (d) $\sigma_c = 0,05$

Abbildung 8.27: Berechnete Kantensinogramme mit dem Canny-Kantenfilter bei unterschiedlicher Schwellwertwahl σ_c.

Abbildung 8.26 zeigt die Beurteilung der Ergebnisse durch Berechnung der Entropie. Die sich ergebenden Kurvenverläufe sind identisch zu jenen, die mit dem RMS berechnet wurden. Somit ist eine Bewertung der Daten auch hier mit der Entropie möglich und kann im Fall der klinischen Daten angewendet werden.

- **Hough-basierte-Interpolation (HBI)**

Die zweite 1.5D-Interpolationsmethode stellt die in Kapitel 5.3.2 vorgestellte HBI dar. Zur Berechnung der Interpolationsrichtung wird hier der Verlauf der die Lücke umgebenden Kanten verwendet. Zur optimalen Bestimmung der Kanten werden zunächst vier unterschiedliche Kantensinogramme (siehe Abbildung 8.27) mit dem Canny-Kantendetektor bei einer Schwellwertwahl von $\sigma_c \in \{0,005; 0,01; 0,025; 0,05\}$[17] bestimmt.

Mit Hilfe dieser Kantensinogramme werden dann entsprechend des Verfahrens der HBI aus Kapitel 5.3.2 die Lücken in den aufgenommenen Rohdaten geschlossen.

Wie auch bei der GBI, wird hierbei die ROI-Größe des verwendeten Kantensinogrammausschnittes festgelegt durch die Lückenbreite $\Delta\xi L$ innerhalb der entsprechenden Projektion multipliziert mit einem ganzzahligen Vielfachen.

Die zweite frei zu wählende Variable innerhalb der Berechnung ist der Abstand in Detektorelementen innerhalb des durch Vorwärtsprojektion berechneten Sinogrammes zum Detektormittelpunkt ξ_0. Innerhalb dieses so festgelegten Bereiches wird folgend das Maximum bestimmt, dessen Position dem Winkel entspricht, unter dem anschließend interpoliert wird.

Insgesamt werden zwei verschiedene Vorgehensweisen unterschieden. Einerseits kann die Lücke wie bei der GBI iterativ geschlossen werden. Andererseits kann

[17] Hierbei handelt es sich um experimentell ermittelte Werte.

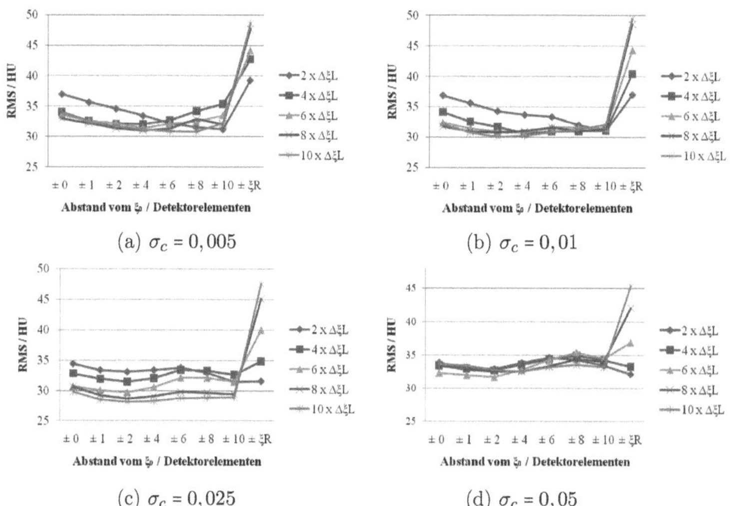

(a) $\sigma_c = 0,005$ (b) $\sigma_c = 0,01$

(c) $\sigma_c = 0,025$ (d) $\sigma_c = 0,05$

Abbildung 8.28: RMS der FBP-Ergebnisse bei iterativer Berechnung der Hough-basierten Interpolation.

das Füllen in einem Schritt erfolgen, wobei verbleibende Lücken anschließend mit Hilfe der anisotropen Diffusion gefüllt werden.

In Abbildung 8.28 ist das Ergebnis der RMS-Berechnung für den iterativen Fall dargestellt. Die Größe ξR bei der Berechnung der Breite der ROI innerhalb der das Maximum bestimmt wird, entspricht der Hälfte der Gesamtdetektoranzahl im vorwärtsprojizierten Sinogramm. Dies bedeutet, dass in diesem Fall das gesamte Sinogramm zur Suche des Maximums verwendet wird. In Kapitel 5.3.2 wurde bereits gezeigt, dass diese Vorgehensweise zu Fehlern führen kann. Dies zeigt sich auch bei Betrachtung der unterschiedlichen Graphen für die verschiedenen Schwellwerte σ_c. Bezieht man die Gesamtgröße des Sinogrammes $2 \times \xi$R in die Berechnung des Maximums zur Winkelbestimmung mit ein, so führt dies in allen Fällen zum Anstieg des RMS und damit zu den jeweils schlechtesten Ergebnissen. Aus diesem Grund wird im Folgenden auf die Verwendung der Gesamtsinogrammgröße bei der Bestimmung des Maximums verzichtet, da diese Vorgehensweise regelmäßig zu keinem zufriedenstellenden Ergebnis führt.

Insgesamt ist zu sehen, dass die geringste Abweichung in HU hier bei einer Wahl von $\sigma_c = 0,025$, einer ROI-Größe des Kantensinogrammausschnittes von $10 \times \Delta \xi$L und einem Abstand von ξ_0 von ± 2 Pixeln erreicht wird.

Um hier die Vergleichbarkeit der Entropieergebnisse sicherzustellen, zeigt Abbil-

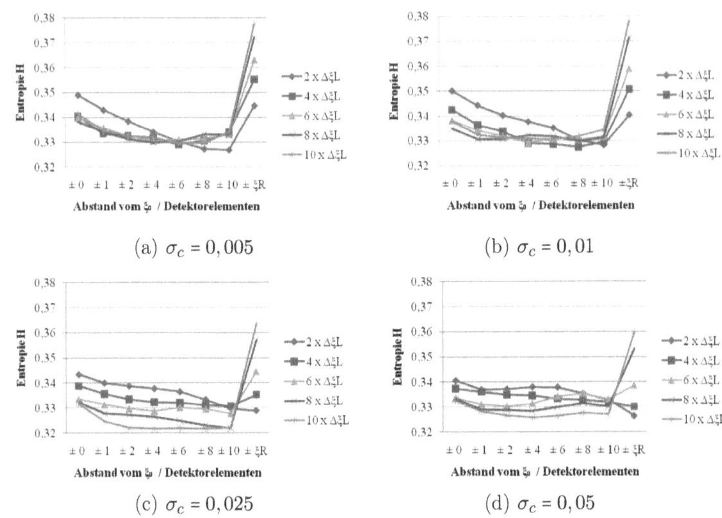

(a) $\sigma_c = 0,005$ (b) $\sigma_c = 0,01$

(c) $\sigma_c = 0,025$ (d) $\sigma_c = 0,05$

Abbildung 8.29: Entropie der FBP-Ergebnisse bei iterativer Berechnung der Hough-basierten Interpolation.

dung 8.29 die entsprechende Entropieberechnung für das iterative Schließen der Lücke. Auch hier ergeben sich identische Kurvenverläufe zu den RMS-Ergebnissen, so dass ebenfalls die Entropie zur Bestimmung der verschiedenen Parameter im klinischen Fall verwendet werden kann.

Die Ergebnisse der RMS-Berechnung für das Füllen der Lücke in einem Schritt sind in Analogie zu jenen der iterativen Vorgehensweise in Abbildung 8.30 dargestellt. Die geringste Abweichung in HU ergibt sich hier bei folgender Wahl der Parameter: Schwellwert $\sigma_c = 0,01$, ROI-Größe $10 \times \Delta\xi L$ und Abstand von ± 4 Detektorelementen vom Detektormittelpunkt ξ_0.

Vergleicht man die jeweils besten FBP-Ergebnisse für die unterschiedlichen Schwellwerte σ_c beider Verfahren (siehe Abbildung 8.31 für die iterative Vorgehensweise und Abbildung 8.32 für das Schließen der Lücke in einem Schritt), so zeigt sich, dass bei oben genannter Kombination der Parameter das optisch beste Resultat mit den wenigsten Artefakten zu sehen ist. Das iterative Verfahren ist dem des Schließens der Lücke in einem Schritt im Vergleich überlegen. Hierbei ergeben sich weniger neue Streifenartefakte im Bild. Daher wird von nun an die iterative Vorgehensweise verwendet, um die Lücke der inkonsistenten Projektion mit der HBI zu schließen.

Um zusätzlich einzelne Ausreißer zu unterdrücken, wurde das beste Ergebnis, er-

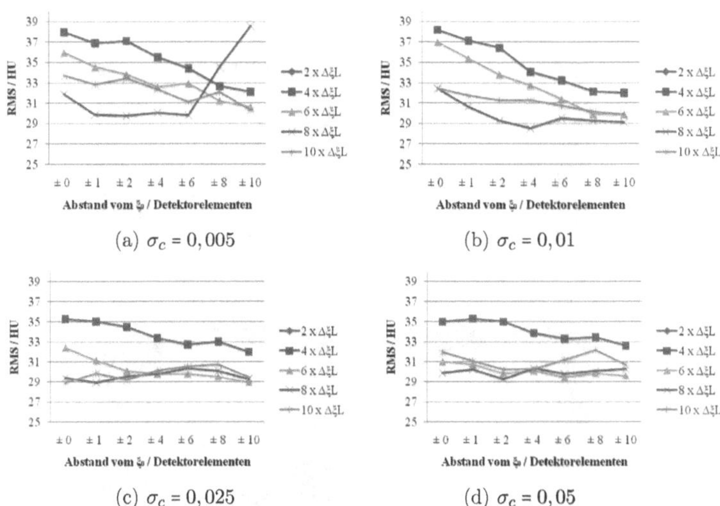

(a) $\sigma_c = 0,005$

(b) $\sigma_c = 0,01$

(c) $\sigma_c = 0,025$

(d) $\sigma_c = 0,05$

Abbildung 8.30: RMS der FBP-Ergebnisse bei Berechnung der Hough-basierten Interpolation in einem Schritt.

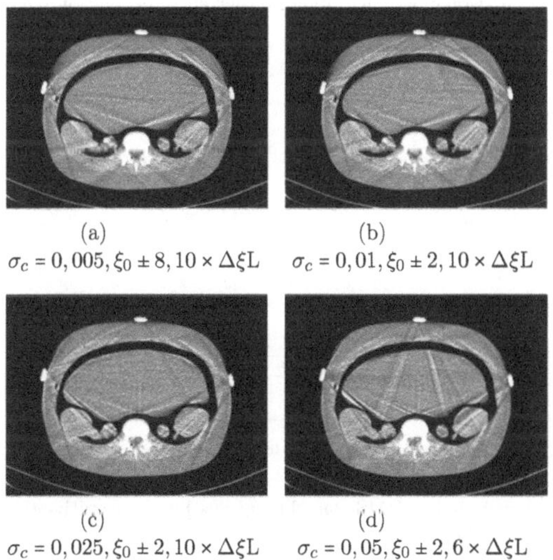

(a) $\sigma_c = 0,005, \xi_0 \pm 8, 10 \times \Delta\xi\text{L}$

(b) $\sigma_c = 0,01, \xi_0 \pm 2, 10 \times \Delta\xi\text{L}$

(c) $\sigma_c = 0,025, \xi_0 \pm 2, 10 \times \Delta\xi\text{L}$

(d) $\sigma_c = 0,05, \xi_0 \pm 2, 6 \times \Delta\xi\text{L}$

Abbildung 8.31: FBP-Ergebnisse der iterativen Hough-basierten Interpolation.

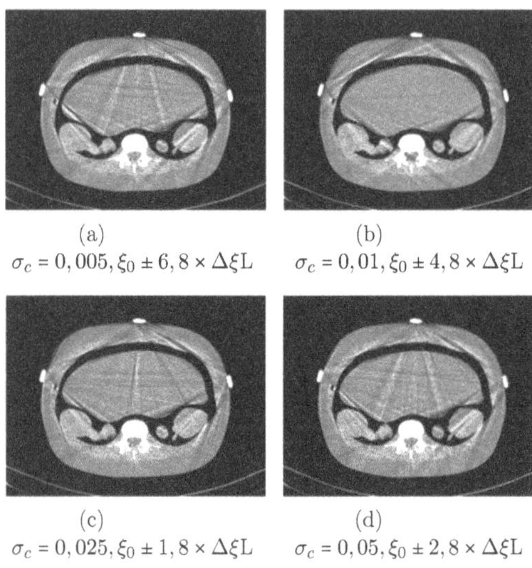

(a) $\sigma_c = 0,005, \xi_0 \pm 6,8 \times \Delta\xi\mathrm{L}$

(b) $\sigma_c = 0,01, \xi_0 \pm 4,8 \times \Delta\xi\mathrm{L}$

(c) $\sigma_c = 0,025, \xi_0 \pm 1,8 \times \Delta\xi\mathrm{L}$

(d) $\sigma_c = 0,05, \xi_0 \pm 2,8 \times \Delta\xi\mathrm{L}$

Abbildung 8.32: FBP-Ergebnisse der Hough-basierten Interpolation bei einer Berechnung in einem Schritt.

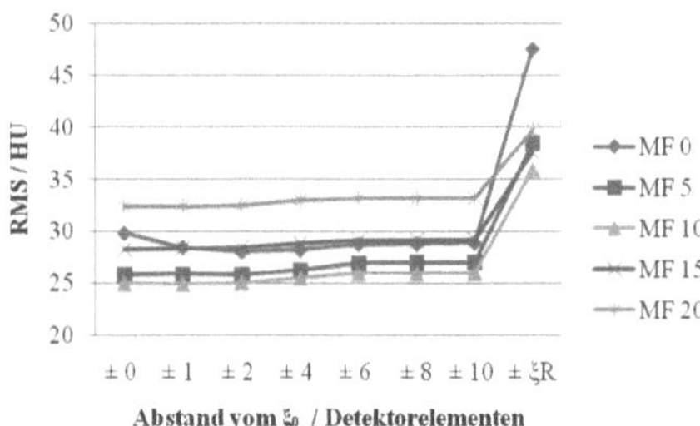

Abbildung 8.33: Ergebnis der RMS-Berechnung des besten iterativen HBI-Ergebnisses mit zusätzlicher Medianfilterung.

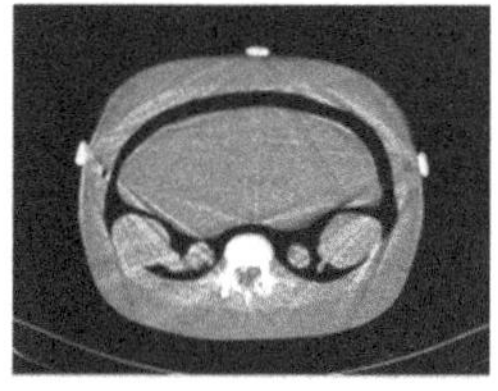
(a) ohne MF10

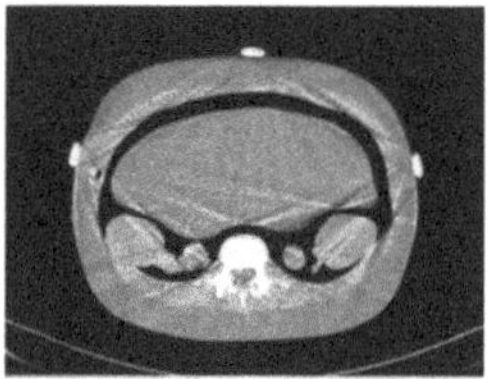
(b) mit MF10

Abbildung 8.34: FBP-Ergebnisse der HBI (a) ohne und (b) mit Medianfilterung (MF10).

zielt mit der iterativen HBI zusätzlich abschließend noch einer Medianfilterung unterzogen. Hierbei wurden Medianfilter (MF) mit Filterkerngrößen$\in \{0, 5, 10, 15, 20\}$ Pixeln verwendet. Eine Filterkerngröße von 0 MF entspricht dabei dem Verzicht auf die Filterung[18].

Das Ergebnis der RMS-Berechnung des besten iterativen HBI-Ergebnisses mit zusätzlicher Filterung ist in Abbildung 8.33 zu sehen. Es zeigt sich, dass durch eine zusätzliche Medianfilterung mit einer Filterkerngröße von 10×10 Pixeln das Endergebnis noch zusätzlich verbessert werden kann. Die entsprechenden FBP-Rekonstruktionen der reparierten HBI-Daten ohne und mit MF sind in Abbildung 8.34 zu sehen. Im direkten Vergleich zeigt sich, dass die kleinen feinen Streifen in Abbildung 8.34 (a) nach der Filterung (b) reduziert werden können.

λ-MAP

Die berechneten RMS-Ergebnisse der λ-MAP-Rekonstruktion bei Verwendug eines generalisierten Geman-Priors mit $\varepsilon = 3$ nach 1.5D-Interpolation der Torsophantomdaten sind in Abbildung 8.35(a) im Vergleich zu dem besten Ergebnis der 1D-Interpolation (LSI) und den Daten mit Metallmarkern sowie dem Referenzdatensatz abgebildet. Hierbei zeigt sich, dass die GBI in ihren Ergebnissen schlechter abschneidet als die LSI. Im Gegensatz hierzu kann mit der HBI ein deutlich besseres Ergebnis als mit der LSI erreicht werden.

Das beste Resultat wird hierbei mit der GBI bei $\lambda = 0,4$ und mit HBI bei einer Wahl von $\lambda = 0,6$ erzielt. Die MAP-Ergebisse der 1.5D-Interpolationen für die jeweils günstigste Wahl des Gewichtungsfaktors λ mit dem generalisierten Geman-Prior sind in Abbildung 8.36 zu sehen.

[18] An dieser Stelle sei darauf hingewiesen, dass nur eine Filterung der mit der HBI neu berechneten Daten stattfindet.

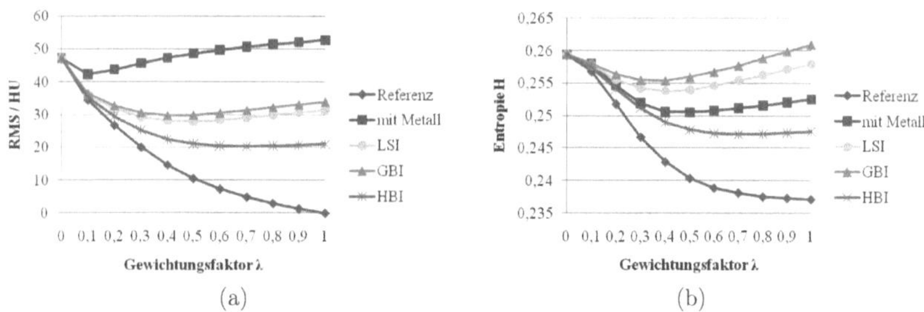

Abbildung 8.35: RMS und Entropie der λ-MAP-Ergebnisse für die 1.5D-Interpolationen im Vergleich zum besten 1D-Interpolationsergebnis (LSI) sowie der Referenz und den rekonstruierten Torsophantomdaten mit drei Markern.

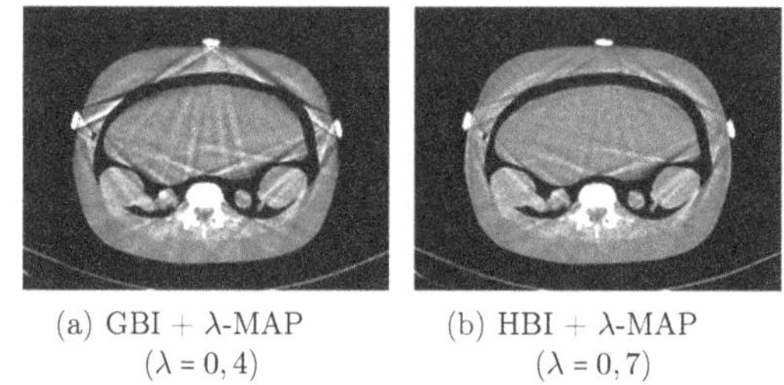

(a) GBI + λ-MAP ($\lambda = 0,4$) (b) HBI + λ-MAP ($\lambda = 0,7$)

Abbildung 8.36: λ-MAP-Ergebnisse der 1.5D-Interpolationen für die jeweils beste Wahl des Gewichtungsfaktors λ; (Aufnahmeparameter: 110 kV, 60 mAs, 1 mm) WL:-200 HU, WW:600 HU.

8.2.2 Ergebnisse der Rekonstruktion der klinischen Datensätze

In diesem Kapitel werden die Ergebnisse der 1.5D-interpolierten klinischen Daten betrachtet. Hierbei werden zunächst die FBP- und anschließend die λ-MAP-Rekonstruktion dargestellt.

Gefilterte Rückprojektion (FBP)

- **Gradienten-basierte-Interpolation (GBI)** Die FBP-Ergebnisse der klinischen Daten der GBI werden in gleicher Weise wie die der Torsophantomdaten betrachtet. Es wurden ebenfalls die ROI-Größe der Bereiche, die zur Ermittlung des Gradienten verwendet werden, sowie die Medianfiltergröße, die zur abschließenden Filterung verwendet wird, variiert. Die unterschiedliche Berechnung der Gradientenrichtung mit dem Median und dem Mittelwert wurde auf die Berechnung mit dem Median reduziert, da sich im Fall der Torsophantomdaten bereits gezeigt hat, dass diese zu qualitativ besseren Ergebnissen führt. Die Entropieberechnungen der FBP-Ergebnisse aller betrachteten klinischen Datensätze ist in Abbildung 8.37 dargestellt. Im Fall der Hüfte 1 und 2 wurde die Größe des Medianfilters bis zu einer Filtergröße von 30 × 30 Pixeln erweitert, da sich erst dann eine Konvergenz der Ergebnisse erkennen lässt. Dies ist auf die Größe der Lücke innerhalb der Projektionsdaten in diesen beiden Datensätzen zurück zu führen. Die Hüftprothesen in diesen beiden Beispielen haben einen größeren Durchmesser als die Metallobjekte in den übrigen Datensätzen und daher wird hier eine größere Filterkerngröße benötigt als in den übrigen Fällen, um eventuell auftretende Ausreißer zu eliminieren. Tabelle 8.1 stellt die maximale Breite der Lücken $\Delta\xi L_{max}$ der unterschiedlichen

Tabelle 8.1: Maximale Breite der Lücke der inkonsistenten Projektionen $\Delta\xi L_{max}$ innerhalb der klinischen Projektionsdaten.

Datensatz	Hüfte 1	Hüfte 2	Hüfte 3	Hüfte 4	Aorta 1	Aorta 2
$\Delta\xi L_{max}$	108	146	70	24	54	58

klinischen Datensätze zur besseren Vorstellung der Lückengröße dar. In allen klinischen Datensätzen wird das beste Ergebnis bei einer ROI-Größe von $0.1 \times \Delta\xi L$ erzielt (siehe Abbildung 8.37). Bei der Hüfte 1 und 2 wird eine Medianfiltergröße von 30 × 30 Pixeln benötigt und in den anderen klinischen Datensätzen eine Medianfiltergröße von 10 × 10 Pixeln (siehe Abbildung 8.37). Die FBP-Bilder der verschiedenen klinischen Datensätze nach vorheriger GBI mit den oben als bestmöglichen Parametern ermittelten Werten sind in Abbildung 8.38 dargestellt. Wie auch bei den Torsophantomdaten entstehen neue Artefakte im Bild und es kann kein vollständig zufriedenstellendes Endergebnis erzielt werden. Das beste Ergebnis der GBI wird bei der Hüfte 4 erzielt. Dieses Resultat ist jedoch auf die kleine Größe des Metallobjektes innerhalb der Daten zurückzuführen. Es muss hierbei nur eine vergleichsweise kleine Lücke geschlossen werden.

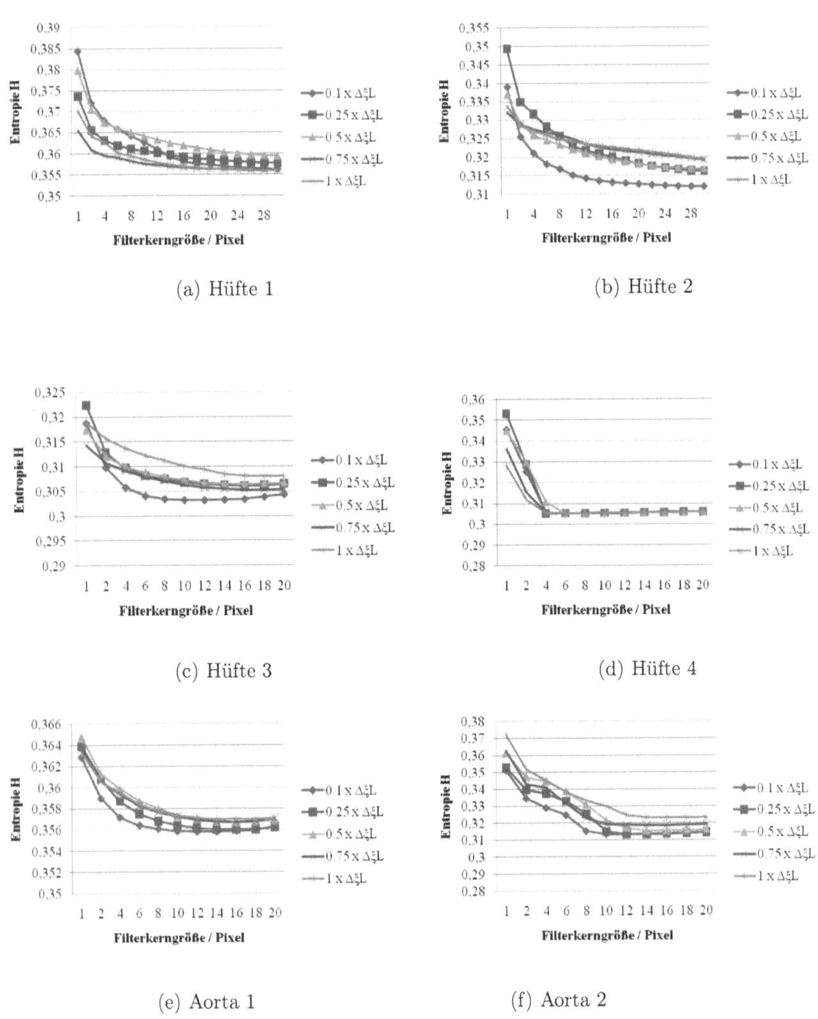

Abbildung 8.37: Entropie der FBP-Rekonstruktionen der GBI der klinische Datensätze.

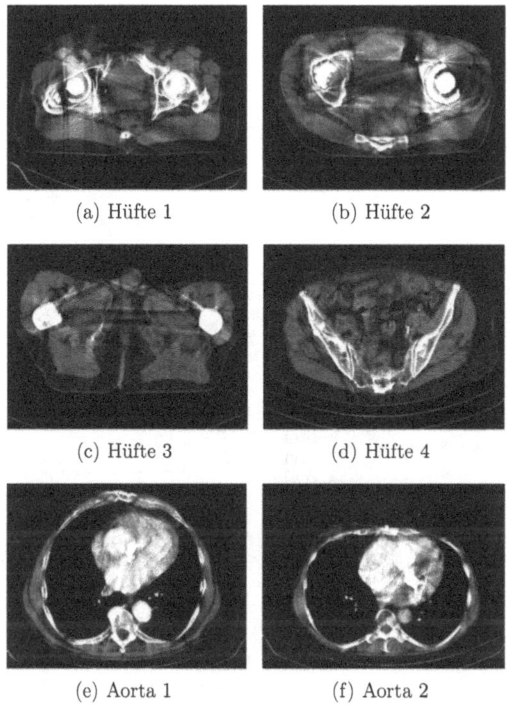

(a) Hüfte 1 (b) Hüfte 2

(c) Hüfte 3 (d) Hüfte 4

(e) Aorta 1 (f) Aorta 2

Abbildung 8.38: FBP-Ergebnisse der GBI bei geeigneter Medianfiltergröße.

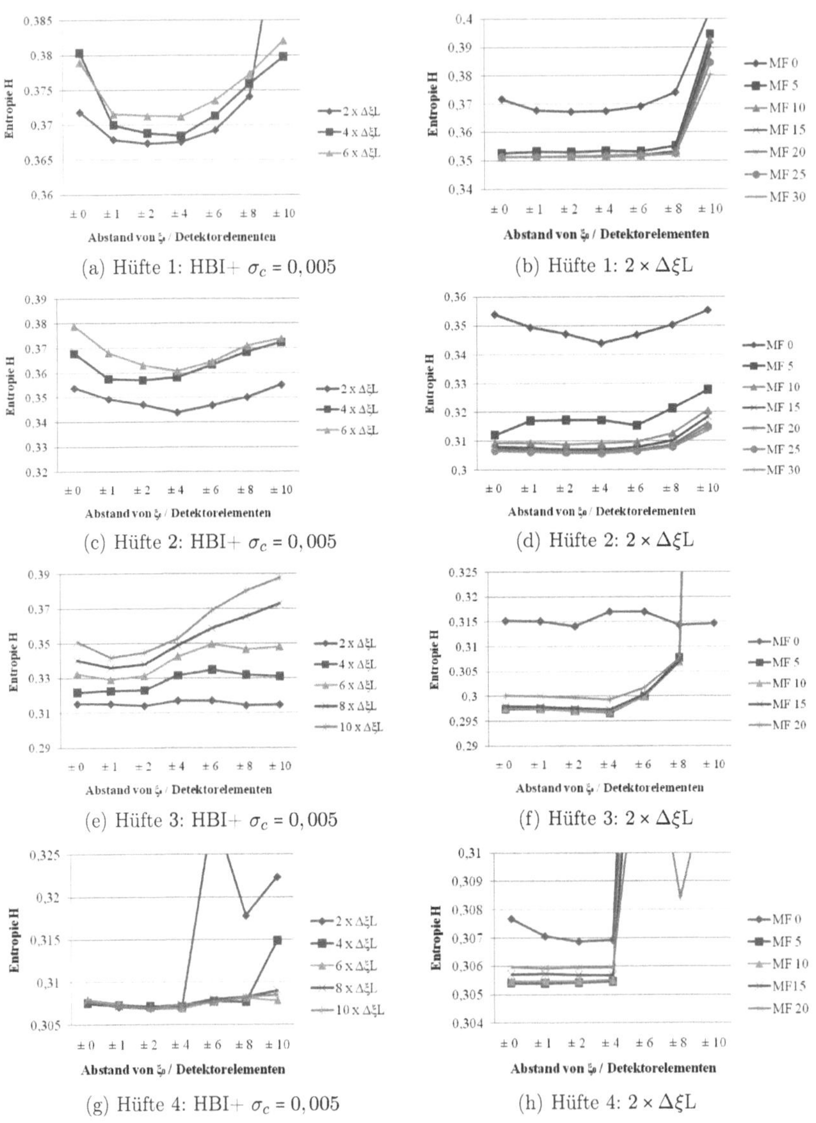

(a) Hüfte 1: HBI+ $\sigma_c = 0,005$

(b) Hüfte 1: $2 \times \Delta\xi$L

(c) Hüfte 2: HBI+ $\sigma_c = 0,005$

(d) Hüfte 2: $2 \times \Delta\xi$L

(e) Hüfte 3: HBI+ $\sigma_c = 0,005$

(f) Hüfte 3: $2 \times \Delta\xi$L

(g) Hüfte 4: HBI+ $\sigma_c = 0,005$

(h) Hüfte 4: $2 \times \Delta\xi$L

Abbildung 8.39: Entropie der FBP-Rekonstruktionen der HBI der Hüftdatensätze bei einer Schwellwertwahl von $\sigma_c = 0,005$ (linke Spalte) und dem Ergebnis der Medianfilterung des jeweils besten Ergebnisses (rechte Spalte).

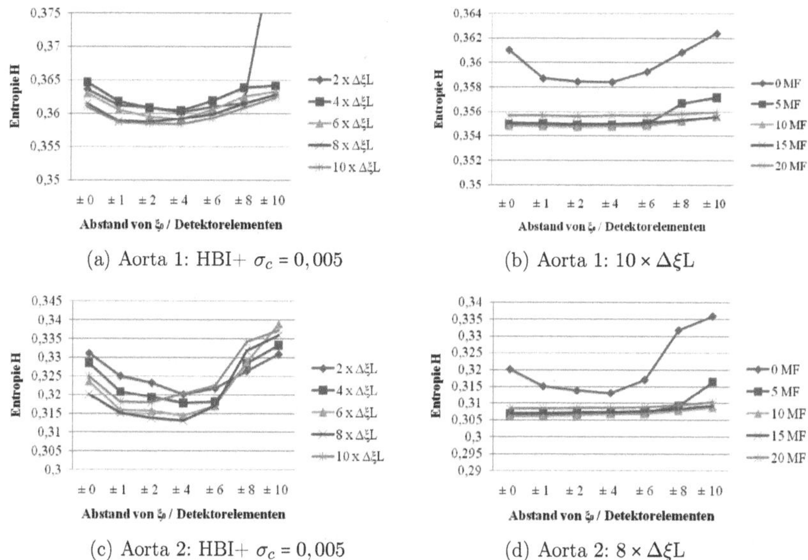

(a) Aorta 1: HBI+ $\sigma_c = 0,005$

(b) Aorta 1: $10 \times \Delta\xi L$

(c) Aorta 2: HBI+ $\sigma_c = 0,005$

(d) Aorta 2: $8 \times \Delta\xi L$

Abbildung 8.40: Entropie der FBP-Rekonstruktionen der HBI der Aortendatensätze bei einer Schwellwertwahl von $\sigma_c = 0,005$ (linke Spalte) und dem Ergebnis der Medianfilterung des jeweils besten Ergebnisses (rechte Spalte).

- **Hough-basierte-Interpolation (HBI)**

Die Auswertung der HBI erfolgt ebenfalls in Analogie zu der der Torsophantomdaten. Zunächst wurden die Kantensinogramme der einzelnen klinischen Datensätze bei unterschiedlicher Schwellwertwahl σ_c entsprechend berechnet. Mit Hilfe dieser wurden im Anschluss die HBIs der Datensätze bei unterschiedlicher Wahl der ROI-Größe und des Abstandes vom Detektormittelpunkt ermittelt.

Die besten Ergebnisse im Fall aller klinischen Datensätze wurde hierbei mit einem Schwellwert von $\sigma_c = 0,005$ erreicht. Die abweichende Höhe des Schwellwertes σ_c im Vergleich zu den Torsophantomdaten, bei denen dieser bei $\sigma_c = 0,025$ lag, ist vermutlich darauf zurückzuführen, dass in den klinischen Datensätzen wesentlich mehr Strukturinformationen enthalten sind als in den Torsophantomdaten. Daher scheint hier ein niedrigerer Schwellwert die sinnvollere Wahl darzustellen, da hiermit mehr Kantendetails in den Sinogrammen und damit auch Informationen über das Bild enthalten sind. Die genaue Ursache bedarf jedoch einer zusätzlichen detaillierten Untersuchung mit einer Vielzahl unterschiedlicher klinischer Datensätze.

Die jeweiligen Entropiekurven für den Schwellwert $\sigma_c = 0,005$ der Hüftdatensätze sind in Abbildung 8.39 (a), (c), (e) und (g) dargestellt.

Die ROI-Größe, die in den einzelnen Fällen zu dem niedrigsten Entropieergebnis führte (in allen Hüftdatensätzen entspricht dies einer ROI-Größe von $2 \times \Delta\xi L$), wurde wie im Fall der GBI anschließend mit einer Medianfilterung beaufschlagt. Der Grund hierfür liegt wiederum in der Elimination von potenziell auftretenden Ausreißern bei der Berechnung der HBI. Die Medianfiltergröße wurde hierbei zwischen $MF \in \{0,5,10,15,20\}$ Pixel variiert, bzw. für die Hüften 1 und 2 auf Grund der Lückengröße ebenfalls noch mit $MF \in \{25,30\}$ Pixeln geglättet. Die Ergebnisse dieser Entropieberechnungen zeigen die Kurvenverläufe in den Abbildungen 8.39 (b), (d), (f) und (h).

In allen Beispielen zeigt sich, dass eine zusätzliche Medianfilterung das Endergebnis noch verbessert. So führt bei der Hüfte 1 eine Medianfilterung mit 20 MF, der Hüfte 2 mit 25 MF und der Hüften 3 und 4 mit 5 MF zu den besten Resultaten.

Entsprechend werden die Berechnungen mit den Aortendatensätzen durchgeführt. Die Ergebnisse der Entropieberechnung für $\sigma_c = 0,005$ sind in den Abbildungen 8.40 (a) für Aorta 1 und (c) für Aorta 2 zu sehen. Diejenigen der jeweils besten ROI-Größen in Kombination mit der anschließenden Medianfilterung sind in den Abbildungen 8.40 (b) und (d) dargestellt. Eine zusätzliche Medianfilterung von je 10 MF führt hierbei in beiden Datensätzen zur niedrigsten Entropie.

Abweichend ist hier im Vergleich zu den Hüftdatensätzen die ermittelte bestmögliche ROI-Größe. Diese liegt bei der Aorta 1 bei $10 \times \Delta\xi L$ und bei der Aorta 2 bei $8 \times \Delta\xi L$. Diese sind wiederum mit der ROI-Größe bei den Torsophantomdaten vergleichbar, bei denen das beste Resultat bei $10 \times \Delta\xi L$ erzielt wurde. Auch hier scheint somit die betrachtete Körperregion einen Einfluss auf die Wahl der ROI-Größe zu haben. Die Lückenbreite $\Delta\xi L$ scheint hingegen keine Rolle zu spielen, wie sich innerhalb der Betrachtung der Hüftdatensätze zeigt.

Die günstigste Wahl des Abstandes zum Detektormittelpunkt ξ_0 variiert ebenfalls innerhalb der verschiedenen klinischen Datensätze. So wird bei der Hüfte 1 und 4 das beste Ergebnis für einen Abstand von ±0 sowie für die Hüfte 2 und 3 von ±4 Detektorelementen erzielt. Bei den Aortendatensätzen ergibt sich für Aorta 1 ein Abstand von ±2 und für Aorta 2 von ±0. Es ergibt sich somit insgesamt, dass bei den unterschiedlichen Datensätzen eine Abstand von ±0bis ± 4 Detektorelementen als sinnvoll anzusehen ist.

Die jeweils besten Ergebnisse der HBI bezüglich der ROI-Größe, des Abstandes zum Detektormittelpunkt ξ_0 und des MF wurden abschließend mit der FBP rekonstruiert. Diese FBP-CT-Bilder sind in Abbildung 8.41 zu sehen.

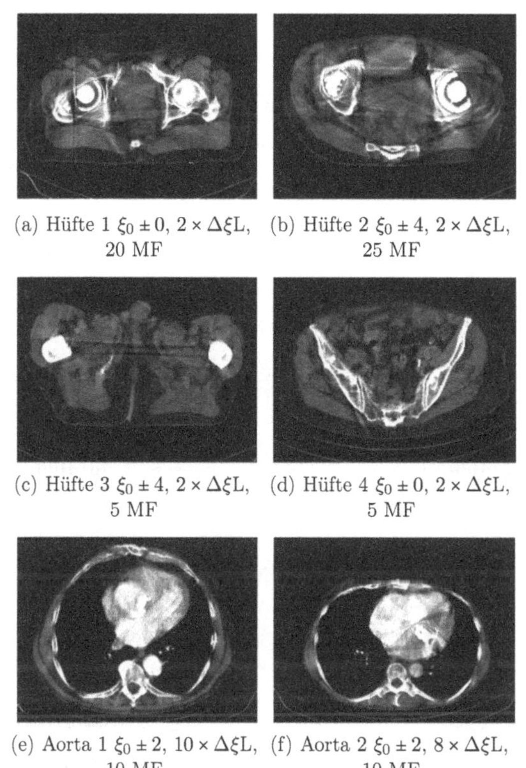

(a) Hüfte 1 $\xi_0 \pm 0$, $2 \times \Delta\xi$L, 20 MF

(b) Hüfte 2 $\xi_0 \pm 4$, $2 \times \Delta\xi$L, 25 MF

(c) Hüfte 3 $\xi_0 \pm 4$, $2 \times \Delta\xi$L, 5 MF

(d) Hüfte 4 $\xi_0 \pm 0$, $2 \times \Delta\xi$L, 5 MF

(e) Aorta 1 $\xi_0 \pm 2$, $10 \times \Delta\xi$L, 10 MF

(f) Aorta 2 $\xi_0 \pm 2$, $8 \times \Delta\xi$L, 10 MF

Abbildung 8.41: FBP-Ergebnisse der HBI der klinischen Datensätze.

λ-MAP

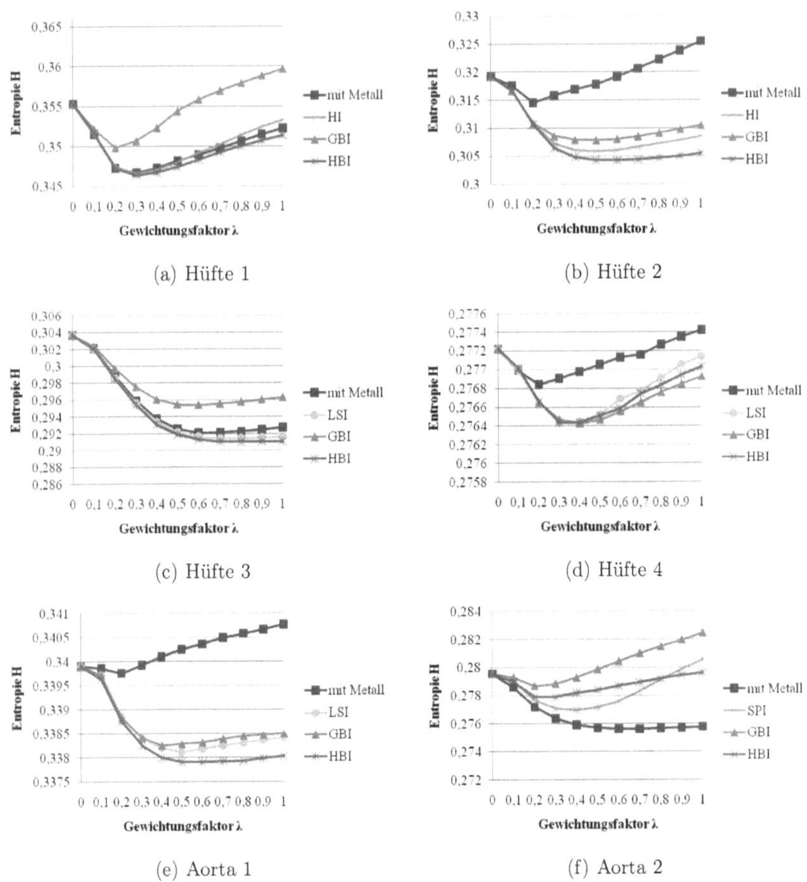

(a) Hüfte 1 (b) Hüfte 2

(c) Hüfte 3 (d) Hüfte 4

(e) Aorta 1 (f) Aorta 2

Abbildung 8.42: Entropie der λ-MAP-Ergebnisse der klinischen Datensätze nach 1.5D-Interpolation.

Die im vorangegangenen Abschnitt ermittelten besten Ergebnisse der GBI und der HBI werden nun mit dem λ-MAP-Algorithmus rekonstruiert. Von diesen λ-MAP-Rekonstruktionen wird dann wiederum die Entropie berechnet. Die Ergebniskurven dieser Berechnungen im Vergleich zu den 1D-Ergebnissen sind in Abbildung 8.42 dargestellt. Um ein Gefühl für die Ergebnisse der 1.5D-Interpolationen im Vergleich zu den bisherigen berechneten 1D-Ergebnissen zu bekommen, wurden ebenfalls die besten 1D-Ergebnisse der einzelnen Datensätze sowie der Ergebnisse der Daten mit Metall abgebildet. Es zeigt sich, dass die GBI auch hier, wie bei der FBP, zu keinem zufriedenstellenden Ergebnis führt. Zurückzuführen ist dieses Resultat vermutlich auf die abschließende Glättung der Daten mit der Medianfilterung. Ein Medianfilter besitzt zwar die Eigenschaft, vorhandene Kanten zu erhalten, jedoch werden schwache Kanten ab einer gewissen Größe des Filters ebenfalls unterdrückt. Dies führt hier dazu, dass die Ergebnisse sich immer mehr denen der LI angleichen und die eigentlich gewonnene Information wieder verloren geht. Im Gegensatz hierzu liefert die HBI in vier von sechs Situationen das beste Ergebnis (Hüfte 1, 2 und 3 sowie Aorta 1) im Vergleich aller Verfahren, in einer Situation ein zu dem besten Ergebnis vergleichbares Resultat (Hüfte 4) und nur in einem Fall kann die HBI nicht überzeugen (Aorta 2).

Betrachtet man die Entropiekurven für die GBI und die HBI der Hüftdatensätze (siehe Abbildung 8.43), so führt bei der Hüfte 1 eine Wahl von $\lambda = 0,2$ für die GBI und $\lambda = 0,3$ für die HBI, bei der Hüfte 2 von $\lambda = 0,5$ für die GBI und HBI, bei der Hüfte 3 von $\lambda = 0,6$ für die GBI und von $\lambda = 0,8$ für die HBI und für die Hüfte 4 von $\lambda = 0,4$ für die GBI und von $\lambda = 0,3$ für die HBI jeweils zu dem besten Resultat. Bei den Aortendatensätzen (siehe Abbildung 8.44) ergibt sich eine optimale Wahl von $\lambda = 0,4$ für die GBI und $\lambda = 0,6$ für die HBI im Fall von Aorta 1 und von $\lambda = 0,2$ für GBI und $\lambda = 0,3$ für die HBI bei Aorta 2.

Die λ-MAP-Rekonstruktionen der GBI und der HBI mit der jeweils besten Wahl des Gewichtungsfaktors λ für die Hüftdatensätze sind in Abbildung 8.43 und für die Aortendatensätze in Abbildung 8.44 zu sehen. Im Vergleich der 1.5D-Interpolationen untereinander ist das Ergebnis der HBI dem der GBI visuell überlegen.

8.3 Ergebnisse der 2D-Interpolation

Dieses Kapitel stellt die Ergebnisse der Sinogrammrestauration mit Hilfe der PDE-basierten 2D-Interpolationen vor. Es werden jeweils die Resultate des IIs nach Bertalmio (siehe Kapitel 5.4.1.1), der ρ-CDD (siehe Kapitel 5.4.1.3) und des EE (siehe Kapitel 5.4.1.5) gegenübergestellt. Auf die Darstellung der CDD-Ergebnisse (siehe Kapitel 5.4.1.3) wird an dieser Stelle aufgrund der darin enthaltenen Treppenartefakte und der dadurch bedingten schlechten Ergebnisse verzichtet. Insgesamt wurden somit drei verschiedene PDE-basierte Verfahren getestet: II, ρ-CDD und EE. Die Berechnung der PDE-basierten Verfahren wurde dabei für fünf verschiedene Ausgangssituationen betrachtet, d.h. die iterativen Verfahren wurden mit unterschiedlich gefüllten Lücken innerhalb der Sinogramme gestartet. Dabei wurde wie folgt vorgegangen: Fall 1: die Spur der inkonsistenten Projektionen wurde auf null gesetzt, Fall 2: die inkonsistenten Daten wurden nicht entfernt, Fall 3: die Lücke wurde im Vorfeld durch das Vorwissen „Luft“, Fall 4: durch das Vorwissen „Knochen“ und Fall 5: durch das Vorwissen „Wasser“ gefüllt.

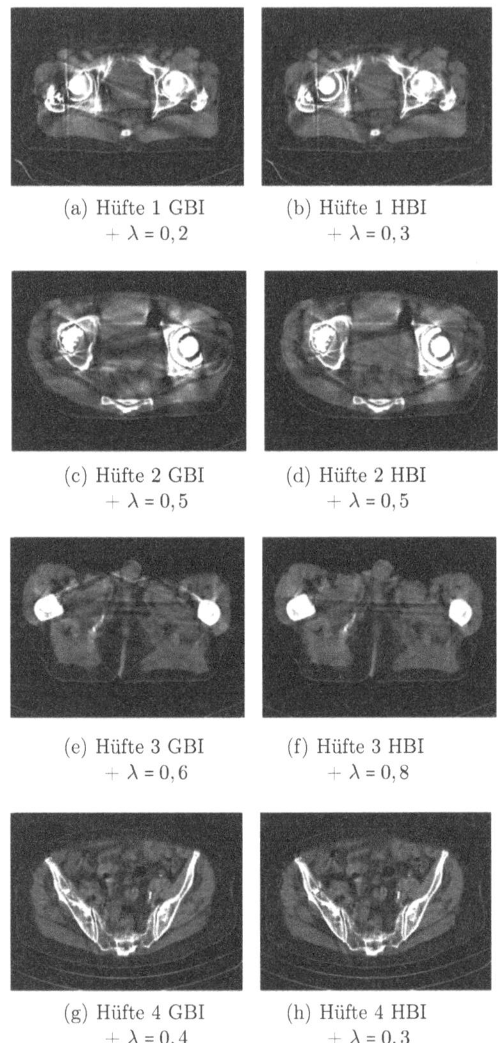

(a) Hüfte 1 GBI + $\lambda = 0,2$

(b) Hüfte 1 HBI + $\lambda = 0,3$

(c) Hüfte 2 GBI + $\lambda = 0,5$

(d) Hüfte 2 HBI + $\lambda = 0,5$

(e) Hüfte 3 GBI + $\lambda = 0,6$

(f) Hüfte 3 HBI + $\lambda = 0,8$

(g) Hüfte 4 GBI + $\lambda = 0,4$

(h) Hüfte 4 HBI + $\lambda = 0,3$

Abbildung 8.43: λ-MAP-Ergebnisse der GBI (linke Spalte) und der HBI (rechte Spalte) der Hüftdatensätze.

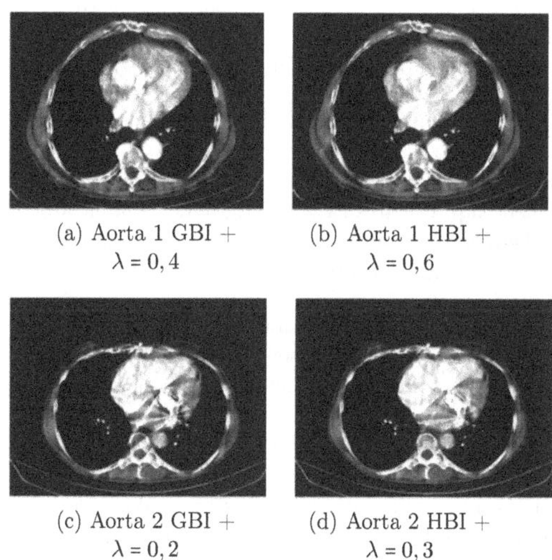

(a) Aorta 1 GBI + $\lambda = 0,4$

(b) Aorta 1 HBI + $\lambda = 0,6$

(c) Aorta 2 GBI + $\lambda = 0,2$

(d) Aorta 2 HBI + $\lambda = 0,3$

Abbildung 8.44: λ-MAP-Ergebnisse der GBI (linke Spalte) und der HBI (rechte Spalte) der Aortendatensätze.

Die Bezeichnungen innerhalb der Klammern entsprechen dabei den Bezeichnungen in den Grafiken der Auswertungen.

8.3.1 Ergebnisse der Rekonstruktion der Phantomdaten

Innerhalb dieses Kapitels werden die Ergebnisse der Torsophantomdaten mit den PDE-Verfahren repariert und zunächst mit der FBP und anschließend mit dem λ-MAP-Verfahren rekonstruiert.

Gefilterte Rückprojektion (FBP)

Zunächst findet nun eine Betrachtung der FBP-Rekonstruktionen der einzelnen PDE-Verfahren für die Torsophantomdaten statt.

- **Image-Inpainting (II)**

  Das erste der drei Verfahren stellt das II dar. Innerhalb dieses Verfahrens wurden sechs verschieden Diffusionsgleichungen G1-G6 der anisotropen Diffusion getestet (für eine detaillierte Beschreibung der einzelnen Gleichungen siehe Kapitel 5.4.1.1). Dabei wurde die Stärke der anisotropen Diffusion mit Hilfe des Parameters K in Abhängigkeit von der Größe des maximalen innerhalb der Sinogrammdaten vorkommenden Gradienten $\nabla p_{\max}$ in Prozent $\in 25, 50, 75, 100$ variiert. Die RMS-Ergebnisse für die unterschiedlichen Ausgangssituationen mit variabler Stärke der anisotropen Diffusion sind in Abbildung 8.45 zu sehen.

Dabei zeigt sich, dass einzig für den Fall 3, die Verwendung des Vorwissens „Luft“, alle Diffusionsgleichungen ab einer Stärke von $K = 0.75 \cdot \nabla p_{\max}$ zu einem einheitlichen Ergebnis führen. Für alle anderen Fälle kann nur für die Gleichungen G1-G4 ein weitestgehend äquivalentes Ergebnis mit einer Abweichung von ca. $\pm$ 36 HU erzielt werden. Dies spricht dafür, dass das hier verwendete II für diese Gleichungen stabil gegen ein Ergebnis konvergiert.

Mögliche Ursachen für die unzureichenden Ergebnisse im Fall der Verwendung der Gleichungen G5 und G6 sind einerseits eine nicht ausreichende Iterationsanzahl von 50.000 Iterationen oder aber andererseits ein zu frühes Abbrechen der Iteration infolge zu langsamer Konvergenz. Beide Kriterien sprechen gegen die Verwendung dieser Gleichungen in Kombination mit einem anderen Vorwissen als „Luft“. Die Tatsache, dass „Luft“ hier zu dem besten Ergebnis bezüglich aller Gleichungen führt, ist darauf zurückzuführen, dass diese Wahl des Vorwissens der realen Situation am nächsten kommt. Die Metallmarker befinden sich außerhalb des Torsophantoms und somit entspricht „Luft“ dem zu erwartenden Wert an dieser Stelle.

Dieser Umstand spiegelt sich auch in der notwendigen Iterationsanzahl N_I wider, wie sich in Abbildung 8.46 zeigt. Innerhalb dieser Abbildung wurden die benötigten Iterationsanzahlen für die unterschiedlichen Ausgangssituationen für $K = 0,75 \cdot \nabla p_{\max}$ und $K = 1 \cdot \nabla p_{\max}$ gegenübergestellt. Auf die Darstellung der benötigten Iterationsanzahlen für $K = 0,25 \cdot \nabla p_{\max}$ und $K = 0,50 \cdot \nabla p_{\max}$ wurde an dieser Stelle verzichtet, da sich für diese beiden Stärken bereits gezeigt hat, dass ein einheitliches Ergebnis auch nicht mit den Gleichungen G1-G4 erzielt werden kann, während dies in den beiden dargestellten Fällen gegeben ist. Betrachtet man die beiden Grafiken in Abbildung 8.46 im Vergleich, so zeigt sich, dass die Verwendung von Vorwissen in Form von „Luft“, „Knochen“ und „Wasser“ zu einer Reduktion der Iterationsanzahl N_I führt.

Des Weiteren ist hierin deutlich zu erkennen, dass das Vorwissen „Luft“ neben dem oben beschriebenen einheitlichen Ergebnis für alle anisotropen Diffusionen ebenfalls am schnellsten bezüglich der Iterationsanzahl zum Ergebnis führt. Es zeigt sich ebenfalls, dass für $K = 1 \cdot \%\nabla p_{\max}$ die benötigte Iterationsanzahl im Durchschnitt leicht unterhalb jener für $K = 0,75 \cdot \nabla p_{\max}$ liegt. Aus diesem Grund werden folgend die besten Ergebnisse der FBP für eine Wahl von $K = 1 \cdot \nabla p_{\max}$ und einem Vorwissen von „Luft“ näher betrachtet.

Die FBP-Rekonstruktionen für diese Parameterwahl für die Gleichungen G1-G6 ist in Abbildung 8.47 zu sehen. Es lässt sich erkennen, dass mit den Gleichungen G1-G4 ein einheitliches Ergebnis erzielt wird. Die neu entstehenden Artefakte sind innerhalb des visuellen Vergleiches identisch ausgeprägt. Allerdings führen

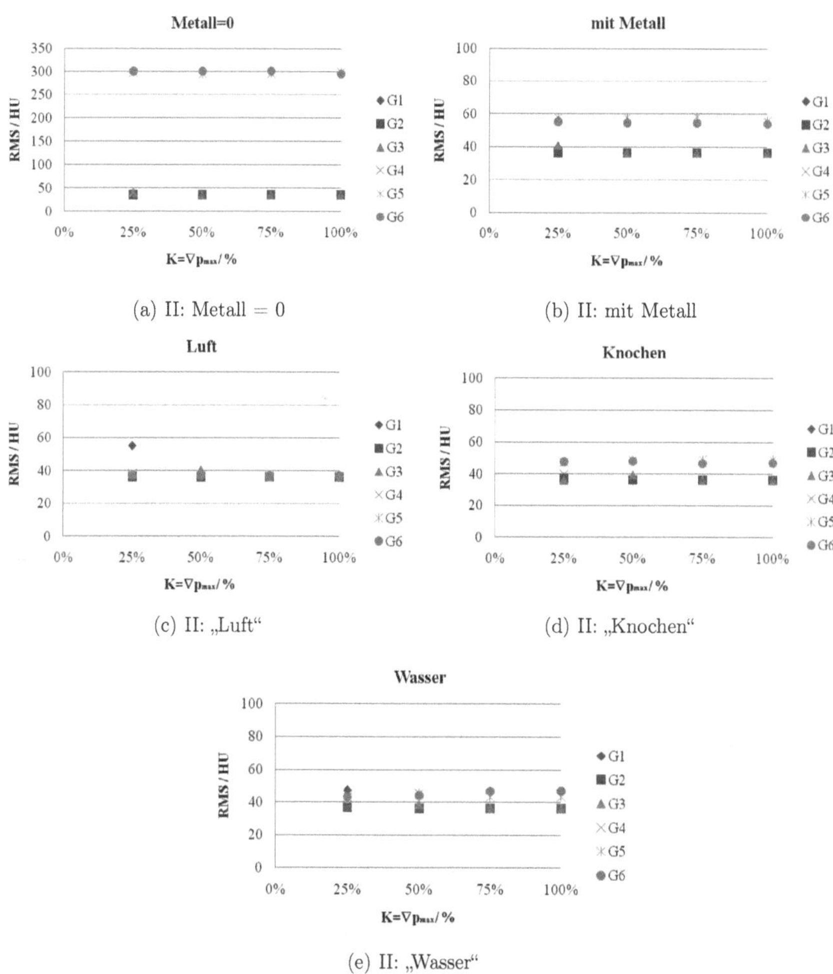

(a) II: Metall = 0

(b) II: mit Metall

(c) II: „Luft“

(d) II: „Knochen“

(e) II: „Wasser“

Abbildung 8.45: RMS-Ergebnisse des II-Verfahrens bei Verwendung von unterschiedlichen Diffusionsgleichungen G1-G6 und variabler Stärke dieser, reguliert mit Hilfe des Parameters K bei variablem Vorwissen.

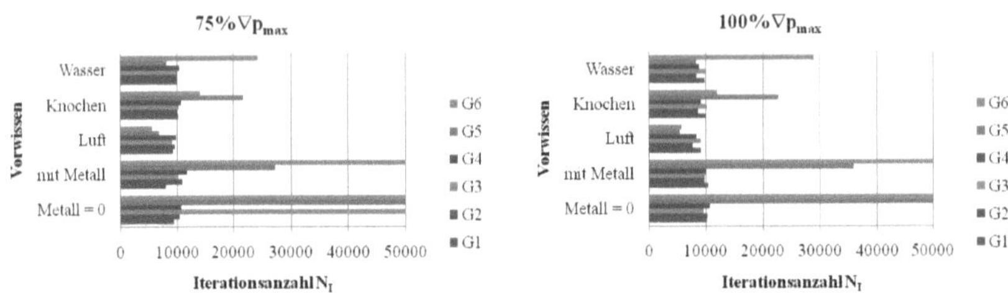

(a) Iterationsanzahl N_I bei $K = 0,75 \cdot \nabla p_{\max}$ (b) Iterationsanzahl N_I bei $K = 1 \cdot \nabla p_{\max}$

Abbildung 8.46: Vergleich der benötigten Iterationsanzahlen N_I bei (a) $K = 0,75 \cdot \nabla p_{\max}$ und (b) $K = 1 \cdot \nabla p_{\max}$.

die Gleichungen G5 und G6 zu abweichenden Resultaten, obwohl sie innerhalb der RMS-Berechnung zu den gleichen Abweichungen in HU führen, jedoch im visuellen Vergleich schlechter abschneiden.

Betrachtet man von diesen FBP-Rekonstruktionen nicht die RMS-Berechnung, sondern die Entropie-Berechnung, wie sie in Abbildung 8.48 zu sehen ist, so ist die Entropie in der Lage den visuellen Eindruck zu bestätigen. In diesem Fall ergeben sich für die Gleichungen G5 und G6 höhere Entropieergebnisse, als für die Gleichungen G1-G4, bei denen die Ergebnisse wiederum deckungsgleich sind. Hierbei zeigt sich erneut, dass die Entropie an dieser Stelle besser geeignet ist als der RMS, um den visuellen Eindruck bezüglich der MAR zu bestätigen.

Ebenfalls lässt sich hierin erneut erkennen, dass es nicht sinnvoll zu sein scheint, einen Parameter K von 25% oder 50% zu verwenden, da diese wiederum zu schlechteren Ergebnissen führen können.

- **ρ-Curvature-Driven-Diffusion (CDD)**

Dieser Abschnitt stellt die Ergebnisse der Sinogrammrestauration mit dem zweiten PDE-basierten Restaurationsverfahren, dem ρ-CDD, für die Torsophantomdaten dar.

In Kapitel 5.4.1.3 wurde gezeigt, dass das klassische CDD-Verfahren nach Chan [128] zu Treppenartefakten innerhalb der Sinogrammrestauration führt. Eine Möglichkeit, diese zu beheben, ist die Verwendung des ρ-Laplace Operators, vorgestellt von Li im Jahre 2009. Abbildung 8.49 zeigt die durch Anwendung des ρ-CDD- im Vergleich zum klassischen CDD-Verfahren erzielte Verbesserung bei Verwendung der unterschiedlichen Ausgangssituationen. Es zeigt sich, dass durch Verwendung des ρ-CDD-Verfahrens die RMS-Ergebnisse verbessert werden können.

Insgesamt wird das beste Ergebnis mit dem ρ-CDD-Verfahren in Kombination mit

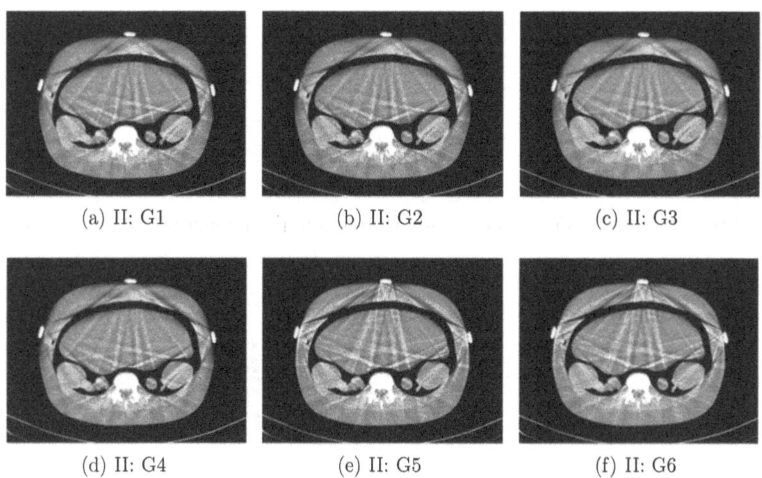

(a) II: G1 (b) II: G2 (c) II: G3

(d) II: G4 (e) II: G5 (f) II: G6

Abbildung 8.47: Vergleich der II-Ergebnisse bei einer Wahl des Vorwissens von „Luft" und $K = 100\,\%\nabla p_{\max}$ bei unterschiedlicher Wahl der Diffusionsgleichungen G1-G6 ((a)-(f) innerhalb der anisotropen Diffusion nach je 15 Iterationsschritten).

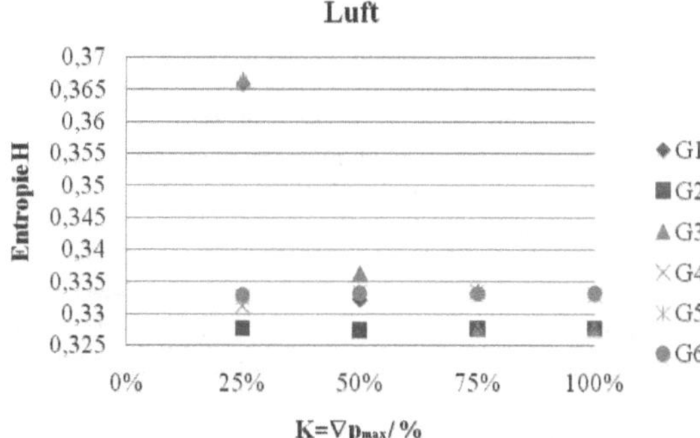

Abbildung 8.48: Entropieberechnung der II-Ergebnisse mit $K = 100\%\nabla p_{\max}$ und Vorwissen „Luft".

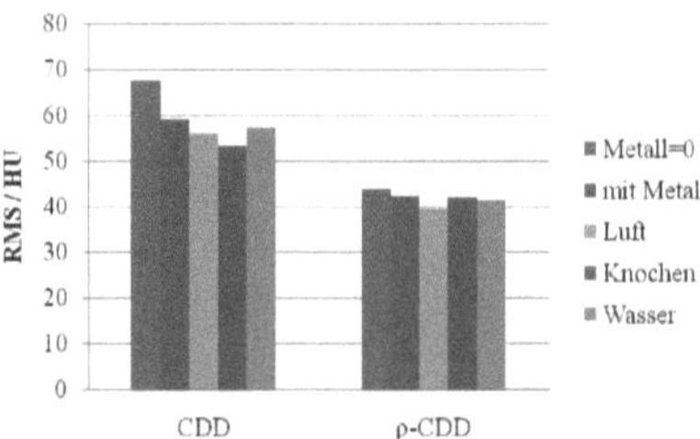

Abbildung 8.49: RMS-Ergebnisse der ρ-CDD-Restauration mit unterschiedlichem Vorwissen.

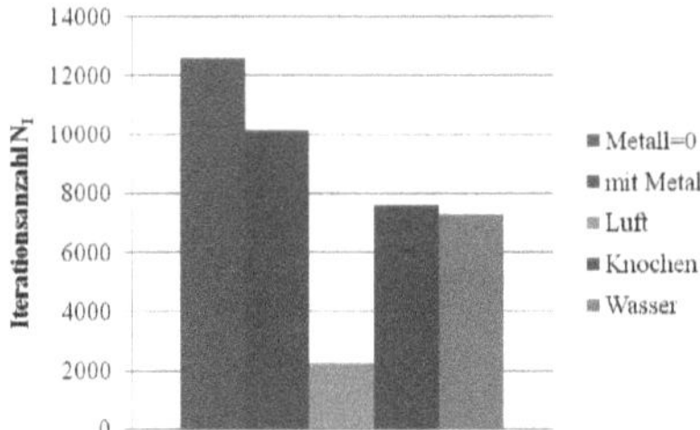

Abbildung 8.50: Benötigte Iterationsanzahl N_I für die ρ-CDD-Berechnung mit unterschiedlicher Wahl des Vorwissens.

einem Vorwissen von „Luft" erzielt. Betrachtet man die jeweils benötigten Iterationsanzahlen des ρ-CDD bei unterschiedlichen Anfangssituationen, so ergibt sich auch hier die niedrigste Iterationsanzahl bei einem Vorwissen von „Wasser". Das ρ-CDD-Verfahren kann also ebenfalls durch geeignetes Vorwissen deutlich beschleunigt und verbessert werden. Allerdings hat sich bereits in Kapitel 5.4.1.3 gezeigt, dass auch durch Verwendung des ρ-CDDs Streifenartefakte innerhalb der FBP-Rekonstruktion auf Grund minimaler Treppenartefakte im Sinogramm entstehen (vgl. Kapitel 5.4.1.3, Abbildung 5.40 (b)).

Um diese noch verbleibenden Streifenartefakte zu reduzieren, wird daher abschließend ein Gaußfilter (GF) auf die reparierten Sinogrammdaten angewendet. Hierbei wurden insgesamt drei unterschiedliche GF mit $\sigma_{GF} \in \{0,5; 1,0; 5,0\}$ mit variabler Filterkerngröße getestet. Die Filterkerngröße variiert hierbei in Abhängigkeit von σ_{GF}. Mit zunehmender Höhe von σ_{GF} kann diese ebenfalls größer gewählt werden. So wird in den beiden Fällen $\sigma_{GF} = 0,5$ und $\sigma_{GF} = 1.0$ die Filterkerngröße zwischen GF $\in \{1,3,5,10\}$ Pixeln und bei $\sigma_{GF} = 5,0$ zwischen GF $\in \{1,3,5,10,15,20\}$ Pixeln variiert. Eine Filterkerngröße GF 1 entspricht dem Verzicht auf eine Gaußfilterung und somit dem Ergebnis der ρ-CDD-Restauration ohne Filterung.

Abbildung 8.51 zeigt die Ergebnisse der RMS-Berechnung der FBP-Rekonstruktionen

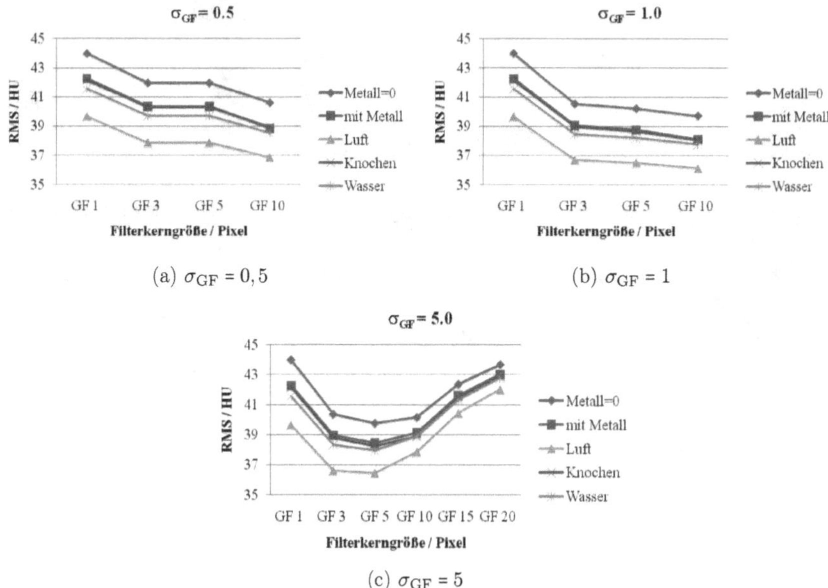

(a) $\sigma_{\mathrm{GF}} = 0,5$ (b) $\sigma_{\mathrm{GF}} = 1$

(c) $\sigma_{\mathrm{GF}} = 5$

Abbildung 8.51: RMS-Berechnungen der FBP-Ergebnisse nach Sinogrammrestauration mit dem ρ-CDD-Verfahren mit zusätzlicher Gaußfilterung bei unterschiedlicher Wahl von σ_{GF} und Variation der Filterkerngröße.

mit zusätzlicher GF bei Verwendung unterschiedlicher σ_{GF}. Die jeweils besten Ergebnisse ergeben sich hierbei bei einer Wahl des Vorwissens von „Luft“. Abbildung 8.52 (obere Reihe) stellt die besten FBP-Rekonstruktionen für die unterschiedlichen σ_{GF} bei Verwendung der ermittelten geeignetsten Filterkerngröße GF gegenüber. Innerhalb der vergrößerten Ausschnitte dieser FBP-Bilder (siehe Abbildung 8.52 (untere Reihe)) ist zu erkennen, dass mit einer Wahl von $\sigma_{\mathrm{GF}} = 5,0$ und einer Filterkerngröße GF 5 die neu entstehenden Streifenartefakte, bedingt durch die Treppenartefakte im Sinogramm, am besten reduziert werden können. Daher wird von nun an eine Gaußfilterung mit einer Wahl von $\sigma_{\mathrm{GF}} = 5,0$ abschließend zur Glättung der mit dem ρ-CDD reparierten Sinogramme durchgeführt.

- **Eulers-Elastica (EE)**

In diesem Abschnitt wird nun das dritte PDE-basierte Inpainting-Verfahren ausgewertet, das EE-Verfahren nach Chan [130]. Einen entscheidenden Punkt innerhalb der Berechnung spielen hier die beiden Variablen α und β (siehe Gleichung (5.91)). Diese werden bei Chan [130] nicht im Detail angegeben, vielmehr wird innerhalb

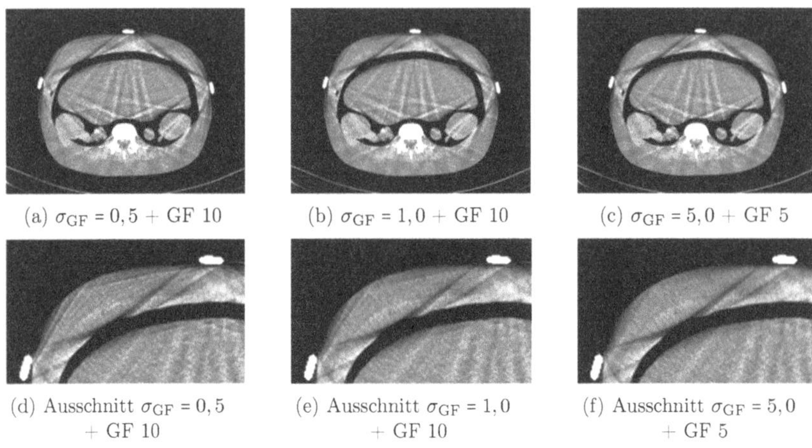

(a) $\sigma_{GF} = 0,5$ + GF 10
(b) $\sigma_{GF} = 1,0$ + GF 10
(c) $\sigma_{GF} = 5,0$ + GF 5
(d) Ausschnitt $\sigma_{GF} = 0,5$ + GF 10
(e) Ausschnitt $\sigma_{GF} = 1,0$ + GF 10
(f) Ausschnitt $\sigma_{GF} = 5,0$ + GF 5

Abbildung 8.52: FBP-Rekonstruktionen der ρ-CDD Ergebnisse bei bester Wahl der Filterkerngröße entnommen aus Abbildung 8.51 (obere Reihe) sowie deren vergrößerte Ausschnitte (untere Reihe).

der Arbeit immer nur das Verhältnis von $\beta/\alpha \in \{0; 5; 10; 20\}$ angegeben. Gu hingegen verwendet in seiner Arbeit [18] die beiden Variablen $\beta = 1$ und $\alpha = 0,0125$, dies entspricht einem Verhältnis von $\beta/\alpha = 80$. In der vorliegenden Arbeit wurden die Werte für diese Variablen experimentell ermittelt und der Algorithmus folgend mit $\beta = 0,1$ und $\alpha \in \{0,1; 0,01; 0,001\}$ getestet. Es ergeben sich somit hier Verhältnisse von $\beta/\alpha \in \{1; 10; 100\}$. Würde man $\beta = 0$ setzen, so würde man an Stelle des EE-Verfahrens das klassische TV-Inpainting erhalten (siehe z.B. [130, 156]).

Die Ergebnisse der RMS-Berechnung der Torsophantomdaten mit unterschiedlichem Vorwissen für das EE-Verfahren sind in Abbildung 8.53 (a) dargestellt. Innerhalb der Grafik zeigt sich, dass für das Vorwissen „Luft“, „Knochen“ und „Wasser“ weitestgehend vergleichbare Ergebnisse erzielt werden können. Lediglich für das Vorwissen mit Metall und einer Wahl von $\beta/\alpha = 1$ lässt sich ein ebenfalls vergleichbares Resultat erzielen. Ansonsten weichen die Ergebnisse der beiden verbleibenden Situationen, der Ausgangsituation mit Metall und Metall gleich null von den restlichen RMS-Werten ab. Die Ursache hierfür lässt sich erkennen, wenn man sich Abbildung 8.54 ansieht, die die benötigte Iterationsanzahl N_I darstellt. Hier zeigt sich, dass in den abweichenden Fällen eine Iterationsanzahl von jeweils 50.000 Iterationen erreicht wird. Dies bedeutet, dass in diesen Fällen die benötigte Iterationsanzahl zu niedrig gewählt wurde und hierdurch die Lücke in den Sinogrammen nicht vollständig geschlossen werden konnte. Dies führt innerhalb der RMS-Berechnungen zu den extremen Abweichungen im Ergebnis.

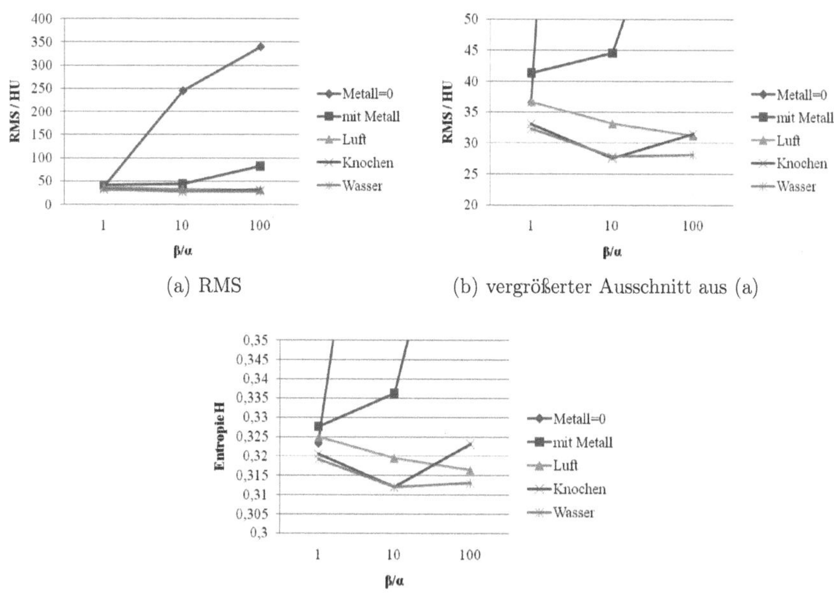

(a) RMS

(b) vergrößerter Ausschnitt aus (a)

(c) vergrößerter Ausschnitt der Entropie

Abbildung 8.53: (a) RMS der FBP-Ergebnisse von EE; (b) Vergrößerter Ausschnitt aus (a); (c) Vergrößerter Ausschnitt der Entropieberechnung.

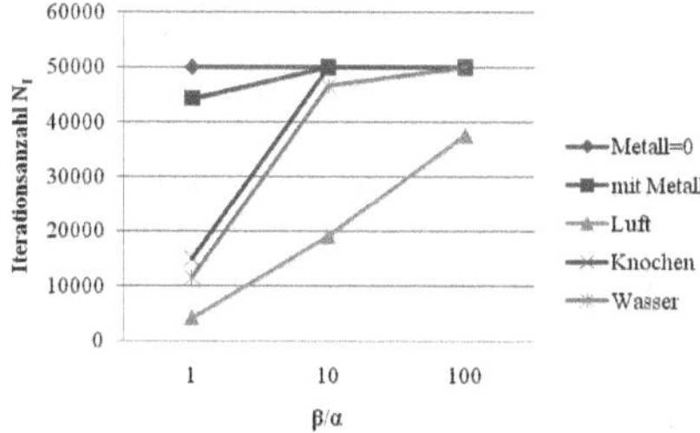

Abbildung 8.54: Benötigte Iterationsanzahl N_I für die EE-Berechnung.

Wie auch bei der CDD und dem II lässt sich erneut erkennen, dass ein Vorwissen von „Luft", „Knochen" und „Wasser" die Iterationsanzahl reduzieren kann und diese den beiden anderen Ausgangssituationen überlegen sind. Allerdings sieht man ebenfalls, dass die benötigte Iterationsanzahl mit steigendem Verhältnis von β/α in allen Fällen deutlich ansteigt.

Die Abbildungen 8.53 (b) und (c) zeigen einen vergrößerten Ausschnitt der RMS-Berechnung sowie der entsprechenden Entropieberechnungen. Hierdurch wird eine genauere Betrachtung der drei Situationen mit „Luft", „Knochen" und „Wasser" möglich. Insgesamt ergibt sich das niedrigste RMS-Ergebnis bei einer Verwendung eines Vorwissens von „Wasser" in Kombination mit einem Verhältnis von $\beta/\alpha = 10$. Erstaunlich ist hierbei, dass unerwarteterweise nicht ein Vorwissen von „Luft" wie bei dem II und der CDD zu dem besten Resultat führt. Um auszuschließen, dass dies auf die verwendete Metrik zurückzuführen ist, wie im Fall der Auswertung des IIs, wird hier zusätzlich noch ein entsprechend vergrößerter Ausschnitt des Resultates der Entropieberechnung genauer betrachtet (siehe Abbildung 8.53 (c)). Allerdings zeigt sich hierbei ein zu dem RMS-Ergebnis vergleichbares Bild.

Daher werden folgend die FBP-Rekonstruktionen für die drei besten Ausgangssituationen „Luft", „Knochen" und „Wasser" bei unterschiedlicher Wahl des Verhältnisses von β/α betrachtet (siehe Abbildung 8.55). Im Vergleich der FBP-Rekonstruktionen sieht man, dass die typischen neu entstehenden Artefakte, die sich zwischen der Position des Metallobjektes und Kanten im Bild ausbilden, mit wachsendem Verhältnis deutlich reduzieren lassen (siehe Abbildung 8.55 jeweils innerhalb der Spalten von oben nach unten).

Allerdings bilden sich neue Artefakte insbesondere zwischen den beiden Metallen durch die Körpermitte. Das relativ schlechte Abschneiden des Vorwissens „Luft" könnte auf die relativ hohen Werte direkt unterhalb des Markers in der Mitte, in Abbildung 8.55 gekennzeichnet durch den weißen Pfeil, zurückzuführen sein.

Insgesamt wird das beste Ergebnis hier nach Beurteilung mit dem RMS und der Entropie bei einer Wahl $\beta/\alpha = 10$ ermittelt. Visuell kann dies allerdings nur schwer bestätigt werden. Zwar lässt sich deutlich erkennen, dass die Ergebnisse für $\beta/\alpha =$ 10 und $\beta/\alpha = 100$ jenen für $\beta/\alpha = 1$ überlegen sind. Ein eindeutig bestes Ergebnis in Bezug auf die Qualität der MAR und die neu entstehenden Artefakte ist jedoch schwer festzulegen. Nach rein subjektiver Beurteilung liegt es bei einer Wahl des Vorwissens von „Luft" oder „Wasser" mit $\beta/\alpha = 100$.

λ-MAP

Im nun folgenden Abschnitt werden die λ-MAP-Ergebnisse des Torsophantoms für die in den vorangegangenen Abschnitten vorgestellten besten Ergebnisse der PDE-basierten Interpolationen präsentiert.

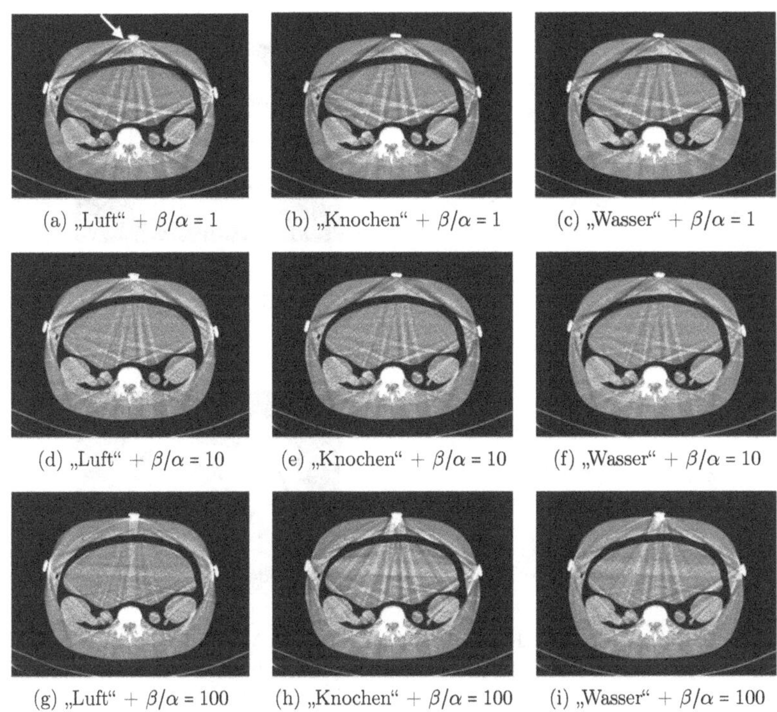

(a) „Luft“ + $\beta/\alpha = 1$ (b) „Knochen“ + $\beta/\alpha = 1$ (c) „Wasser“ + $\beta/\alpha = 1$

(d) „Luft“ + $\beta/\alpha = 10$ (e) „Knochen“ + $\beta/\alpha = 10$ (f) „Wasser“ + $\beta/\alpha = 10$

(g) „Luft“ + $\beta/\alpha = 100$ (h) „Knochen“ + $\beta/\alpha = 100$ (i) „Wasser“ + $\beta/\alpha = 100$

Abbildung 8.55: FBP-Ergebnisse nach Sinogrammrestauration mit EE.

Im Fall des EE-Inpaintings der Torsophantomdaten konnte anhand der FBP-Rekonstruktionen das berechnete beste Ergebnis nicht eindeutig mit dem visuell ermittelten besten Ergebnis in Einklang gebracht werden (siehe vorangegangener Abschnitt). Daher wird zunächst die λ-MAP-Auswertung für das EE-Inpainting mit dem Vorwissen „Luft“, „Knochen“und „Wasser“ im Detail betrachtet.

Abbildung 8.56 stellt die RMS-Berechnung dieser Ergebnisse gegenüber. Dabei sind in Abbildung 8.56 (a) die Ergebnisse bei Variation des Verhältnisses von β/α für „Luft“ in (c) für „Knochen“ und in (e) für „Wasser“ dargestellt.

Daneben sieht man die jeweils besten FBP-Rekonstruktionen der niedrigsten RMS-Ergebnisse für das jeweilige Vorwissen. Hierbei zeigt sich, dass für „Luft“, „Knochen“ und „Wasser“ das beste Resultat mit $\beta/\alpha = 100$ erreicht wird. Die insgesamt niedrigste Abweichung in HU ergibt sich für ein Vorwissen von „Wasser“ in Kombination mit $\beta/\alpha = 100$ und einem Gewichtungsfaktor $\lambda = 0,6$. Visuell hingegen ist subjektiv gesehen

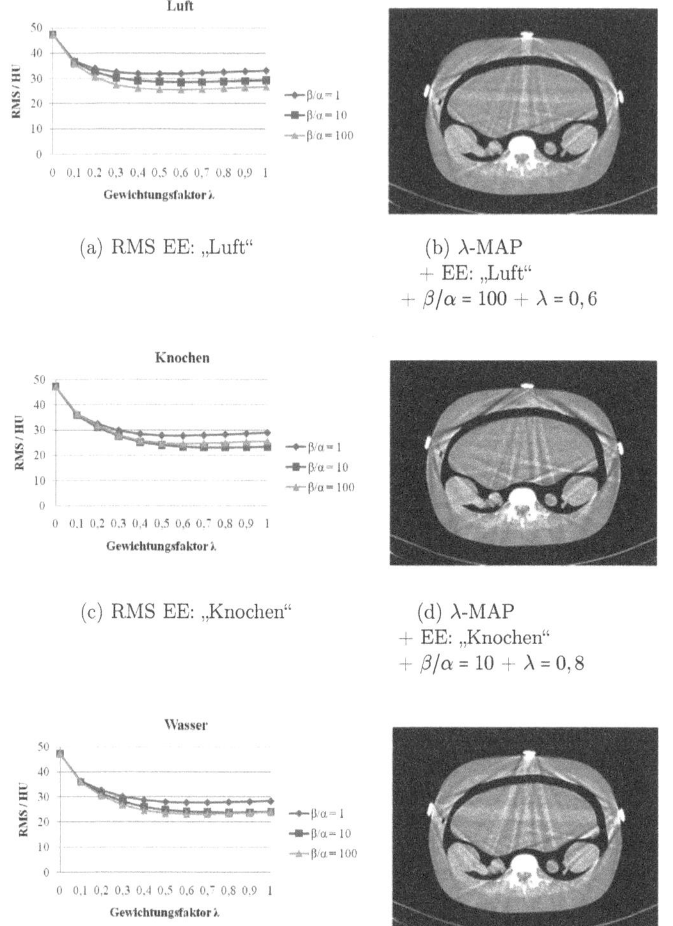

(a) RMS EE: „Luft“

(b) λ-MAP + EE: „Luft“ + $\beta/\alpha = 100 + \lambda = 0,6$

(c) RMS EE: „Knochen“

(d) λ-MAP + EE: „Knochen“ + $\beta/\alpha = 10 + \lambda = 0,8$

(e) RMS EE: „Wasser“

(f) λ-MAP + EE: „Wasser“ + $\beta/\alpha = 100 + \lambda = 0,6$

Abbildung 8.56: RMS-Ergebnisse des Torsophantoms bei unterschiedlichem Vorwissen und variierender Wahl von β/α (erste Spalte) sowie Darstellung der jeweils besten λ-MAP-Rekonstruktionsergebnisse ermittelt mit dem RMS (zweite Spalte).

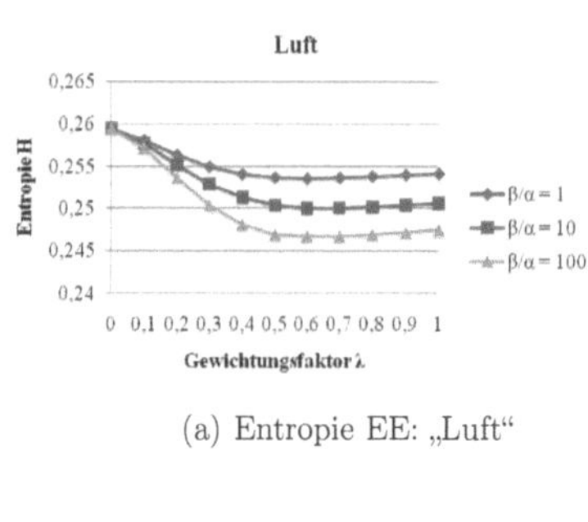

(a) Entropie EE: „Luft“

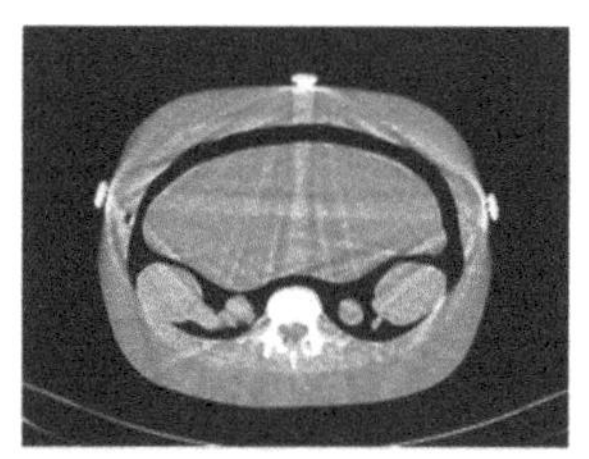

(b) λ-MAP + EE: „Luft“ + $\beta/\alpha = 100 + \lambda = 0,7$

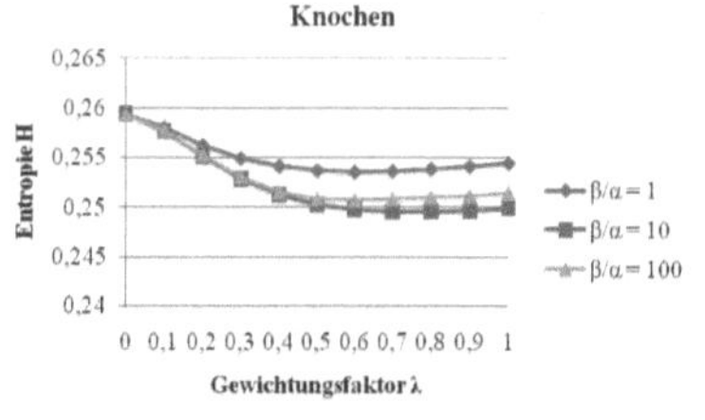

(c) Entropie EE: „Knochen“

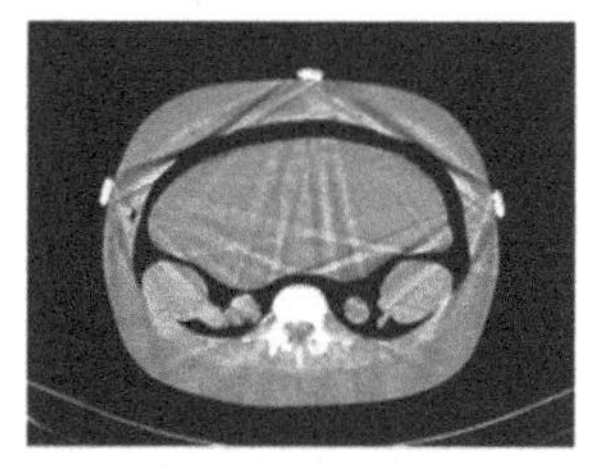

(d) λ-MAP + EE: „Knochen“ + $\beta/\alpha = 10 + \lambda = 0,6$

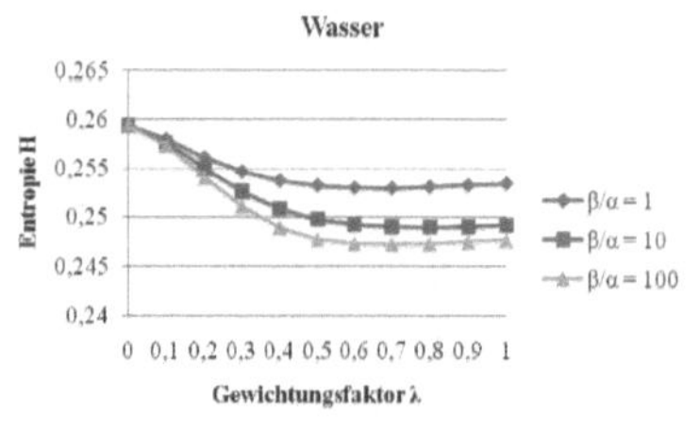

(e) Entropie EE: „Wasser“

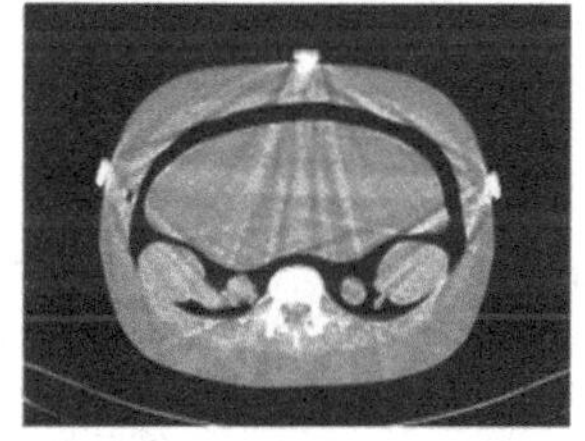

(f) λ-MAP + EE: „Wasser“ + $\beta/\alpha = 100 + \lambda = 0,7$

Abbildung 8.57: Entropieergebnisse des Torsophantoms bei unterschiedlichem Vorwissen und variierender Wahl von β/α (erste Spalte) sowie Darstellung der jeweils besten λ-MAP-Rekonstruktionsergebnisse ermittelt mit der Entropie (zweite Spalte).

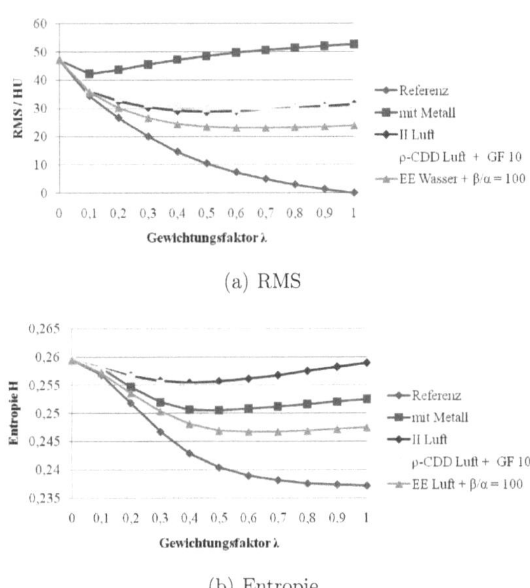

(a) RMS

(b) Entropie

Abbildung 8.58: Vergleich der (a) RMS-Ergebnisse und (b) Entropieergebnisse nach MAP-Rekonstruktion der 2D-Interpolationen.

eine Wahl des Vorwissens von „Luft“ mit $\beta/\alpha = 100$ und einem Gewichtungsfaktor von $\lambda = 0,6$ diesem Ergebnis leicht überlegen. Betrachtet man die Entropieergebnisse der λ-MAP-Ergebnisse im Vergleich, so spiegeln diese erneut den oben beschriebenen visuellen Eindruck wider (siehe Abbildung 8.57 erste Spalte).

Die besten Ergebnisse basierend auf der Entropie mit entsprechender Wahl des Gewichtungsfaktors λ sind in Abbildung 8.57 in der zweiten Spalte dargestellt. Im Vergleich der mit dem RMS und der Entropie ermittelten besten λ-MAP-Rekonstruktionen bei geeigneter Wahl des Gewichtungsfaktors λ ergeben jene ermittelt mit der Entropie ein besseres visuelles Resultat. Es zeigt sich somit wiederum, dass die Entropie den visuellen Eindruck besser interpretieren und wiedergeben kann.

Im Vergleich der unterschiedlichen Vorwissenswahl ist bei der Entropieberechnung die λ-MAP-Rekonstruktion mit einem Vorwissen von „Luft“ und $\beta/\alpha = 100$ sowie einem Gewichtungsfaktor $\lambda = 0,7$ das bestmögliche Ergebnis der EE-Berechnung.

Nachfolgend wird nun der Gesamtvergleich der drei PDE-basierten Interpolationen durchgeführt. In Abbildung 8.58 (a) sind die entsprechenden RMS- und in (b) die Entropieergebnisse der λ-MAP-Rekonstruktionen dargestellt.

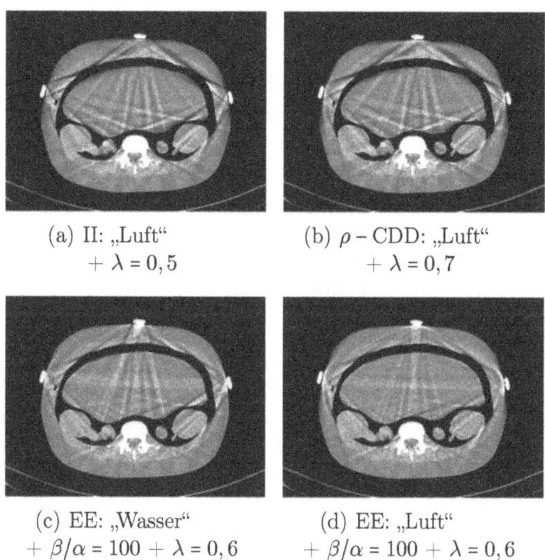

(a) II: „Luft“ + $\lambda = 0,5$

(b) ρ - CDD: „Luft“ + $\lambda = 0,7$

(c) EE: „Wasser“ + $\beta/\alpha = 100$ + $\lambda = 0,6$

(d) EE: „Luft“ + $\beta/\alpha = 100$ + $\lambda = 0,6$

Abbildung 8.59: Vergleich der MAP-Rekonstruktionen der 2D-Interpolationen bei jeweils günstigster Wahl des Gewichtungsfaktors λ.

Als bestes Verfahren schneidet insgesamt das EE-Verfahren ab. Im Fall der RMS-Berechnung wird das beste Ergebnis mit dem EE, einem Vorwissen von „Wasser“ und $\lambda = 0,6$ und bei der Entropie mit dem EE, einem Vorwissen von „Luft“ und $\lambda = 0,7$ ermittelt. Für das II wird das beste λ-MAP-Ergebnis bei einer Wahl von $\lambda = 0,5$ und für das ρ-CDD bei $\lambda - 0,7$ erzielt.

Die jeweils ermittelten Rekonstruktionen, bei optimaler Wahl des Gewichtungsfaktors λ, der drei PDE-basierten Verfahren, ist in Abbildung 8.59 zu sehen. Hierin spiegelt sich das Gesamtergebnis und die Überlegenheit des EEs im Vergleich zu dem II und der ρ-CDD deutlich wider. Mit dem EE-Verfahren können die neu entstehenden Artefakte im Vergleich reduziert werden.

8.3.2 Ergebnisse der Rekonstruktion der klinischen Daten

In diesem Kapitel werden folgend die Ergebnisse der klinischen Datensätze der unterschiedlichen PDE-basierten Verfahren im Vergleich betrachtet.

Gefilterte Rückprojektion (FBP)

Zunächst findet wieder eine Darstellung der FBP-Ergebnisse der unterschiedlichen klinischen Datensätze statt. Die Bewertung hierbei erfolgt erneut durch die Entropie.

- **Image-Inpainting (II)**

  Das erste PDE-basierte Verfahren ist das II. Die Entropieergebnisse des IIs der verschiedenen Hüftdatensätze sind in Abbildung 8.60 (linke Spalte) zu sehen. Wie bei den Phantomdaten wurden hierbei 15 Iterationen des IIs gefolgt von jeweils zwei Iterationen der Perona-Malik-Diffusion mit einer Diffusionsstärke von $K = 1 \cdot \nabla \mathbf{p}_{\max}$ verwendet. Allerdings wurden im Fall der klinischen Daten die getesteten Diffusionsgleichungen (für eine detaillierte Beschreibung der einzelnen Gleichungen siehe Kapitel 5.4.1.1) auf die Gleichungen G2, G4 und G6 eingeschränkt. Der Grund hierfür liegt darin, dass sich bei der Auswertung der unterschiedlichen Diffusionsgleichungen im Fall der Phantomdaten gezeigt hat, dass die Gleichungen G1-G4 zu nahezu identischen Ergebnissen führen. Einzig abweichend waren die Ergebnisse für die Gleichungen G5 und G6, wobei diese untereinander wiederum zu vergleichbaren Ergebnissen führten. Ebenfalls wurde auf die beiden Versionen des Vorwissens Metall=0 sowie mit Metall vollständig verzichtet, da diese wesentlich mehr Iterationen benötigen als die Vorwissen „Luft“, „Knochen“ und „Wasser“.

  Betrachtet man die Entropieergebnisse der Hüftdatensätze für die oben beschriebenen Parameter, so lässt sich deutlich erkennen, dass die Diffusionsgleichung G6 wie auch bei den Phantomdaten zu Abweichungen im Endresultat führt. Die Gleichungen G2 und G4 hingegen liefern unabhängig von dem verwendeten Vorwissen vergleichbare Ergebnisse.

  Setzt man diese Erkenntnisse nun in Relation zu der jeweils benötigten Iterationsanzahl (siehe Abbildung 8.60 (rechte Spalte)), so sieht man, dass für die Hüfte 3 und 4 ein Vorwissen von „Wasser“ zu der niedrigsten Iterationsanzahl führt. Bei der Hüfte 1 und 2 wird hingegen unabhängig vom verwendeten Vorwissen immer die maximal mögliche Iterationsanzahl von 50.000 Iterationen ausgenutzt[19]. Dies ist auf die größere Lücke, die es in diesen beiden Fällen zu füllen gilt, zurückzuführen.

  Die Auswertung der Aortendatensätze ist nicht ganz so eindeutig, wie jene der

[19] Die Betrachtung der Gleichung 6 wird hierbei ausgeschlossen, da sie zu keinem vergleichbaren Gesamtresultat führt (siehe Abbildung 8.60 (linke Spalte)).

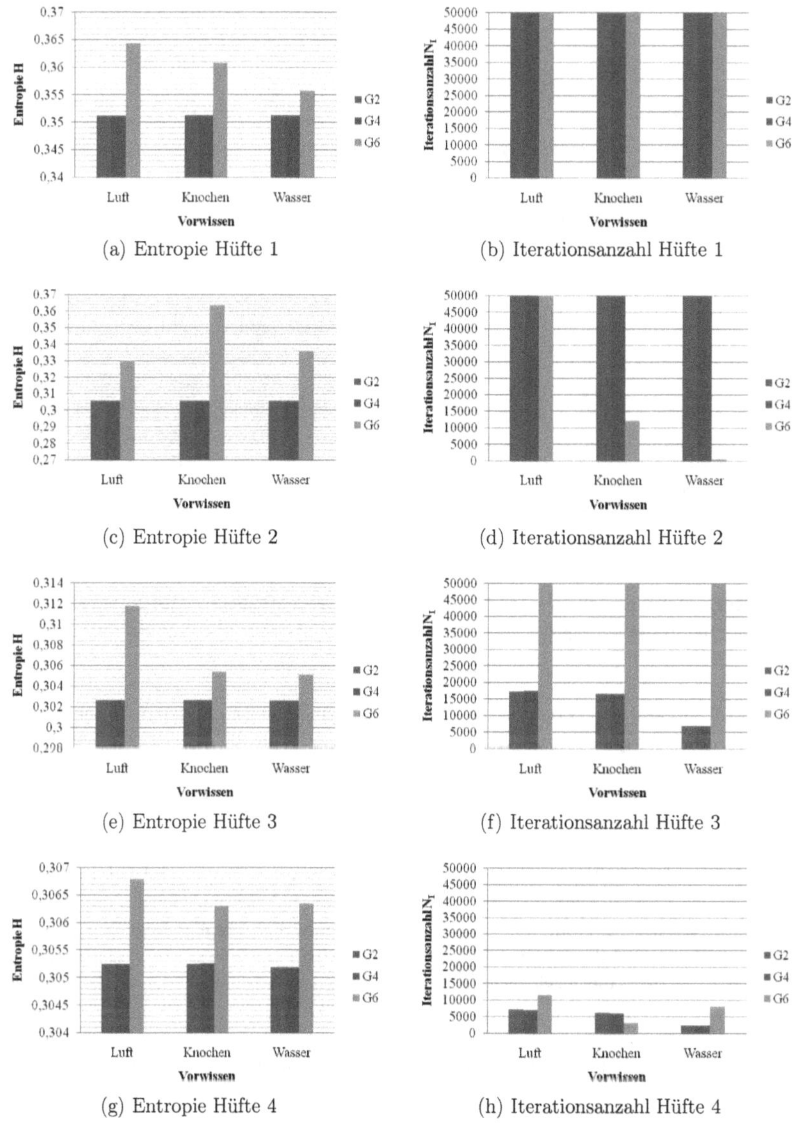

(a) Entropie Hüfte 1

(b) Iterationsanzahl Hüfte 1

(c) Entropie Hüfte 2

(d) Iterationsanzahl Hüfte 2

(e) Entropie Hüfte 3

(f) Iterationsanzahl Hüfte 3

(g) Entropie Hüfte 4

(h) Iterationsanzahl Hüfte 4

Abbildung 8.60: Entropieberechnung der FBP-Rekonstruktionen der Hüftdatensätze nach II (linke Spalte) sowie die jeweiligen benötigten Iterationsanzahlen (rechte Spalte).

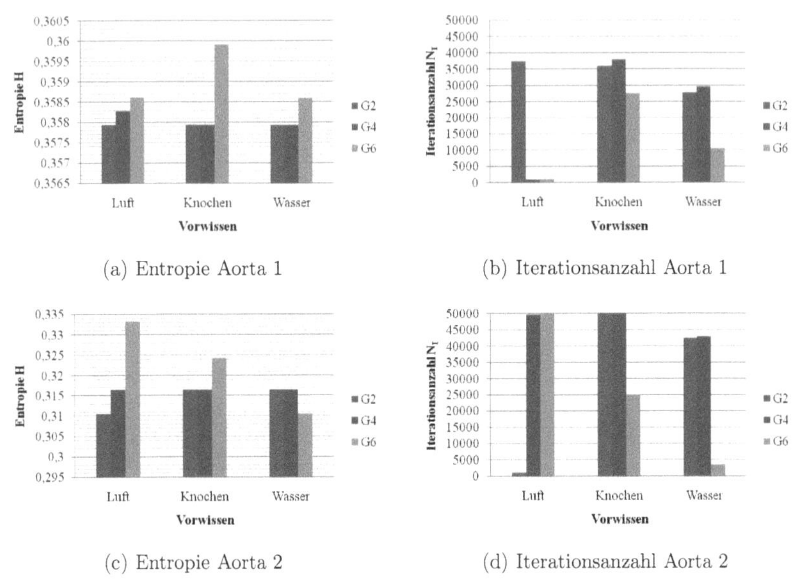

(a) Entropie Aorta 1

(b) Iterationsanzahl Aorta 1

(c) Entropie Aorta 2

(d) Iterationsanzahl Aorta 2

Abbildung 8.61: Entropieberechnung der FBP-Rekonstruktionen der Aortendatensätze nach II (linke Spalte) sowie die jeweiligen benötigten Iterationsanzahlen (rechte Spalte).

Hüftdatensätze. Jedoch fällt auch hier bei der Betrachtung der Entropie auf, dass die Gleichungen G2 und G4 weitestgehend zu äquivalenten Ergebnissen führen. Eine Ausnahme stellt G4 in Kombination mit einem Vorwissen von „Luft“ bei Aorta 1 und G2 mit einem Vorwissen von „Luft“ bzw. G6 mit einem Vorwissen von „Wasser“ bei Aorta 2 dar.

Zu dem besten Ergebnis bezüglich der niedrigsten Entropie und Iterationsanzahl bei der Aorta 1 (siehe Abbildung 8.61 (a) und (b)) führt wiederum ein Vorwissen von „Wasser“ in Kombination mit der Gleichung G2, dicht gefolgt von Gleichung G4. Zwar sind die benötigten Iterationsanzahlen bei einem Vorwissen von „Luft“ und G4 bzw. G6 sowie von „Wasser“ und G6 wesentlich niedriger, jedoch ist in diesen Fällen die Entropie im Vergleich zum Durchschnitt auch höher.

Ein wenig komplizierter gestaltet sich die Gesamtauswertung (Entropie und Iterationsanzahl) der Aorta 2. Hier wird insgesamt das beste Ergebnis mit G2 in Kombination mit dem Vorwissen „Luft“, gefolgt von G6 mit Vorwissen „Wasser“ erzielt. Würde man diese beiden Ergebnisse als Ausreißer betrachten, käme man an dieser Stelle zu demselben Ergebnis wie für die Hüftdatensätze sowie die Aorta

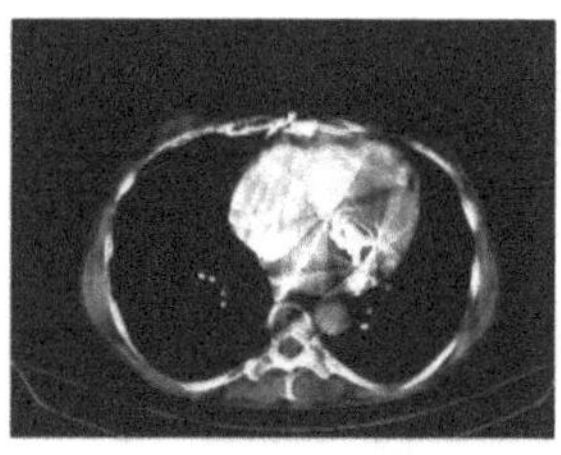

(a) Aorta 2 II: „Wasser“ (G4)

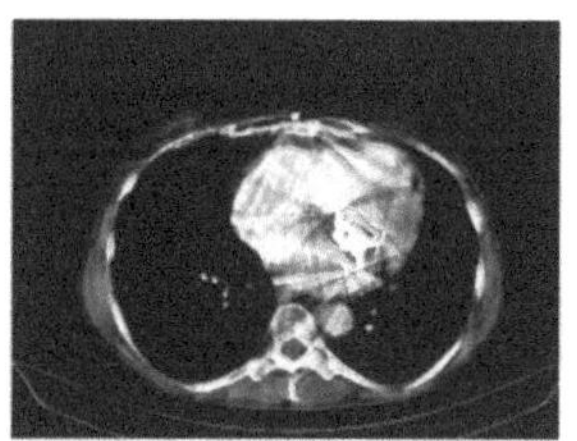

(b) Aorta 2 II: „Wasser“ (G6)

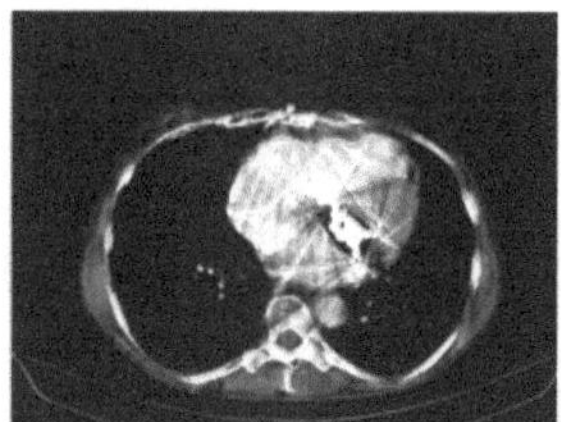

(c) Aorta 2 II: „Luft“ (G2)

Abbildung 8.62: Ergebnisse der II-interpolierten Sinogrammrestauration der Aorta 2 mit anschließender FBP-Rekonstruktion.

1, nämlich einer Kombination der Gleichungen G2 oder G4 mit einem Vorwissen von „Wasser“.

Betrachtet man den Vergleich der beiden besten Ergebnisse der Aorta 2 mit dem durchschnittlich ermittelten besten Ergebnis, eines Vorwissens von „Wasser“ in Kombination mit G4, wie es in Abbildung 8.62 zu sehen ist, so bestätigt sich die Vermutung, dass es sich bei dem besten Ergebnis der Aorta 2 von G2 mit „Luft“ (siehe Abbildung 8.62 (c)) nicht um das visuell beste Ergebnis handelt. Ebenfalls das zweitbeste Ergebnis von G6 mit „Wasser“ (siehe Abbildung 8.62 (b)) ist weitestgehend vergleichbar mit dem durchschnittlich besten ermittelten Ergebnis von G4 mit „Wasser“ (siehe Abbildung 8.62 (a)).

Eine Gegenüberstellung der FBP-Ergebnisse aller klinischen Datensätze des IIs in Kombination mit einem Vorwissen von „Wasser“ und G4 zeigt Abbildung 8.63.

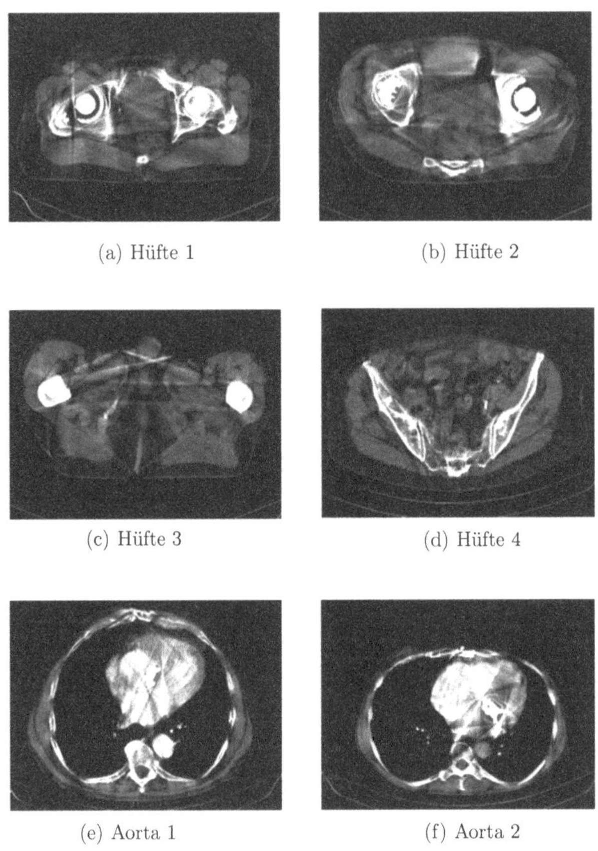

(a) Hüfte 1

(b) Hüfte 2

(c) Hüfte 3

(d) Hüfte 4

(e) Aorta 1

(f) Aorta 2

Abbildung 8.63: Ergebnisse der II-interpolierten Sinogrammrestauration mit anschließender FBP-Rekonstruktion (Vorwissen: „Wasser"; 100%; G4).

- **ρ-Curvature-Driven-Diffusion (CDD)**

  Das zweite Verfahren der PDE-basierten Ansätze stellt das ρ-CDD-Verfahren dar. Die Entropieergebnisse der ρ-CDD sowie die entsprechend benötigten Iterationsanzahlen für die Hüftdatensätze sind in Abbildung 8.64 und für die Aortendatensätze in Abbildung 8.65 zu sehen.

  Im Abschnitt über die Auswertung der ρ-CDD der Phantomdaten hat sich gezeigt, dass eine abschließende GF mit einem Wert $\sigma_{GF} = 5,0$ zu dem besten Ergebnis geführt hat, weshalb diese Vorgehensweise hier ebenfalls Anwendung findet. Die Filterkerngröße wird wiederum variiert, um auf diesem Weg die bestmögliche für den jeweiligen klinischen Datensatz zu ermitteln.

  Insgesamt zeigt sich für alle klinischen Datensätze, dass die erzielten Entropiewerte unabhängig vom Vorwissen zu vergleichbaren Kurven führen. Ausgenommen hiervon ist einzig die Aorta 1, bei welcher ein Vorwissen von Metall=0 nach 50.000 Iterationen nicht zu einem vergleichbaren Ergebnis führt.

  An dieser Stelle zeigt sich erneut, dass bei Verwendung eines Vorwissens von Metall=0 sowie mit Metall wesentlich höhere Iterationsanzahlen benötigt werden, wobei die maximale Iterationsanzahl in dem oben beschriebenen Fall nicht ausreichend ist, um ein zu den übrigen Vorwissen-basierten Entropiekurven vergleichbares Resultat zu erreichen.

  Die niedrigste Iterationsanzahl wird in allen Fällen bei einem Vorwissen von „Wasser“ erzielt. Dieses Ergebnis spiegelt sich ebenfalls in den niedrigsten Entropiewerten wider. Einzig die Aorta 1 führt bei einem Vorwissen von „Luft“ und „Knochen“ zu leicht niedrigeren Entropiewerten als bei „Wasser“. Alles in allem kann jedoch eine Wahl des Vorwissens von „Wasser“, wie auch bei dem II, als beste Wahl für die klinischen Daten angesehen werden.

  Die FBP-Rekonstruktionen der unterschiedlichen klinischen Datensätze des ρ-CDD unter Verwendung eines Vorwissens von „Wasser“ und der jeweils günstigsten Filterkerngöße des GF (ermittelt aus den Entropiekurvenverläufen in Abbildung 8.64 für die Hüfte und in Abbildung 8.65 für die Aorta), sind in Abbildung 8.66 zu sehen.

  Vergleicht man diese FBP-Ergebnisse des ρ-CDD (siehe Abbildung 8.66) mit jenen des IIs (siehe Abbildung 8.63) so werden mit beiden Verfahren ähnliche Resultate hinsichtlich der Entstehung der neuen Streifenartefakte erzielt. Eine Ausnahme hierbei stellt die Hüfte 3 des ρ-CDD dar (siehe Abbildung 8.66 (c)). Die neu entstandenen Artefakte fallen geringer aus als bei dem II-Ergebnis (siehe Abbildung 8.63 (c)).

- **Eulers-Elastica (EE)**

  Der nun folgende dritte Teil dieses Abschnittes stellt die EE-Ergebnisse der unter-

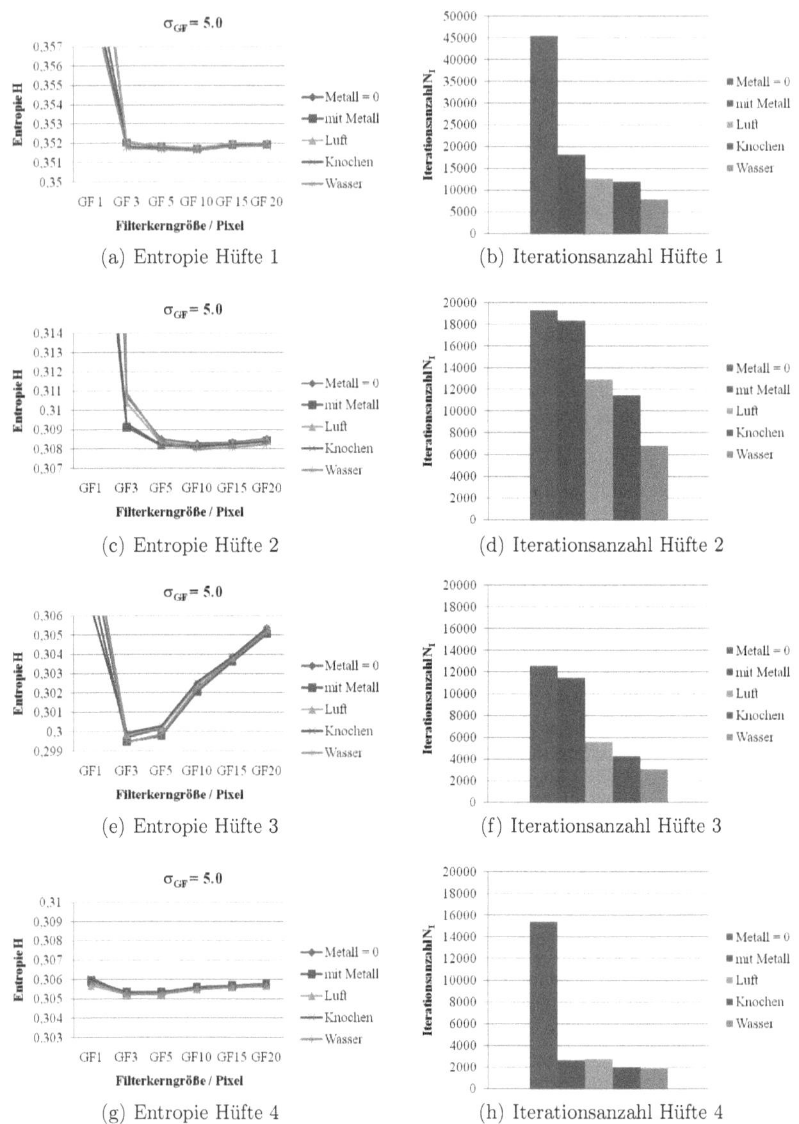

(a) Entropie Hüfte 1 (b) Iterationsanzahl Hüfte 1

(c) Entropie Hüfte 2 (d) Iterationsanzahl Hüfte 2

(e) Entropie Hüfte 3 (f) Iterationsanzahl Hüfte 3

(g) Entropie Hüfte 4 (h) Iterationsanzahl Hüfte 4

Abbildung 8.64: Entropieberechnung der FBP-Rekonstruktionen der Hüftdatensätze nach ρ-CDD (linke Spalte) sowie die jeweils benötigten Iterationsanzahlen (rechte Spalte).

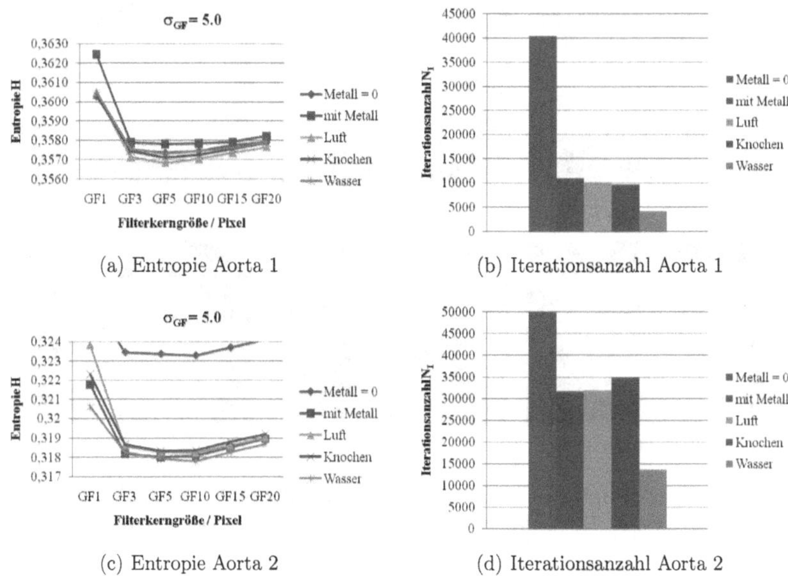

(a) Entropie Aorta 1
(b) Iterationsanzahl Aorta 1
(c) Entropie Aorta 2
(d) Iterationsanzahl Aorta 2

Abbildung 8.65: Entropieberechnung der FBP-Rekonstruktionen der Aortendatensätze nach ρ-CDD.

schiedlichen klinischen Datensätze dar. Dabei werden, wie auch bei den Phantomdaten, wiederum die drei verschiedenen Vorwissenssituationen „Luft", „Knochen" und „Wasser" bei unterschiedlichen Verhältnissen von β/α betrachtet.

Die Entropieergebnisse dieser Berechnungen sind in Abbildung 8.67 für die Hüftdaten und in Abbildung 8.68 für die Aortendaten (in der linken Spalte) sowie die jeweils benötigten Iterationsanzahlen in den entsprechenden Abbildungen in der rechten Spalte dargestellt. Auch hier ergibt sich, wie bei den übrigen PDE-basierten Verfahren, das jeweils niedrigste Ergebnis für die Entropie bei einem Vorwissen von „Wasser". Das beste Verhältnis von β/α stellt dabei einer Wahl von $\beta/\alpha = 10$ dar. Wie in den vorherigen Abschnitten gibt es dabei jedoch eine zu erwähnende Ausnahme, die die Hüfte 2 darstellt. Abweichend führt hier ein Vorwissen von „Luft" oder „Knochen" zu dem niedrigsten Ergebnis.

Betrachtet man die FBP-Rekonstruktionen der Hüfte 2 bei einer Wahl von $\beta/\alpha = 10$ für die unterschiedlichen verwendeten drei Vorwissen, so lässt sich gut erkennen, welches Vorwissen in den einzelnen Situationen verwendet wurde (siehe Abbildung 8.69 Umgebung der Metallobjekte). Visuell wird hier das beste Ergebnis nach

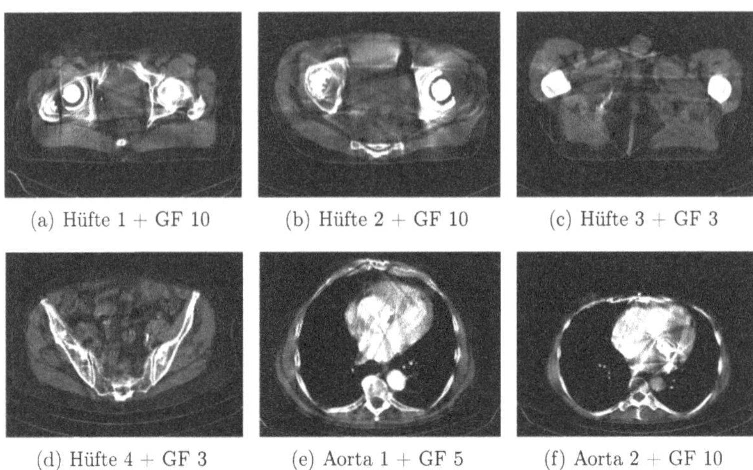

(a) Hüfte 1 + GF 10 (b) Hüfte 2 + GF 10 (c) Hüfte 3 + GF 3

(d) Hüfte 4 + GF 3 (e) Aorta 1 + GF 5 (f) Aorta 2 + GF 10

Abbildung 8.66: FBP-Rekonstruktionen der unterschiedlichen klinischen Datensätze nach Reparatur mit dem ρ-CDD-Verfahren bei günstigster Wahl der GF (σ_{GF} = 5.0) und Vorwissen „Wasser".

subjektiver Beurteilung bei einer Wahl des Vorwissens von „Knochen" erreicht. Allerdings lässt sich in diesem Fall die Form des Metallkörpers nicht mehr von dem umliegenden Knochengewebe unterscheiden.

Im Gesamtvergleich der FBP-Ergebnisse, wie sie in Abbildung 8.70 zu sehen sind, zeigt sich, dass in fast allen Beispielen die neu entstehenden Artefakte im Vergleich zu den beiden anderen PDE-basierten Verfahren gut reduziert werden können (vergleiche Abbildung 8.63 und Abbildung 8.66). Als einzige Ausnahme ist hierbei Hüfte 2 zu nennen.

λ-MAP

Zum Abschluss findet nun eine Darstellung der λ-MAP-Ergebnisse der drei PDE-basierten Reparaturmechanismen statt. Hierzu wurden die im vorangegangenen Abschnitt ermittelten besten Parameterkombinationen zur Sinogrammrestauration verwendet und im Anschluss eine λ-MAP-Rekonstruktion dieser Ergebnisse berechnet. Es werden jeweils die Entropiewerte der unterschiedlichen Datensätze für die drei Verfahren im Vergleich gegenübergestellt. Dabei wird, wie in den vorherigen Kapiteln, mit der Darstellung der Hüftdatensätze begonnen.

Wurde bei der Berechnung der FBP-basierten Rekonstruktion mit den unterschiedlichen

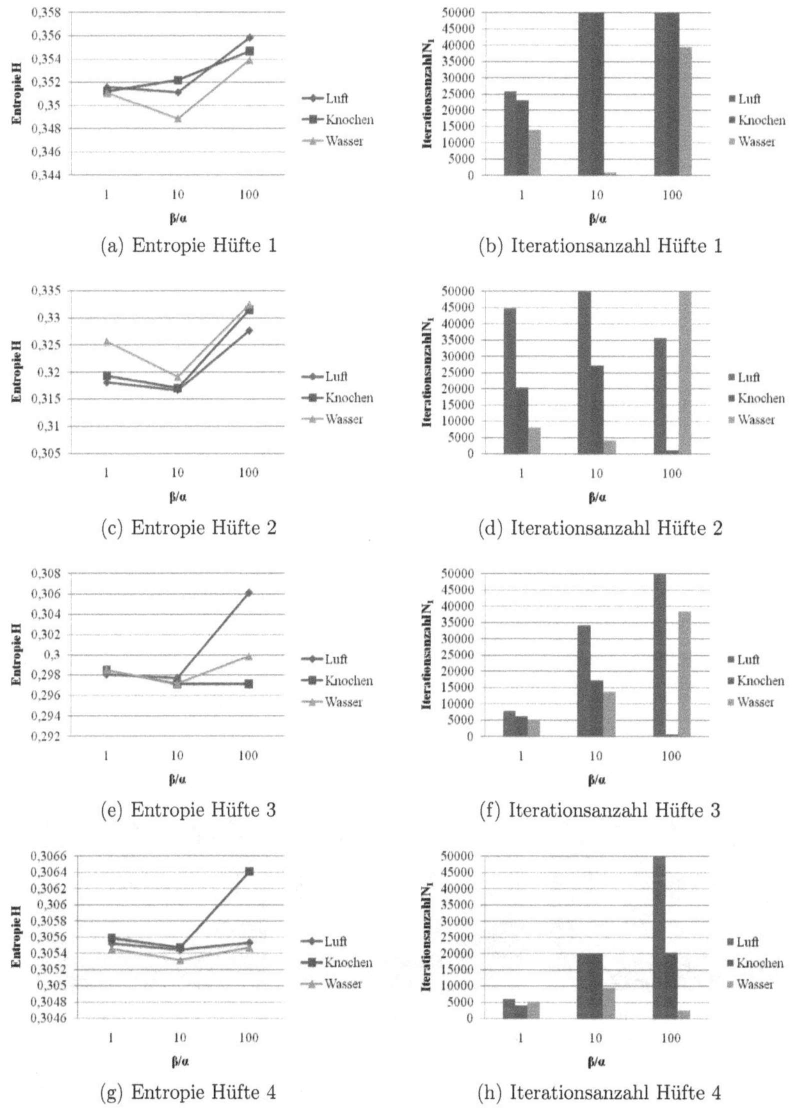

(a) Entropie Hüfte 1 (b) Iterationsanzahl Hüfte 1

(c) Entropie Hüfte 2 (d) Iterationsanzahl Hüfte 2

(e) Entropie Hüfte 3 (f) Iterationsanzahl Hüfte 3

(g) Entropie Hüfte 4 (h) Iterationsanzahl Hüfte 4

Abbildung 8.67: Entropieberechnung der FBP-Rekonstruktionen der Hüftdatensätze nach EE (linke Spalte) sowie die jeweils benötigten Iterationsanzahlen (rechte Spalte).

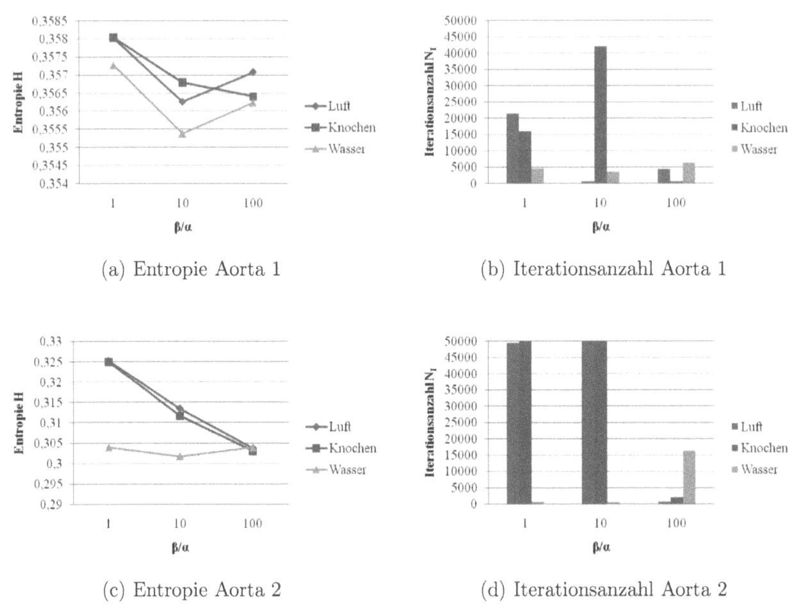

(a) Entropie Aorta 1

(b) Iterationsanzahl Aorta 1

(c) Entropie Aorta 2

(d) Iterationsanzahl Aorta 2

Abbildung 8.68: Entropieberechnung der FBP-Rekonstruktionen der Aortendatensätze nach EE (linke Spalte) sowie die jeweils benötigten Iterationsanzahlen (rechte Spalte).

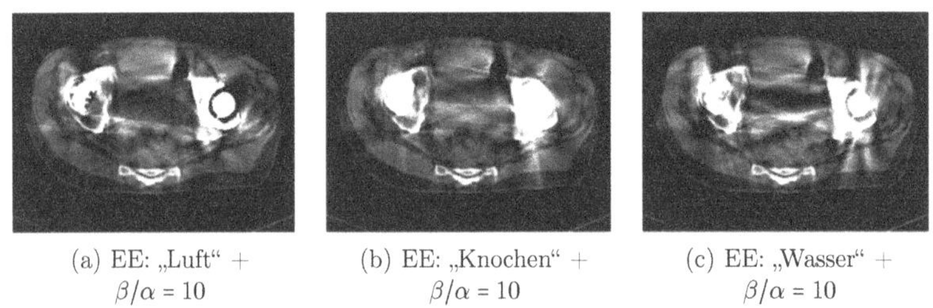

(a) EE: „Luft“ + $\beta/\alpha = 10$

(b) EE: „Knochen“ + $\beta/\alpha = 10$

(c) EE: „Wasser“ + $\beta/\alpha = 10$

Abbildung 8.69: Vergleich der EE-Ergebnisse der Hüfte 2 bei unterschiedlichem Vorwissen und $\beta/\alpha = 10$.

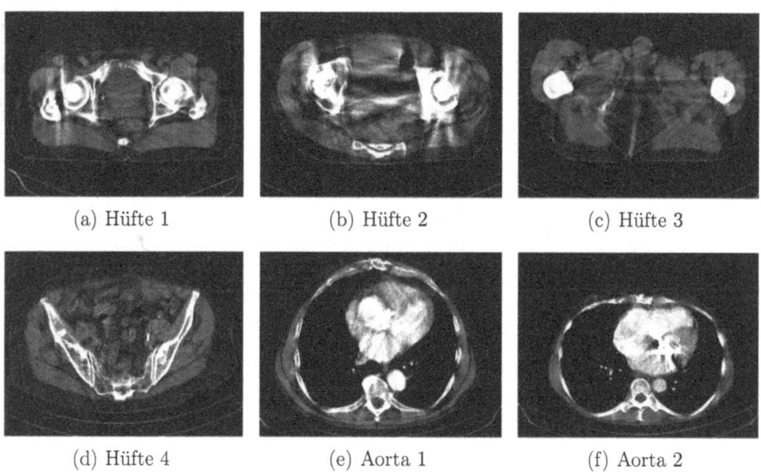

(a) Hüfte 1 (b) Hüfte 2 (c) Hüfte 3

(d) Hüfte 4 (e) Aorta 1 (f) Aorta 2

Abbildung 8.70: FBP-Rekonstruktionen aller betrachteten klinischen Datensätze nach Reparatur mit dem EE-Verfahren bei einer Wahl von $\beta/\alpha = 10$ und Vorwissen „Wasser".

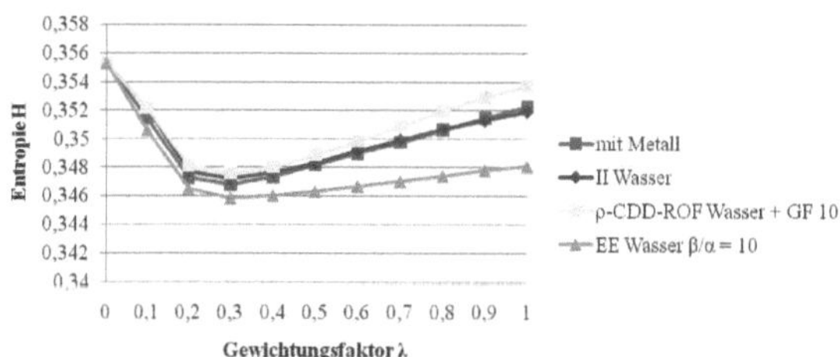

Abbildung 8.71: Vergleich der Entropie-Ergebnisse der Hüfte 1 nach 2D-Interpolation und λ-MAP-Rekonstruktion.

Parameterkombinationen kein eindeutiges zu den übrigen Ergebnissen vergleichbares Gesamtresultat ermittelt, so werden an dieser Stelle die verschiedenen Parameterkombinationen erneut auch mit dem λ-MAP-Verfahren rekonstruiert, um zu sehen, wie sich die Ergebnisse dieser Parameterkombinationen verhalten.

In Abbildung 8.71 sind die Entropieergebnisse der Hüfte 1 für II, ρ-CDD und EE im Vergleich gegenübergestellt. In allen drei Fällen führt bei der λ-MAP-Rekonstruktion eine Wahl von $\lambda = 0,3$ in Kombination mit einem Vorwissen von „Wasser" zum besten Resultat. Insgesamt wird das niedrigste Entropieergebnis bei diesem Datensatz mit dem EE-Verfahren erreicht. Im visuellen Vergleich lässt sich dies deutlich erkennen. Bei

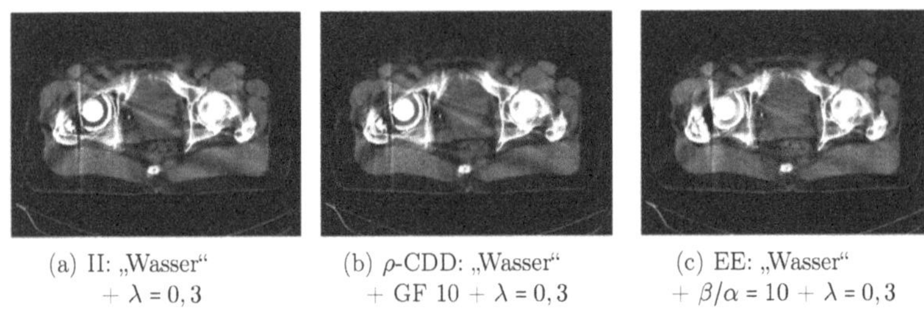

(a) II: „Wasser“ + $\lambda = 0,3$

(b) ρ-CDD: „Wasser“ + GF 10 + $\lambda = 0,3$

(c) EE: „Wasser“ + $\beta/\alpha = 10 + \lambda = 0,3$

Abbildung 8.72: Vergleich der jeweils besten 2D-Interpolationsergebnisse der Hüfte 1 nach λ-MAP-Rekonstruktion bei entsprechend bester Wahl von λ.

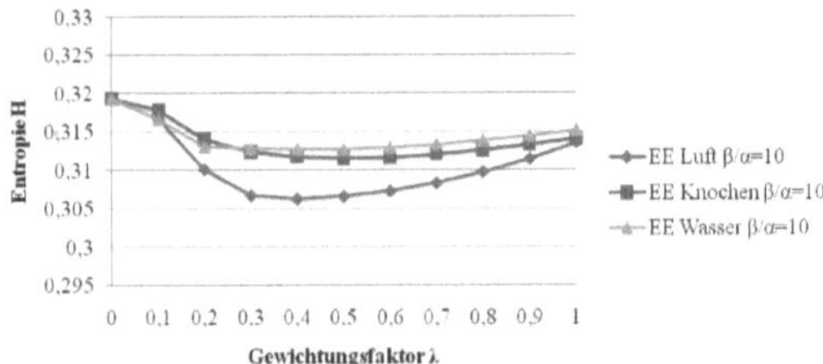

Abbildung 8.73: Vergleich der Entropieergebnisse der Hüfte 2 nach EE-Interpolation.

den mit dem EE reparierten Hüftdaten 1 konnten die neu entstehenden Artefakte im Bereich zwischen den beiden Hüftknochen am weitesten reduziert werden. Dies spricht dafür, dass bei diesem Verfahren die Kanten innerhalb der Sinogrammdaten am besten erhalten geblieben sind, respektive am besten wieder hergestellt und verbunden werden konnten.

Bei der Hüfte 2 hat sich bei den FBP-Ergebnissen kein eindeutiges Resultat im Fall der

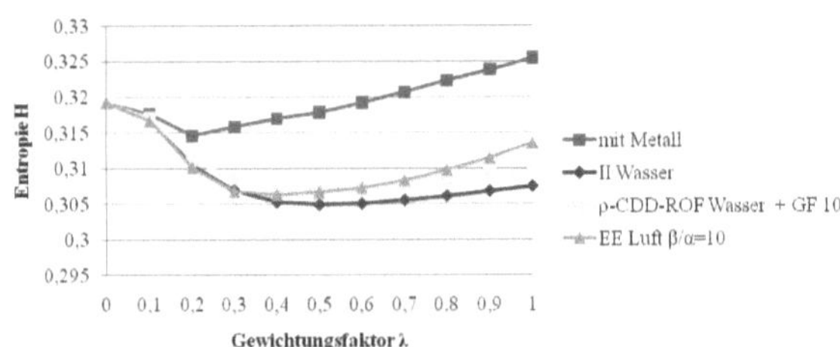

Abbildung 8.74: Vergleich der Entropieergebnisse der Hüfte 2 nach 2D-Interpolation.

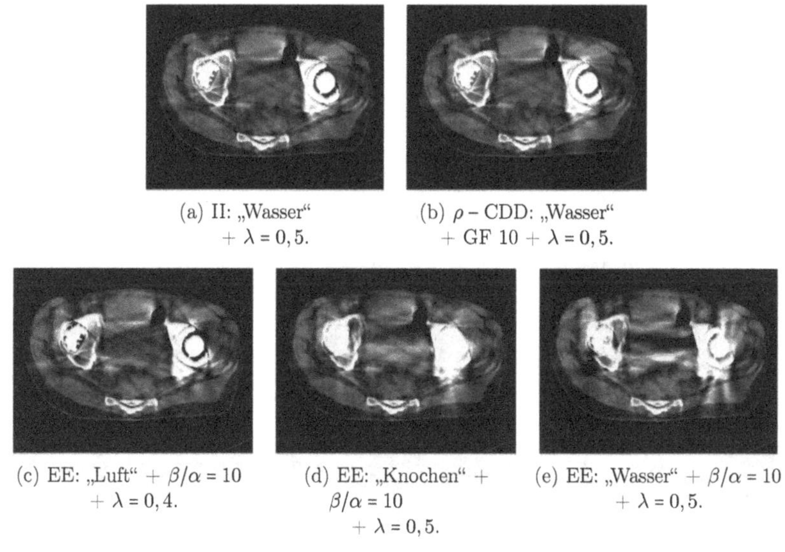

(a) II: „Wasser“ + $\lambda = 0,5$.

(b) ρ - CDD: „Wasser“ + GF 10 + $\lambda = 0,5$.

(c) EE: „Luft“ + $\beta/\alpha = 10$ + $\lambda = 0,4$.

(d) EE: „Knochen“ + $\beta/\alpha = 10$ + $\lambda = 0,5$.

(e) EE: „Wasser“ + $\beta/\alpha = 10$ + $\lambda = 0,5$.

Abbildung 8.75: Vergleich der jeweils besten 2D-Interpolationsergebnisse der Hüfte 2 nach MAP-Rekonstruktion bei entsprechend bester Wahl von λ.

EE-Berechnung und der Wahl des zu verwendenden Vorwissens ergeben. Abweichend von den anderen Datensätzen führte hier nicht ein Vorwissen von „Wasser“, sondern eines von „Luft“ gefolgt von einem mit „Knochen“ zu besseren Rekonstruktionen. Aus diesem Grund wird von den EE-reparierten Sinogrammen in Kombination mit allen drei Vorwissen eine λ-MAP-Rekonstruktion berechnet.

Die Resultate der Entropieberechnungen für λ-MAP sind in Abbildung 8.73 dargestellt.Wie auch im Fall der FBP-Ergebnisse ergibt sich hierbei eine Reihenfolge der besten Entropieergebnisse vom besten zum schlechtesten mit „Luft“, „Knochen“ und schließlich mit „Wasser“ als Vorwissen. Bei „Luft“ wird die niedrigste Entropie in Kombination mit $\lambda = 0,4$ und in den beiden anderen Fällen mit $\lambda = 0,5$ erzielt. Im visuellen Vergleich (siehe Abbildung 8.75 untere Reihe) ist ebenfalls das EE-Verfahren in Kombination mit einem Vorwissen von „Luft“ als subjektiv günstigste λ-MAP-Rekonstruktion identifizierbar. Betrachtet man hierzu im Vergleich die λ-MAP-Resultate des II und des ρ-CDD-Verfahrens (beide bei einer Wahl von $\lambda = 0,5$), so liefern diese glatter wirkende Gesamtergebnisse.

Abbildung 8.76 zeigt die Entropieergebnisse der Hüfte 3 im Vergleich. Insgesamt wird die niedrigste Entropie bei einem Vorwissen von „Wasser“ in Kombination mit dem EE-

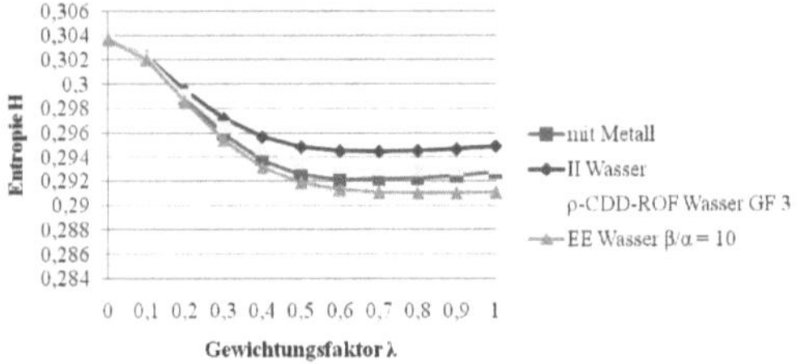

Abbildung 8.76: Vergleich der Entropieergebnisse der Hüfte 3 nach 2D-Interpolation.

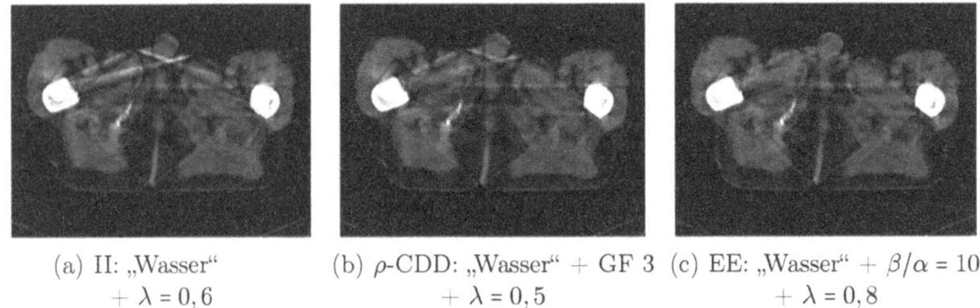

(a) II: „Wasser“ + $\lambda = 0,6$ (b) ρ-CDD: „Wasser“ + GF 3 + $\lambda = 0,5$ (c) EE: „Wasser“ + $\beta/\alpha = 10$ + $\lambda = 0,8$

Abbildung 8.77: Vergleich der jeweils besten 2D-Interpolationsergebnisse der Hüfte 3 nach λ-MAP-Rekonstruktion bei entsprechend bester Wahl von λ.

Verfahren und einer Wahl von $\lambda = 0,8$ erreicht. Einzig die EE-Methode liefert bessere Ergebnisse, als die reine Gewichtung der aufgenommenen Daten mit Metall.

Betrachtet man die λ-MAP-Rekonstruktionen der drei PDE-basierten Verfahren im Vergleich (siehe Abbildung 8.77), so lässt sich oben beschriebener Kurvenverlauf (siehe Abbildung 8.76) bei jeweils günstigster λ-Wahl auch visuell bestätigen. Das schlechteste Ergebnis liefert das II ($\lambda = 0,6$) gefolgt von dem ρ-CDD ($\lambda = 0.5$) und dem EE ($\lambda = 0,8$). Betrachtet man Abbildung 8.77, so nehmen die Artefakte innerhalb der λ-MAP-Rekonstruktionen von links nach rechts ab.

Die Entropieresultate des Hüftdatensatzes 4 sind in Abbildung 8.78 zu sehen. Auf Grund des sehr schmalen Metallobjektes erhält man insgesamt im Vergleich der drei PDE-basierten Verfahren drei nahezu deckungsgleiche Kurven. Die λ-MAP-Bilder, dargestellt in Abbildung 8.79, bestätigen dies ebenfalls. Innerhalb der unterschiedlichen Verfahren kann im rekonstruierten Bild kein gravierender Unterschied festgestellt werden. In allen drei Fällen wird das beste Resultat mit einer Wahl von $\lambda = 0,4$ in Kombination mit einem Vorwissen von „Wasser“ erzielt. Die niedrigste Entropie wird jedoch insgesamt wiederum mit dem EE-Verfahren erreicht.

Die nun folgende Beurteilung der Aortendatensätze gestaltet sich ein wenig komplizier-

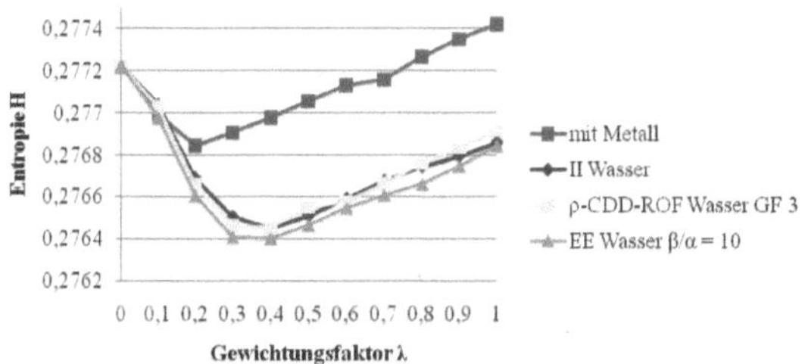

Abbildung 8.78: Vergleich der Entropieergebnisse der Hüfte 4 nach der 2D-Interpolation.

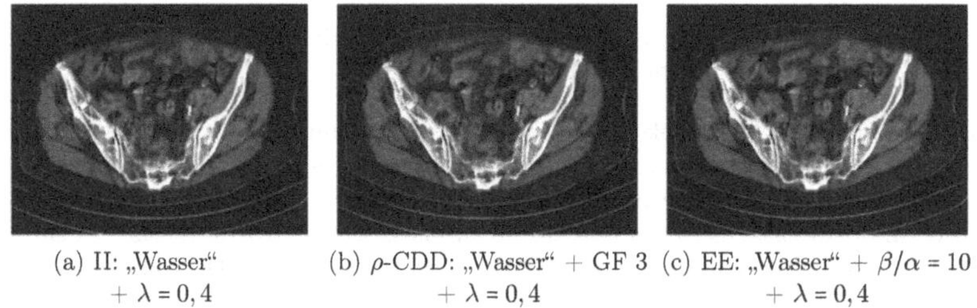

(a) II: „Wasser“ + $\lambda = 0,4$ (b) ρ-CDD: „Wasser“ + GF 3 + $\lambda = 0,4$ (c) EE: „Wasser“ + $\beta/\alpha = 10$ + $\lambda = 0,4$

Abbildung 8.79: Vergleich der jeweils besten 2D-Interpolationsergebnisse der Hüfte 4 nach λ-MAP-Rekonstruktion bei entsprechend bester Wahl von λ.

ter. So hat sich mit dem ρ-CDD-Verfahren bei der Aorta 1 kein eindeutiges Gesamtresultat ermitteln lassen. Betrachtet man die Entropiebeurteilung der λ-MAP-Rekonstruktionen der mit unterschiedlichem Vorwissen mit den ρ-CDD reparierten Daten, so zeigt sich für alle drei Vorwissenssituationen ein vergleichbarer Kurvenverlauf. Der niedrigste Entropiewert wird bei einem Vorwissen von „Luft“ und $\lambda = 0,5$ ermittelt.

Im Gesamtvergleich der drei PDE-basierten Verfahren schneidet bei der Aorta 1 abwei-

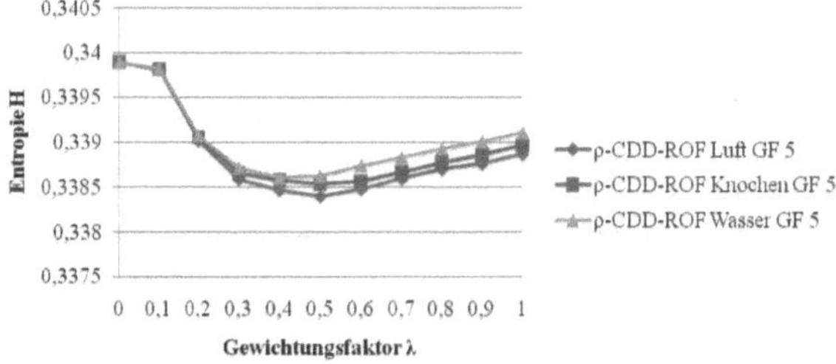

Abbildung 8.80: Vergleich der Entropieergebnisse der Aorta 1 nach der ρ-CDD-Interpolation.

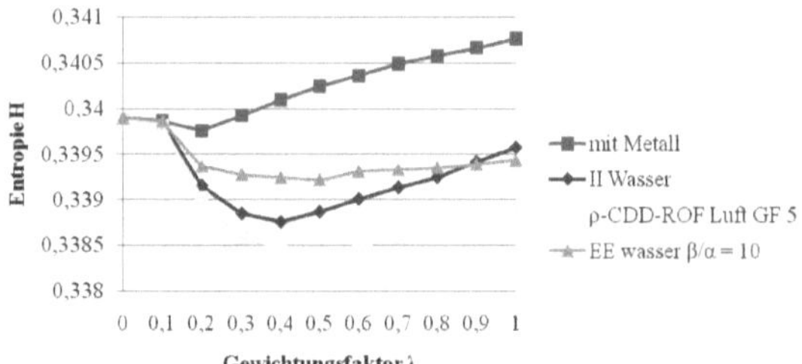

Abbildung 8.81: Vergleich der Entropieergebnisse der Aorta 1 nach der 2D-Interpolation.

chend nicht das EE-Verfahren (das hier zu dem schlechtesten Entropieresultat führt) sondern das oben beschriebene ρ-CDD am besten ab.

Das Ergebnis der λ-MAP-Rekonstruktionen ist in Abbildung 8.82 zu sehen. Die obere Reihe zeigt dabei den Vergleich der ρ-CDD-Ergebnisse bei unterschiedlichem Vorwissen und die untere Reihe die Ergebnisse der beiden verbleibenden 2D-Interpolationen, dem II und dem EE. Allerdings lässt sich oben dargestellter Kurvenverlauf bei subjektiver Bildanalyse nicht eindeutig wiederfinden. So liefern die ρ-CDD Bilder sowie das II-Verfahren vergleichbare Bilder mit weitestgehend äquivalenten Artefakten. Einzig das EE-Verfahren, das bei der Entropiebetrachtung am schlechtesten abschneidet, liefert ein glatter wirkendes Gesamtergebnis mit weniger Artefakten.

Eine mögliche Ursache für diesen Widerspruch in den Entropieresultaten könnten die höheren Hintergrundwerte in der Region des Metallobjektes bei der EE-Reparatur innerhalb der Rekonstruktion darstellen.

Die Ergebnisse der Aorta 2 lieferten bei der FBP-Berechnung für das II-Verfahren abweichende Ergebnisse. So wurde bei der FBP-Auswertung ein Vorwissen von „Luft“ als geeignetere Wahl ermittelt. Bei den anderen Datensätzen führte hingegen „Wasser“ zum besten Resultat. Dieses Ergebnis wird ebenfalls bei der λ-MAP-Auswertung bestätigt. So führt hier ein Vorwissen von „Luft“ zu einem deutlich günstigeren Entropiekurvenverlauf als ein Vorwissen von „Wasser“ (siehe Abbildung 8.83).

Erneut zeigt sich jedoch bei der visuellen Beurteilung der Bilder, dass ein Vorwissen von „Wasser“ bei dem II-Verfahren zu einem leicht günstigeren Bildeindruck führt als ein Vorwissen von „Luft“ (siehe Abbildung 8.85 (a) und (b)).

Im Vergleich der drei PDE-basierten 2D-Interpolationsverfahren ergibt sich für die Entropie das beste Resultat für das EE- ($\lambda = 0,7$), gefolgt von dem ρ-CDD- ($\lambda = 0,3$) und dem II-Verfahren ($\lambda = 0,3$).

Bei der subjektiven Beurteilung der λ-MAP-Bilder kann jedoch einzig das EE-Resultat überzeugen. Dieses ist als einziges Verfahren in der Lage, bei dem komplexen Metallob-

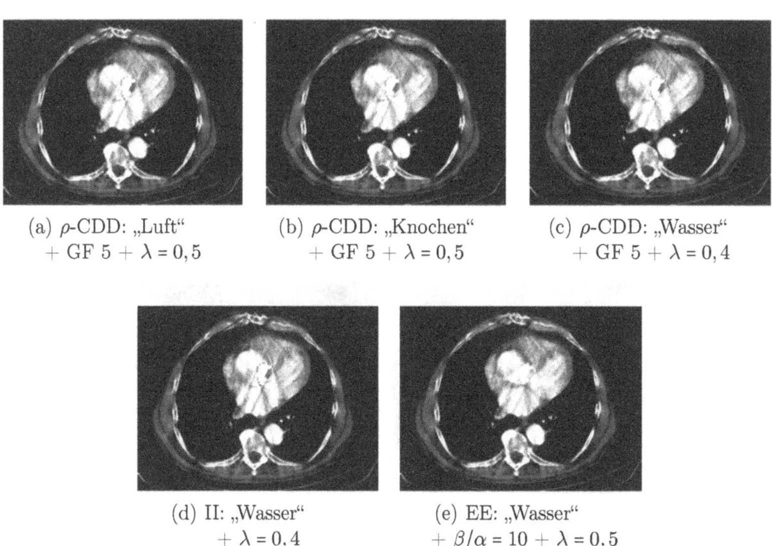

(a) ρ-CDD: „Luft“ + GF 5 + $\lambda = 0,5$

(b) ρ-CDD: „Knochen“ + GF 5 + $\lambda = 0,5$

(c) ρ-CDD: „Wasser“ + GF 5 + $\lambda = 0,4$

(d) II: „Wasser“ + $\lambda = 0,4$

(e) EE: „Wasser“ + $\beta/\alpha = 10 + \lambda = 0,5$

Abbildung 8.82: Vergleich der jeweils besten 2D-Interpolationsergebnisse der Aorta 1 nach einer λ-MAP-Rekonstruktion bei entsprechend bester Wahl von λ.

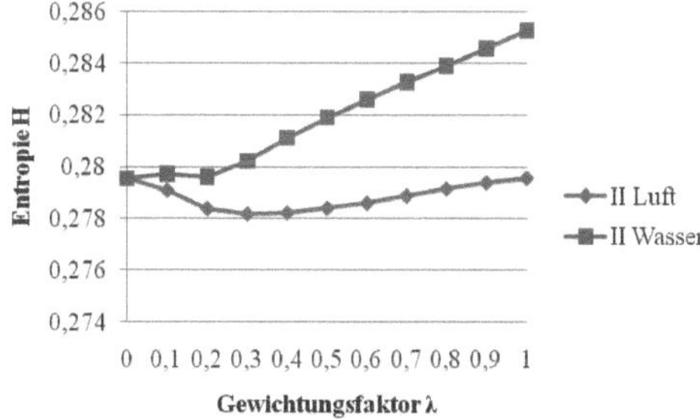

Abbildung 8.83: Vergleich der Entropieergebnisse der Aorta 2 nach der II-Interpolation.

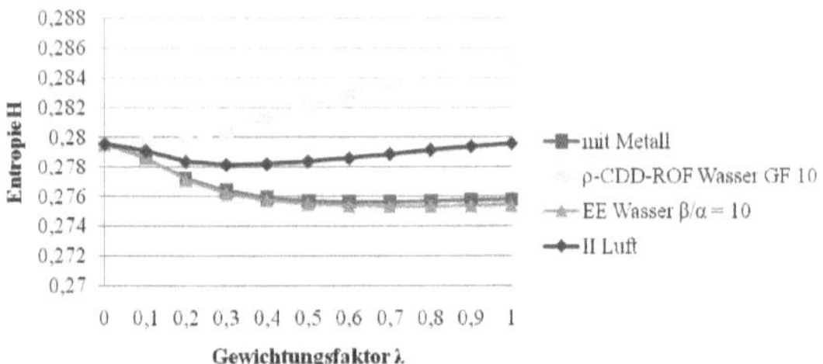

Abbildung 8.84: Vergleich der Entropieergebnisse der Aorta 2 nach einer 2D-Interpolation.

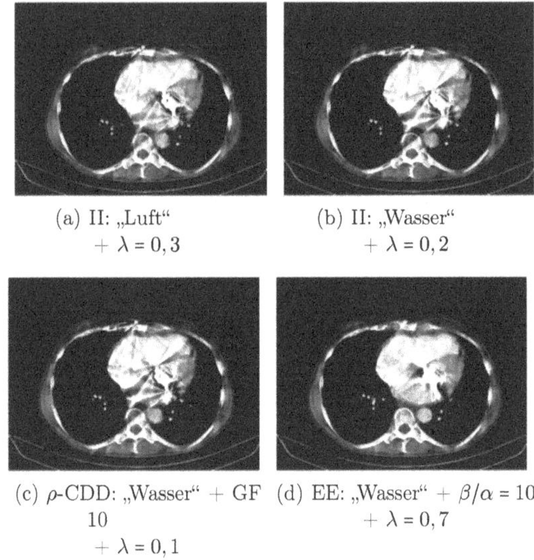

(a) II: „Luft" + $\lambda = 0,3$

(b) II: „Wasser" + $\lambda = 0,2$

(c) ρ-CDD: „Wasser" + GF 10 + $\lambda = 0,1$

(d) EE: „Wasser" + $\beta/\alpha = 10$ + $\lambda = 0,7$

Abbildung 8.85: Vergleich der jeweils besten 2D-Interpolationsergebnisse der Aorta 2 nach λ-MAP-Rekonstruktion bei entsprechend optimaler Wahl von λ.

jekt, das in allen anderen Fällen zur Ausbildung enormer neuer Artefakte im Bild führt, ein glattes, weitestgehend artefaktfreies Resultat zu erzielen.

Im Gesamtvergleich aller Datensätze zeigt sich, dass das EE-Verfahren den beiden anderen Methoden überlegen ist. Mit dem EE-Verfahren werden die neu entstehenden Artefakte weitestgehend gering gehalten und es ergeben sich glatt erscheinende neue Bilder mit reduzierten Metallartefakten.

9

Diskussion der Ergebnisse der Rekonstruktionsalgorithmen

Dieses Kapitel stellt nun die ermittelten Ergebnisse der 1D-, der 1.5D- und der 2D-Interpolationen gegenüber. Auf diese Weise sollen die Verfahren, die für die einzelnen Datensätze zu den besten Ergebnissen führen, ermittelt werden. Hierbei wird, wie in allen anderen Kapiteln, mit der Beurteilung der Torsophantomdatensätze begonnen, gefolgt von den sechs klinischen Datensätzen. Es werden immer die FBP-Ergebnisse sowie die λ-MAP-Ergebnisse im Vergleich gegenübergestellt. Dabei wird die Skalierung der jeweiligen Graphen für die beiden Verfahren identisch gewählt, um hierdurch auch den direkten Vergleich der Rekonstruktionsmethoden untereinander zu ermöglichen. Hierdurch kann es vorkommen, dass die Beurteilung der einzelnen Kurven nicht mehr möglich ist, so dass in diesen Fällen noch ein vergrößerter Ausschnitt der entsprechenden Bereiche abgebildet wird.

Die Beurteilung der Torsophantomdaten erfolgt mit Hilfe des RMS sowie der Entropie, während die klinischen Daten nur mittels Entropie evaluiert werden. Anschließend werden jeweils die beiden besten Restaurationsergebnisse beider Verfahren im Vergleich zu den Daten mit Metall betrachtet.

Zunächst wird mit der Beurteilung der Torsophantomdaten mit dem RMS sowohl nach einer FBP- als auch nach einer λ-MAP-Rekonstruktion begonnen. Abbildung 9.1 zeigt die Ergebnisse für die FBP in (a) und für das λ-MAP in (b).[20]

Vergleicht man das RMS-Ergebnis der FBP-Rekonstruktion der Daten mit Metall mit jenem des λ-MAP (siehe Abbildung 9.1), so zeigt sich, dass durch die gewichtete λ-MAP-Rekonstruktion eine deutliche Reduktion des RMS von 80 HU bei der FBP auf 42 HU

[20] Auf die erneute Darstellung aller Interpolationsergebnisse wurde an dieser Stelle auf Grund des enormen Platzverbrauches verzichtet.

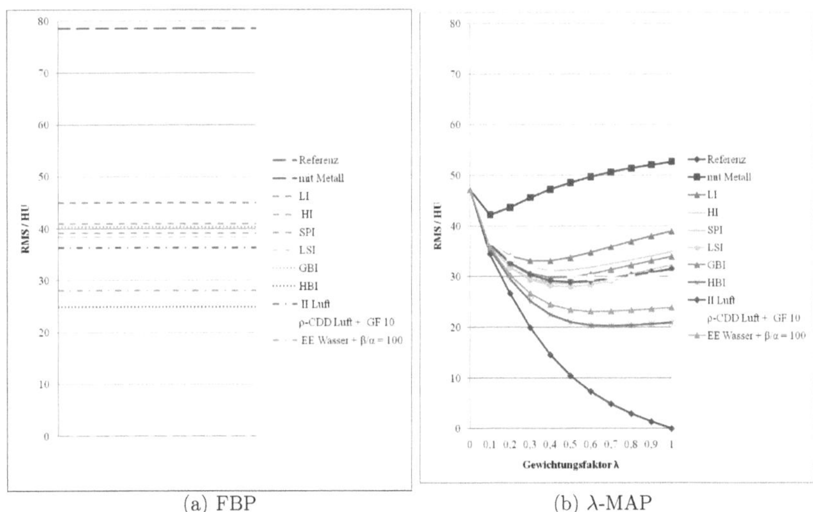

(a) FBP (b) λ-MAP

Abbildung 9.1: Rekonstruktionsergebnisse des Torsophantoms aller Interpolationsverfahren im Vergleich nach RMS-Berechnung.

bei $\lambda = 0,1$ mit dem λ-MAP-Verfahren reduziert werden kann. Das beste Ergebnis wird bei beiden Verfahren mit der HBI erzielt, gefolgt von dem EE-Verfahren. Die zusätzliche Gewichtung von $\lambda = 0,7$ bei dem λ-MAP-Verfahren führt zu einer weiteren Reduktion des RMS. Das schlechteste Interpolationsverfahren ist in beiden Fällen die 1D-LI. Diese stellt innerhalb der RMS-Beurteilung eine bessere Wahl als die alleinige Gewichtung der Daten mit Metall dar, die bei beiden Rekonstruktionsmethoden am schlechtesten abschneidet. Das beste Ergebnis wird wie erwartet mit dem Referenzdatensatz erzielt. Hierbei ist der RMS bei beiden Rekonstruktionsmethoden am niedrigsten.

Vergleichbare Aussagen können durch die Beurteilung der Rekonstruktionsergebnisse mit der Entropie getroffen werden (siehe Abb 9.2 (a) und (b) bzw. die vergrößerte Darstellung hiervon in (c)). Bei beiden Rekonstruktionsverfahren ergeben sich mit der HBI gefolgt von dem EE die besten Ergebnisse. Das schlechteste Interpolationsergebnis bei der FBP liefert jedoch abweichend die SPI, beziehungsweise wie auch bei der RMS-Auswertung die LI bei der λ-MAP-Rekonstruktion.

Auffallend ist jedoch bei der λ-MAP-Rekonstruktion das deutlich bessere Abschneiden der Daten mit Metall. So liefern in diesem Fall einzig die 1.5D-Interpolationsmethode HBI und die 2D-Interpolationsmethode EE Ergebnisse, die zu einem besseren Resultat führen als die alleinige Gewichtung der Daten mit Metall. Alle anderen Interpolationsmethoden führen zu schlechteren Ergebnissen. Allerdings sind die Kurven, erzielt mit der RMS und der Entropie, ansonsten in ihren Verläufen vergleichbar (vgl. Abbildung 9.1

(b) und Abbildung 9.2 (c)). Dadurch wird auf einen Blick ersichtlich, dass die Entropie, wie bereits durchgängig durch die gesamte Arbeit bestätigt, ein vergleichbares Maß zur Beurteilung der Bildqualität der unterschiedlichen Rekonstruktionen darstellt.

Betrachtet man die Rekonstruktionsergebnisse der jeweils besten Ergebnisse im Vergleich, so zeigt sich, dass einzig die Daten repariert mit der HBI verwendbare Ergebnisse bezüglich der MAR liefern (siehe Abbildung 9.3). Das zweitbeste Ergebnis, erzielt mit dem EE-Verfahren, erreicht keine zu diesen Bildern vergleichbare Qualität. Im Vergleich zu den Daten mit Metall können die bestehenden Artefakte hier zwar gut reduziert werden, allerdings entstehen wiederum neue Artefakte.

Die Restauration der Sinogramme mit der HBI liefert sowohl mit einer anschließenden FBP als auch mit der λ-MAP-Rekonstruktion gute Ergebnisse. Die Tatsache, dass diese beiden Bilder sich einzig in ihrer Glattheit unterscheiden (zurückzuführen auf die unterschiedlichen Filter innerhalb der Rekonstruktion) spricht für die gute Qualität des Restaurationsmechanismus an dieser Stelle, da ansonsten die FBP-Ergebnisse zu vermehrter Streifenbildung im rekonstruierten Bild führen würde. Im Vergleich zu den rekonstruierten Referenzbildern (siehe Abbildung 9.3 (a) und (b)) weisen die HBI-Rekonstruktionen nur wenige, leicht ausgeprägte Streifenartefakte mit Ursprung in der Position der Metallobjekte und Verbindung zu bestehenden Kanten im Bild auf. Insgesamt kann mit der HBI eine gute MAR in den rekonstruierten Bildern erreicht werden.

Nun folgend werden die Auswertungen aller Restaurationsverfahren für die klinischen Datensätze dargestellt. Dabei werden zunächst die Hüftdatensätze und anschließend die Aortendatensätze betrachtet.

Abbildung 9.4 zeigt die Entropieergebnisse nach FBP in (a) und nach λ-MAP-Rekonstruktion in (b) für die Hüfte 1. Hierbei handelt es sich bekanntlich um einen Datensatz mit einer Hüftprothese im Bereich des Hüftkopfes mit größerem Durchmesser.

Im direkten Vergleich der beiden Graphen untereinander ist zu erkennen, dass das λ-MAP-Verfahren zu leicht besseren Ergebnissen hinsichtlich der Entropie führt und wiederum der FBP überlegen ist.

Das beste Entropieergebnis der FBP und des λ-MAP wird nach Restauration mit dem EE-Verfahren, gefolgt von jenem mit der HBI erzielt. Wie bei den Torsophantomdaten sind die beiden Verfahren, die zu den besten Ergebnissen führen, identisch, nur die Reihenfolge ist vertauscht. Die besten λ-MAP-Ergebnisse werden jeweils bei einer Wahl von $\lambda = 0,3$ erzielt. Am schlechtesten schneiden bei der FBP die Daten mit Metall und bei der λ-MAP-Rekonstruktion die SPI ab.

Des Weiteren fällt auf, dass die Daten mit Metall bei einer λ-MAP-Rekonstruktion durch die alleinige Gewichtung der inkonsistenten Projektionen zu einer guten Reduktion der Artefakte im Bild führen. Vergleichbar hierzu sind die mit dem II erzielten Entropieergebnisse und lediglich die HBI sowie das EE liefern bessere Resultate.

Betrachtet man die rekonstruierten Bilder der Hüfte 1 der Daten mit Metall, so zeigt sich

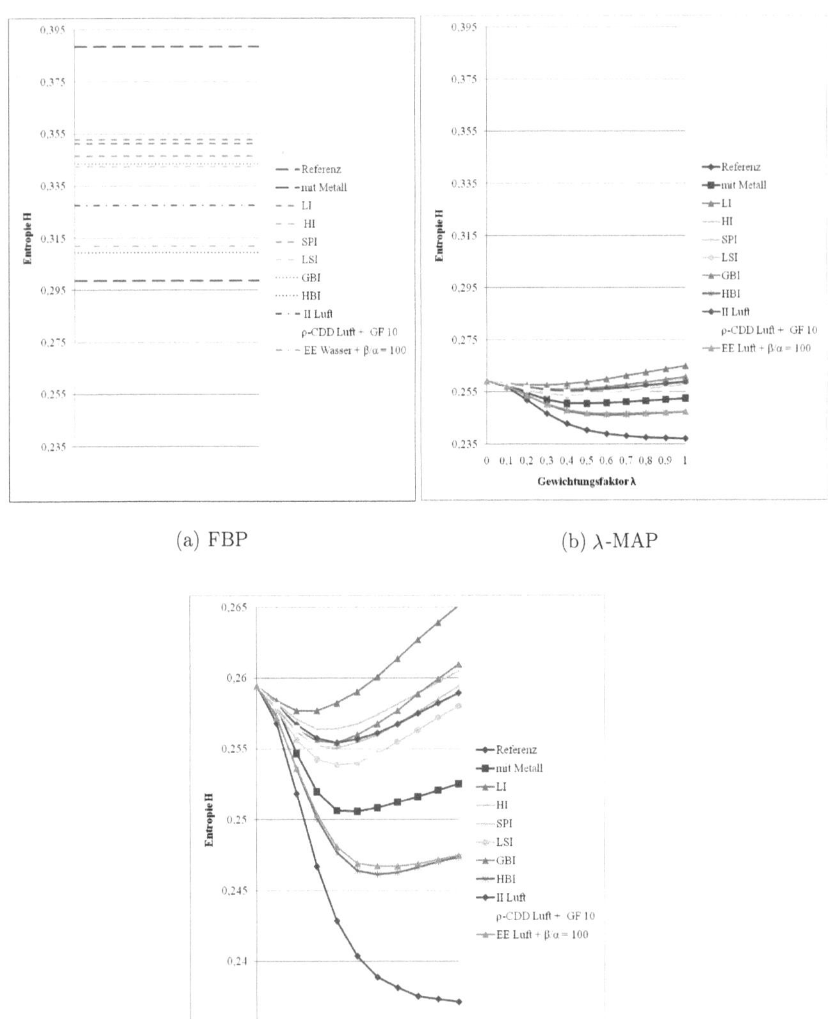

(a) FBP (b) λ-MAP

(c) vergrößerter Ausschnitt von λ-MAP

Abbildung 9.2: Rekonstruktionsergebnisse des Torsophantoms aller Interpolationsverfahren im Vergleich nach Entropieberechnung.

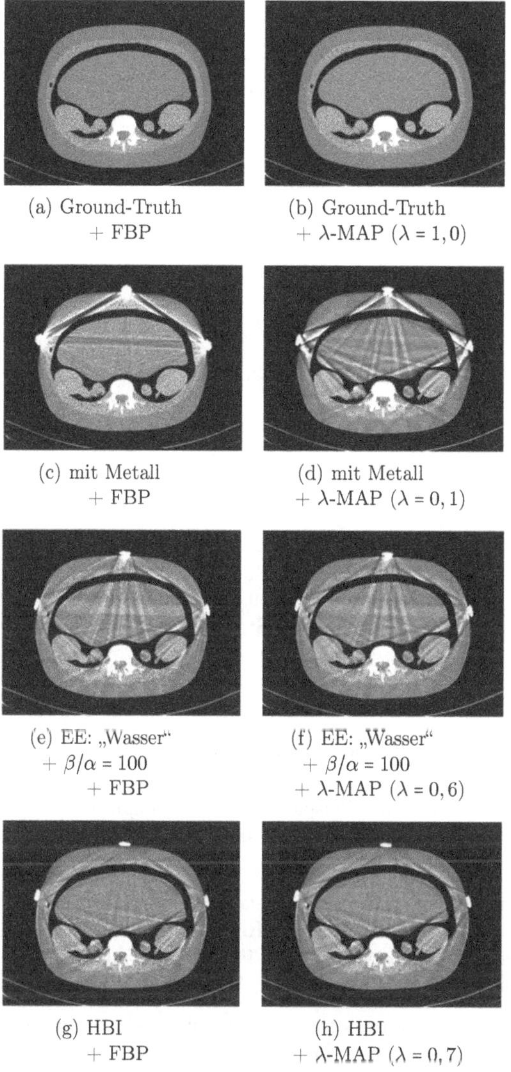

(a) Ground-Truth + FBP

(b) Ground-Truth + λ-MAP ($\lambda = 1,0$)

(c) mit Metall + FBP

(d) mit Metall + λ-MAP ($\lambda = 0,1$)

(e) EE: „Wasser“ + $\beta/\alpha = 100$ + FBP

(f) EE: „Wasser“ + $\beta/\alpha = 100$ + λ-MAP ($\lambda = 0,6$)

(g) HBI + FBP

(h) HBI + λ-MAP ($\lambda = 0,7$)

Abbildung 9.3: Ergebnisse der FBP- und der λ-MAP-Rekonstruktion des Torsophantoms im Vergleich (nach RMS-Auswertung).

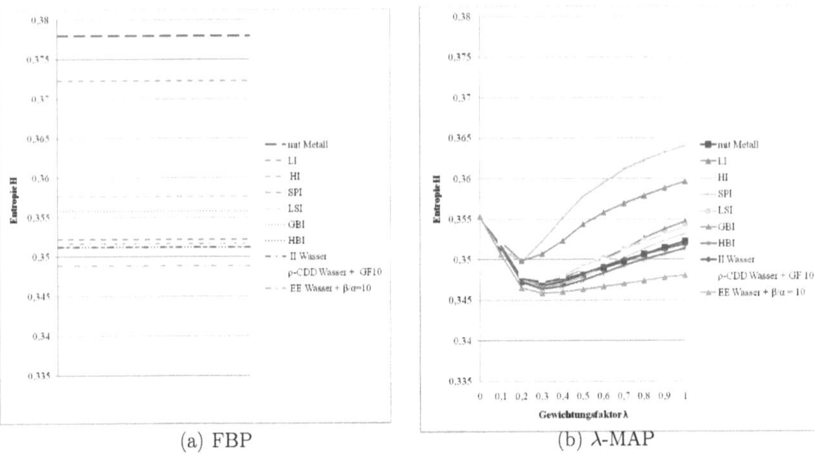

(a) FBP (b) λ-MAP

Abbildung 9.4: Rekonstruktionsergebnisse der Hüfte 1 aller Interpolationsverfahren im Vergleich.

die deutliche Reduktion der Streifenartefakte durch die alleinige Gewichtung während der λ-MAP-Rekonstruktion (siehe Abbildung 9.5 (b)) im Vergleich zur FBP-Rekonstruktion dieser Daten (siehe Abbildung 9.5 (a)). Im Vergleich zu den beiden besten Verfahren fallen die neu entstehenden Streifenartefakte, insbesondere zwischen den beiden Hüftknochen, in den gewichteten Daten mit Metall geringer aus. Bei rein subjektiver Beurteilung ist auch die Struktur des Knochens innerhalb dieses Bildes am besten zu beurteilen und weicht am wenigsten von der Form ab.

In Abbildung 9.6 sind die Entropieergebnisse aller Interpolationsverfahren nach Rekonstruktion mit der FBP (a) und dem λ-MAP-Algorithmus (b) der Hüfte 2 zu sehen. Die beidseitige Hüftprothese dieses Beispiels stellt die komplizierteste in dieser Arbeit betrachtete Situation mit dem größten Datenverlust (Bereich der inkonsistenten Daten) dar.

Der Vergleich der FBP mit der λ-MAP-Rekonstruktion führt hier zu einer leichten Verbesserung der Entropie bei dem letzteren Rekonstruktionsverfahren. Jedoch fällt in diesem Beispiel die Verbesserung durch das iterative Verfahren geringer aus als bei den übrigen Beispielen.

Die schlechtesten Ergebnisse erzielen die Daten mit Metall gefolgt von jenen repariert mit der SPI. Das beste Ergebnis wird in beiden Fällen erneut mit der HBI erlangt. Jedoch kann in diesem Beispiel im Gegensatz zu den vorherigen das EE nicht überzeugen und verliert deutlich gegenüber dem II, das hier das zweitbeste Resultat erreicht.

Die visuelle Beurteilung der Bilder zeigt, dass hier ebenfalls durch eine reine Gewichtung

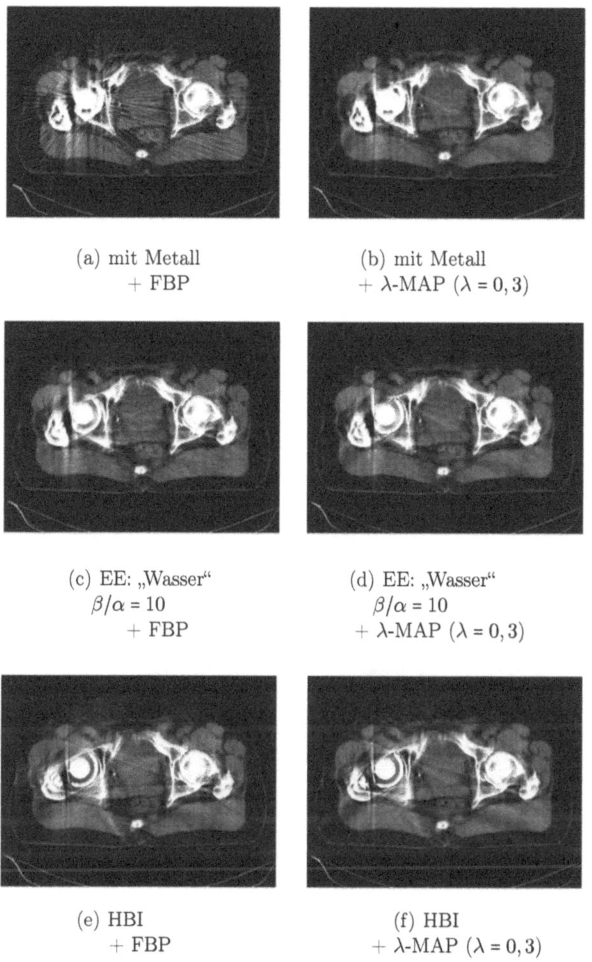

(a) mit Metall
+ FBP

(b) mit Metall
+ λ-MAP ($\lambda = 0,3$)

(c) EE: „Wasser"
$\beta/\alpha = 10$
+ FBP

(d) EE: „Wasser"
$\beta/\alpha = 10$
+ λ-MAP ($\lambda = 0,3$)

(e) HBI
+ FBP

(f) HBI
+ λ-MAP ($\lambda = 0,3$)

Abbildung 9.5: Ergebnisse der FBP-und der λ-MAP-Rekonstruktion der Hüfte 1 im Vergleich.

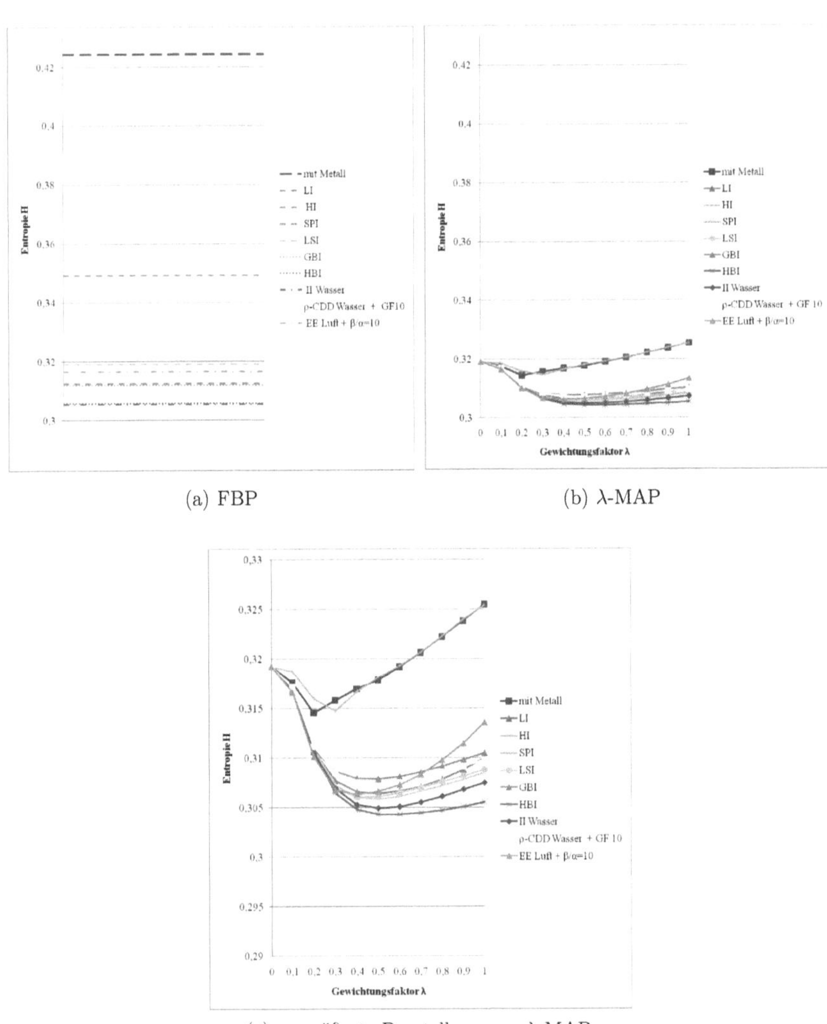

(a) FBP (b) λ-MAP

(c) vergrößerte Darstellung von λ-MAP

Abbildung 9.6: Rekonstruktionsergebnisse der Hüfte 2 aller Interpolationsverfahren im Vergleich.

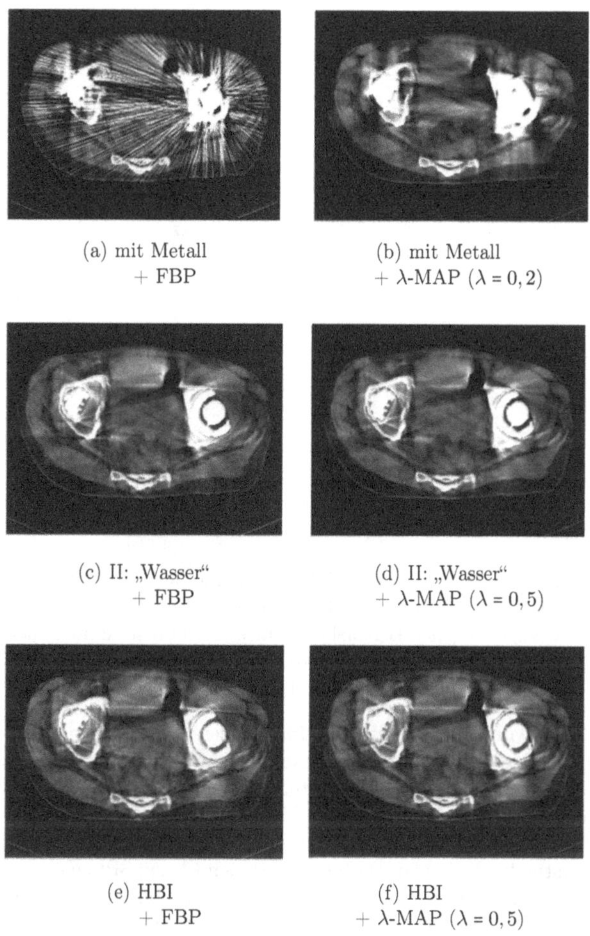

(a) mit Metall + FBP

(b) mit Metall + λ-MAP ($\lambda = 0,2$)

(c) II: „Wasser“ + FBP

(d) II: „Wasser“ + λ-MAP ($\lambda = 0,5$)

(e) HBI + FBP

(f) HBI + λ-MAP ($\lambda = 0,5$)

Abbildung 9.7: Ergebnisse der FBP- und der λ-MAP-Rekonstruktion der Hüfte 2 im Vergleich.

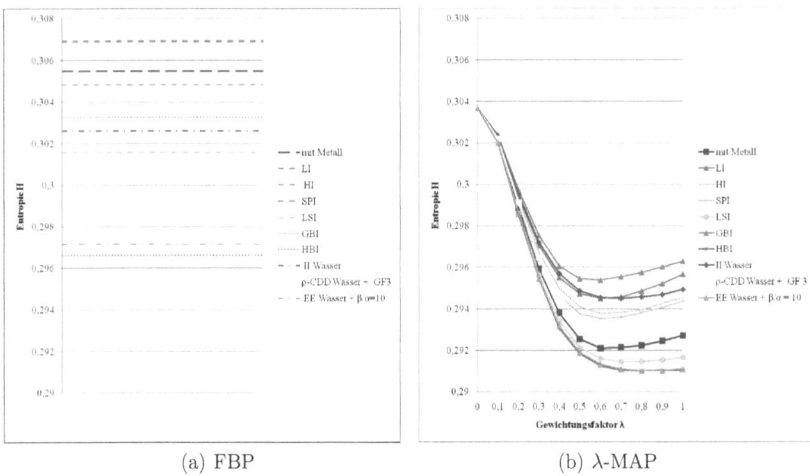

(a) FBP (b) λ-MAP

Abbildung 9.8: Rekonstruktionsergebnisse der Hüfte 3 aller Interpolationsverfahren im Vergleich.

der Daten mit Metall die das umliegende Gewebe überlagernden Streifenartefakte gut reduziert werden können. Allerdings wirkt das Endergebnis hier nicht so glatt und einheitlich wie im vorangegangenen Beispiel der Hüfte 1. Vielmehr können hier die mit dem II sowie jene mit der HBI erzielten Resultate überzeugen. Dabei führen letztere zu dem subjektiv besten Bildeindruck und die ermittelten Entropiewerte bestätigen diesen.

Die Hüfte 3 stellt ebenfalls eine beidseitige Hüftprothese dar. Jedoch ist der Durchmesser der Hüftprothesen, hier im Bereich des Oberschenkelknochens lokalisiert, geringer als bei der Hüfte 2, bei der die betrachtete Schnittebene auf Höhe der Hüftköpfe verläuft. Die Entropiergebnisse der Hüfte 3 sind für die FBP in Abbildung 9.8 (a) und für die λ-MAP-Rekonstruktion in Abbildung 9.8 (b) dargestellt. Betrachtet man die FBP-Ergebnisse, so fällt auf, dass erstmalig die beiden 1D-Interpolationen LI und SPI zu einem schlechteren Rekonstruktionsergebnis führen als die FBP-Rekonstruktion der Daten mit Metall. In diesem Beispiel führt somit die Restauration der Sinogrammdaten zu einer Verschlechterung der Ausgangssituation bei Verwendung dieser beiden 1D-Interpolationen. Das beste Resultat wird bei diesem Beispiel unter Verwendung der FBP mit der HBI gefolgt von dem EE erreicht.

Im Fall der λ-MAP-Rekonstruktion sind die Entropiekurven von HBI und EE nahezu deckungsgleich. Beide Male führt eine Gewichtung mit $\lambda = 0,8$ zu dem besten Resultat, respektive zu der niedrigsten Entropie. Wie auch in den vorangegangen Beispielen der Phantomdaten und der Hüfte 1, liefert die Gewichtung der Daten mit Metall in Kombination mit der λ-MAP-Rekonstruktion ein besseres Ergebnis als die meisten In-

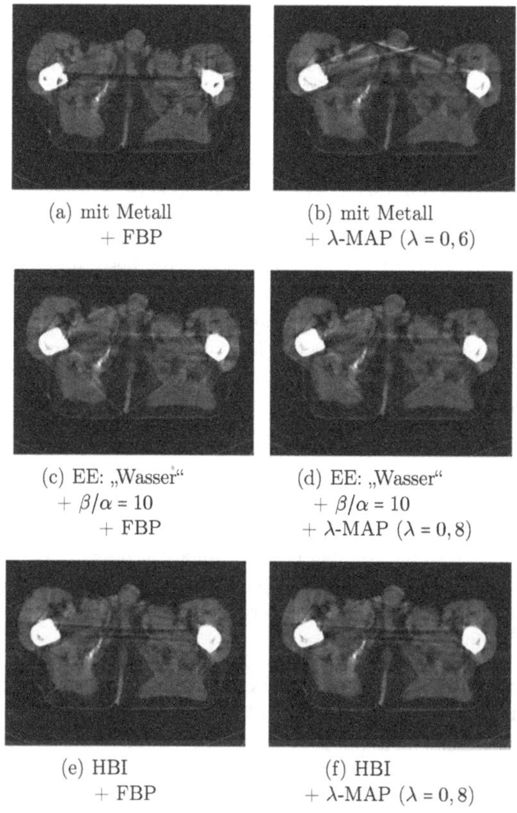

(a) mit Metall + FBP

(b) mit Metall + λ-MAP ($\lambda = 0,6$)

(c) EE: „Wasser“ + $\beta/\alpha = 10$ + FBP

(d) EE: „Wasser“ + $\beta/\alpha = 10$ + λ-MAP ($\lambda = 0,8$)

(e) HBI + FBP

(f) HBI + λ-MAP ($\lambda = 0,8$)

Abbildung 9.9: Ergebnisse der FBP- und der λ-MAP-Rekonstruktion der Hüfte 3 im Vergleich.

terpolationen. Nur die LSI, das EE und die HBI können die Sinogrammdaten so gut reparieren, dass die Artefakte reduziert werden.

Abbildung 9.9 zeigt die beiden besten FBP- sowie λ-MAP-Ergebnisse der Hüfte 3 im Vergleich zu der FBP- und der λ-MAP- Rekonstruktion der Daten mit Metall. Ausgehend von der FBP-Rekonstruktion der Hüfte 3 (siehe Abbildung 9.9 (a)) kann durch die alleinige Gewichtung der Daten erneut der Bereich, der in der FBP-Rekonstruktion nicht beurteilbar ist, nun besser interpretiert werden (siehe Abbildung 9.9 (b)). Des Weiteren konnten die enthaltenen Streifenartefakte gut reduziert werden. Allerdings bilden sich deutlich neue Streifenartefakte in Verbindung zu den umliegenden Kanten aus. Diese fallen bei den mit dem EE-Verfahren reparierten Sinogrammdaten nach anschließender Rekonstruktion deutlich geringer aus. Mit der HBI lassen sich die neu entstehenden Artefakte weitestgehend vollständig vermeiden, allerdings ist das Restaurationsergebnis zwischen den beiden Prothesen nicht ganz so gut wie bei der reinen Gewichtung und dem EE.

Insgesamt zeigt sich an diesem Beispiel wiederum deutlich, dass das λ-MAP-Verfahren zu besseren Rekonstruktionsergebnissen führt als die FBP.

Noch eindrucksvoller lässt sich diese Tatsache an dem folgenden Beispiel der Hüfte 4 erkennen (siehe Abbildung 9.10 (a) und (b)) sowie zur besseren detaillierten Beurteilbarkeit die entsprechenden Vergrößerungen (c) und (d). Hierbei handelt es sich um das kleinste Metallobjekt innerhalb der betrachteten Beispiele, einen Nagel in der Hüfte. Die Ergebnisse der unterschiedlichen Interpolationsformen liegen alle sehr dicht beieinander und liefern vergleichbare Ergebnisse. Dies ist verständlich, denn in diesem Fall ist die zu reparierenden Lücke innerhalb der Sinogrammdaten relativ schmal und schon einfache Interpolationsmechanismen sind in der Lage, sinnvolle Daten zu ergänzen.

Betrachtet man die FBP-Entropieergebnisse im Detail, so sieht man, dass die SPI wie im vorangegangenen Beispiel zu einem noch schlechteren Ergebnis führt als die Daten mit Metall. Das beste Resultat wird mit dem II, gefolgt von dem ρ-CDD erzielt. Die besten Ergebnisse weichen somit von den in den vorherigen besten FBP-Rekonstruktionen erzielten Interpolationen, der HBI und dem EE, ab. Allerdings liegen die Ergebnisse sehr dicht beieinander und diese beiden Verfahren zählen zu den insgesamt am besten abschneidenden Verfahren.

Dies bestätigt sich auch, wenn man die Kurven der λ-MAP-Rekonstruktionen der einzelnen Interpolationen miteinander vergleicht. Hier schneidet das EE gefolgt von der HBI, dem II und dem ρ-CDD-Verfahren am besten ab. Die Kurven liegen, wie bereits erwähnt, alle sehr dicht beieinander und alle Interpolationsmechanismen schneiden besser ab als die alleinige Gewichtung der Daten mit Metall.

Dies lässt insgesamt den Schluss zu, dass bei kleinen Metallobjekten unabhängig von der Interpolationsmethode gute Ergebnisse erzielt werden können. Bestätigt wird dies durch die Betrachtung der Rekonstruktionsergebnisse, dargestellt in Abbildung 9.11, für die jeweils besten Interpolationsverfahren der beiden Rekonstruktionsalgorithmen.

Ausgenommen die rekonstruierten Daten mit Metall führen die einzelnen Interpolationsverfahren zu vergleichbaren Ergebnissen. In allen Rekonstruktionen befindet sich ein neu entstehendes Artefakt in der Verlängerung des rechten Beckens. Dieses ist leicht unterschiedlich ausgeprägt.

Die verbleibenden Beispiele stellen die beiden klinischen Aortendatensätze dar. Die Entropieergebnisse der Aorta 1 aller Interpolationsverfahren im Vergleich sind in Abbildung 9.12 dargestellt. Auch hier wird die Überlegenheit des iterativen λ-MAP-Algorithmus im Vergleich zur FBP ersichtlich.

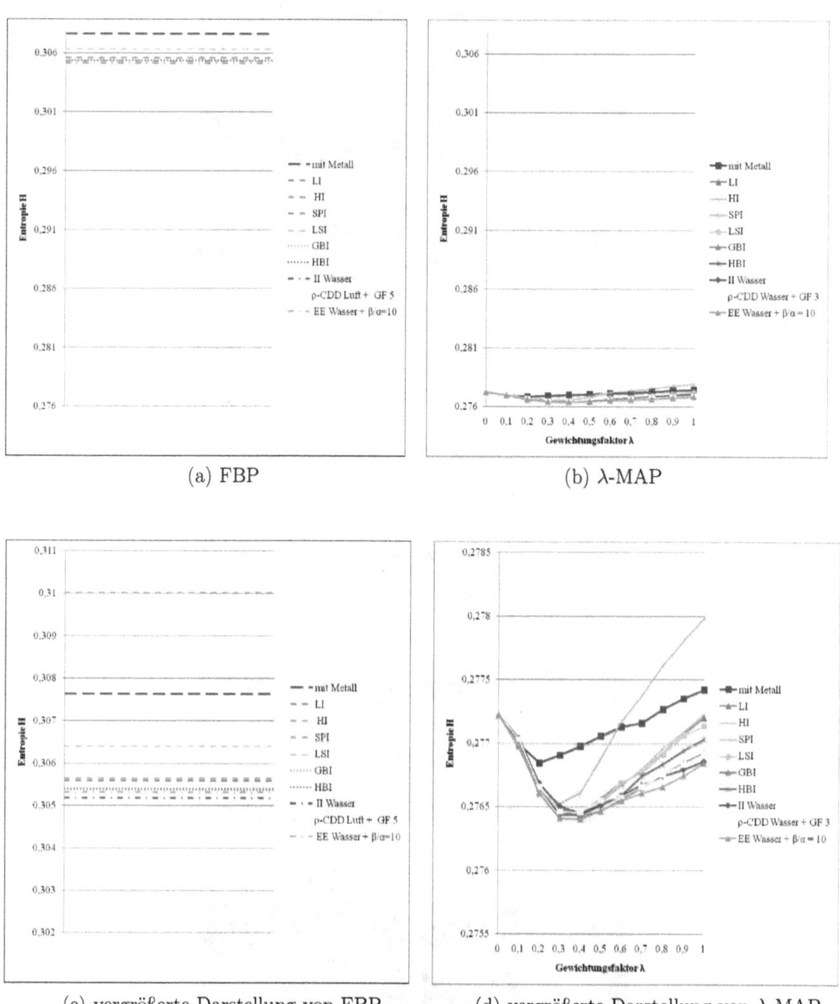

(a) FBP

(b) λ-MAP

(c) vergrößerte Darstellung von FBP

(d) vergrößerte Darstellung von λ-MAP

Abbildung 9.10: Rekonstruktionsergebnisse der Hüfte 4 aller Interpolationsverfahren im Vergleich.

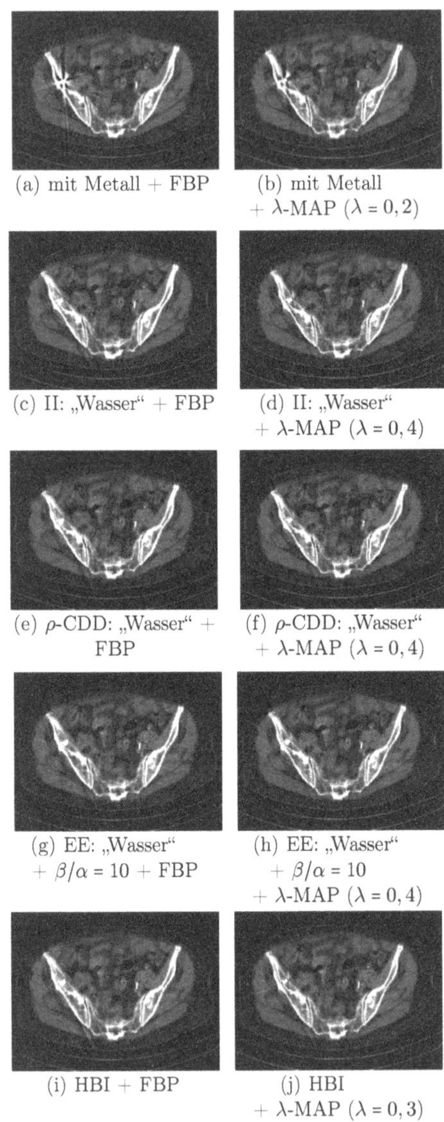

(a) mit Metall + FBP

(b) mit Metall + λ-MAP ($\lambda = 0,2$)

(c) II: „Wasser“ + FBP

(d) II: „Wasser“ + λ-MAP ($\lambda = 0,4$)

(e) ρ-CDD: „Wasser“ + FBP

(f) ρ-CDD: „Wasser“ + λ-MAP ($\lambda = 0,4$)

(g) EE: „Wasser“ + $\beta/\alpha = 10$ + FBP

(h) EE: „Wasser“ + $\beta/\alpha = 10$ + λ-MAP ($\lambda = 0,4$)

(i) HBI + FBP

(j) HBI + λ-MAP ($\lambda = 0,3$)

Abbildung 9.11: Ergebnisse der FBP- und der λ-MAP-Rekonstruktion der Hüfte 4 im Vergleich.

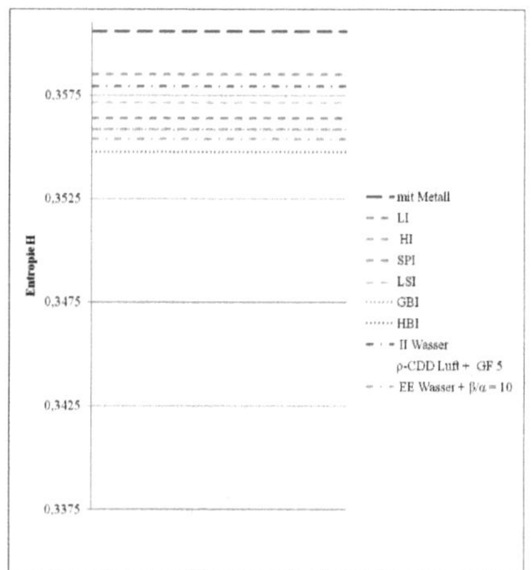

(a) FBP

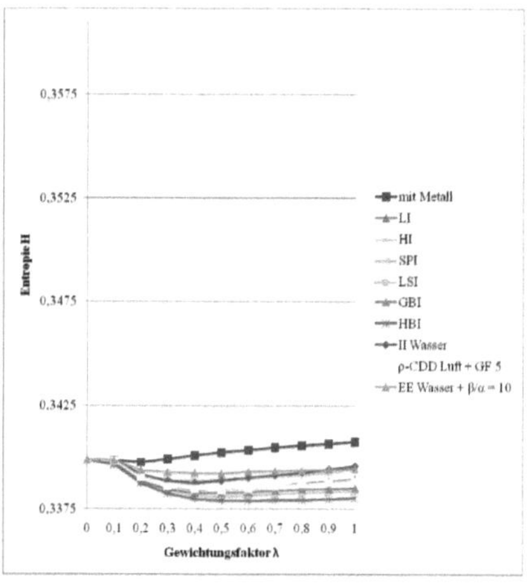

(b) λ-MAP

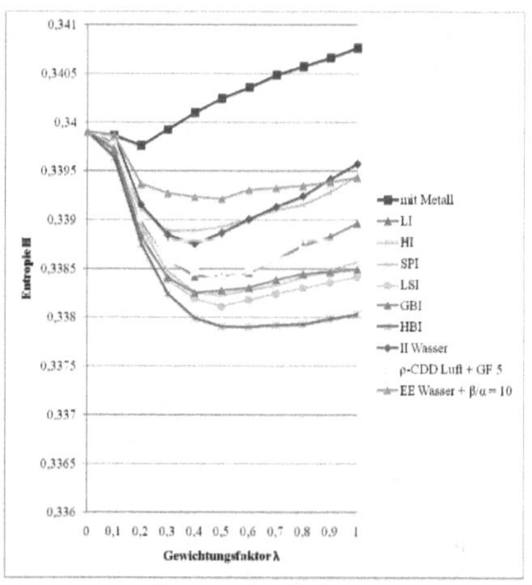

(c) vergrößerte Darstellung von λ-MAP

Abbildung 9.12: Rekonstruktionsergebnisse der Aorta 1 aller Interpolationsverfahren im Vergleich.

Wie auch überwiegend in den vorangegangenen Beispielen schneiden bei der FBP die HBI vor der EE als beste Ergebnisse ab und die beiden schlechtesten sind die SPI vor den Daten mit Metall. Bei den λ-MAP-Kurven sieht dies etwas anders aus. Das beste Verfahren stellt erneut die HBI dar. Allerdings fällt das EE-Verfahren auf den letzten Platz der Interpolationsverfahren und ist einzig besser als die alleinige Gewichtung der Daten mit Metall. Das zweitbeste Verfahren der λ-MAP-Rekonstruktion stellt in diesem Beispiel die LSI dar.

Das schlechte Abschneiden der EE-reparierten Daten ist an dieser Stelle unter Umständen darauf zurückzuführen, dass die zusätzliche Gewichtung des λ-MAP-Verfahrens hier zu keiner signifikanten Verbesserung mehr beitragen kann, während dies bei den anderen Interpolationen der Fall ist. Im Bereich des Metallobjektes wirken die Daten bei dem EE im Umfeld eher zu hoch geschätzt, wie die Rekonstruktionsergebnisse in Abbildung 9.13 (e) und (f) zeigen.

Das gute Abschneiden der LSI (siehe Abbildung 9.13 (d)) in Kombination mit der λ-MAP-Rekonstruktion hingegen lässt zwei Schlüsse zu. Zum einen, dass die Kanten innerhalb der Sinogrammdaten hauptsächlich senkrecht auf dem Verlauf der Spur der inkonsistenten Projektionen stehen und durch die LSI in diesem Fall gut wiederhergestellt werden konnten und zum anderen, dass die verbleibenden Fehler in Form der entstehenden neuen Streifenartefakte (siehe FBP-Rekonstruktion dieser Daten in Abbildung 9.13 (c)) durch die λ-MAP-Rekonstruktion erfolgreich unterdrückt und geglättet werden konnten.

Eindeutig am besten schneidet die HBI auch bei der subjektiven visuellen Beurteilung ab. Sie führt zu einem glatten, zufriedenstellenden Rekonstruktionsergebnis ohne Streifenartefakte, sowohl nach Rekonstruktion mit der FBP (siehe Abbildung 9.13 (g)) als auch mit der λ-MAP-Rekonstruktion (siehe Abbildung 9.13 (h)).

Die Entropieauswertung des letzten Datensatzes der Aorta 2 ist in Abbildung 9.14 zu sehen. Bei diesem Datensatz handelt es sich um eine Herzklappe mit komplexer Form. Bei der FBP ist wiederum die HBI das Verfahren, das zu dem niedrigsten Entropiewert führt. Einzig die drei Verfahren II, GBI und HI liefern ebenfalls besser Resultate als die Daten mit Metall. Alle anderen Interpolationsverfahren mit anschließender FBP-Rekonstruktion schneiden schlechter ab (siehe Abbildung 9.14 (a)). Im Fall der unterschiedlichen Interpolationsverfahren in Kombination mit der λ-MAP-Rekonstruktion sieht der Kurvenverlauf anders aus. Das EE Verfahren, das mit der FBP am schlechtesten abschneidet, stellt hierbei das beste Verfahren bei einer Wahl von $\lambda = 0,7$ dar. Hier führt die zusätzliche Gewichtung während der Rekonstruktion zu der enormen Verbesserung des Resultates. Entgegengesetzt hierzu verhält sich die Situation bei der HBI. Die zusätzliche Gewichtung führt zu einer Verschlechterung im Vergleich zur FBP-Rekonstruktion. Eine mögliche Ursache besteht hierbei vermutlich darin, dass das Interpolationsergebnis der HBI nahezu perfekt ist und die zusätzliche Gewichtung die interpolierten Ersatzdaten in einer falschen Richtung beaufschlagt.

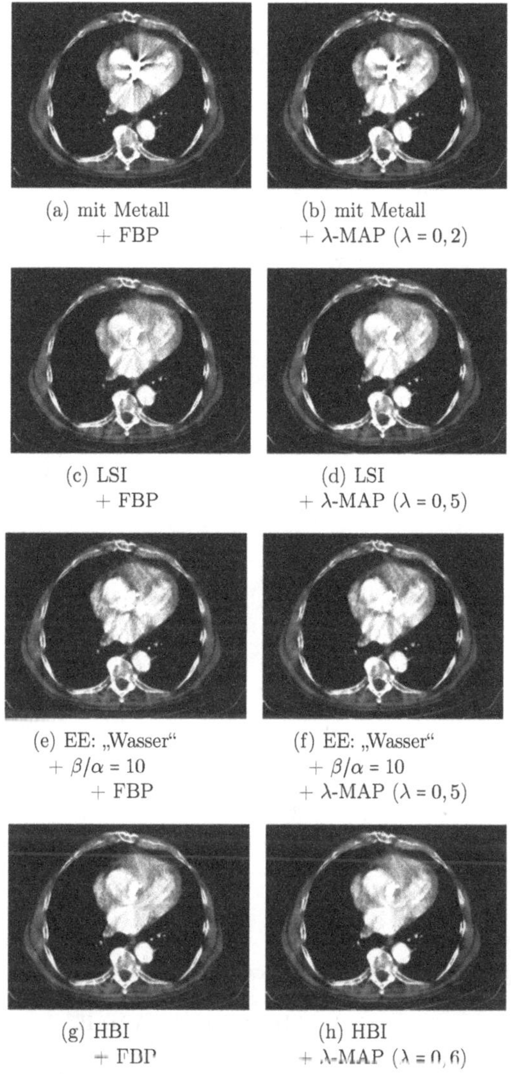

(a) mit Metall + FBP

(b) mit Metall + λ-MAP ($\lambda = 0,2$)

(c) LSI + FBP

(d) LSI + λ-MAP ($\lambda = 0,5$)

(e) EE: „Wasser“ + $\beta/\alpha = 10$ + FBP

(f) EE: „Wasser“ + $\beta/\alpha = 10$ + λ-MAP ($\lambda = 0,5$)

(g) HBI + FBP

(h) HBI + λ-MAP ($\lambda = 0,6$)

Abbildung 9.13: Ergebnisse der FBP- und der λ-MAP-Rekonstruktion der Aorta 1 im Vergleich.

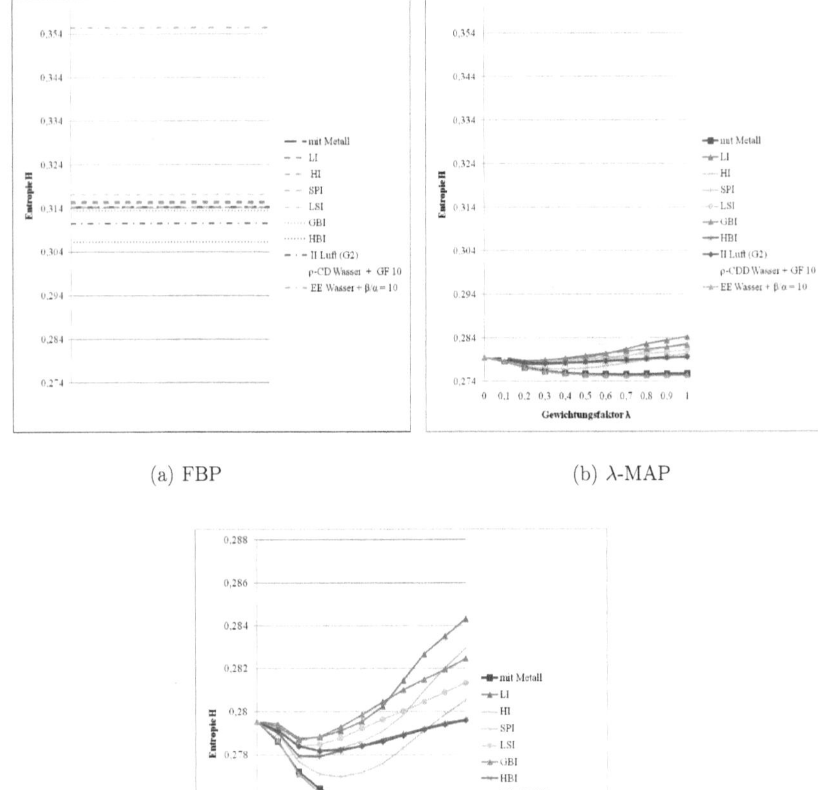

(a) FBP

(b) λ-MAP

(c) vergrößerte Darstellung von λ-MAP

Abbildung 9.14: Rekonstruktionsergebnisse der Aorta 2 aller Interpolationsverfahren im Vergleich.

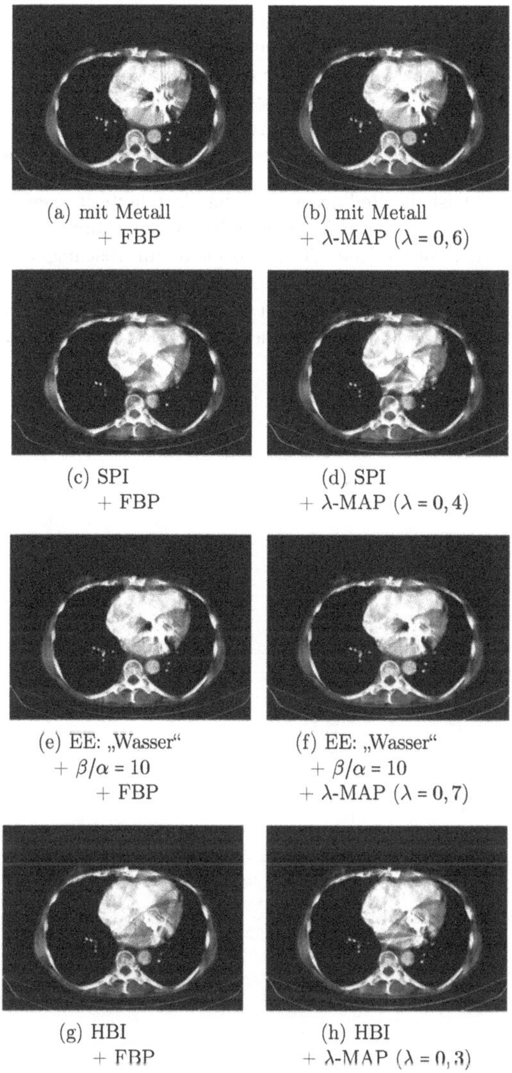

(a) mit Metall + FBP

(b) mit Metall + λ-MAP ($\lambda = 0,6$)

(c) SPI + FBP

(d) SPI + λ-MAP ($\lambda = 0,4$)

(e) EE: „Wasser" + $\beta/\alpha = 10$ + FBP

(f) EE: „Wasser" + $\beta/\alpha = 10$ + λ-MAP ($\lambda = 0,7$)

(g) HBI + FBP

(h) HBI + λ-MAP ($\lambda = 0,3$)

Abbildung 9.15: Ergebnisse der FBP- und der λ-MAP-Rekonstruktion der Aorta 2 im Vergleich.

Betrachtet man das Rekonstruktionsergebnis der HBI mit der FBP (siehe Abbildung 9.15 (g)), so zeigt sich ein gutes glattes Endergebnis ohne große Streifenartefakte. Hingegen führt in der λ-MAP-Rekonstruktion (siehe Abbildung 9.15 (h)) die Gewichtung wiederum zu einer Ausprägung neuer Streifenartefakte. Insgesamt gestaltet sich die MAR durch die komplexe Form des Metallobjektes eher schwierig. Metallobjekte mit vielen Kanten neigen offenbar zu einer erhöhten Ausbildung neuer Artefakte, die sich bekanntlich zwischen den Kanten des Metallobjektes und jenen im Bild vermehrt ausbilden.

Aus subjektiver Sicht ist die Reduktion der Metallartefakte in diesem Beispiel nur bedingt geglückt. Zwar liefert das EE mit dem λ-MAP-Verfahren (siehe Abbildung 9.15 (f)) eine Reduktion der vorhandenen Streifenartefakte im Ausgangsbild (siehe Abbildung 9.15 (a)), allerdings bleiben vermeintliche Artefakte (dunkle sowie sehr helle Bereiche im direkten Umfeld des Metallobjektes) im Bild auch weiterhin bestehen. Diese können mit der HBI und anschließender FBP (siehe Abbildung 9.15 (g)) reduziert werden.

10

Zusammenfassung und Schlussfolgerungen

Ein großes Problem bei der diagnostischen Beurteilung von CT-Bildern stellen Metallartefakte dar. Befinden sich Metalle während der CT-Aufnahme im Strahlengang, so führen diese zu falschen, inkonsistenten Projektionswerten in den aufgenommenen Rohdaten, den so genannten Sinogrammen. In den mit der Standardrekonstruktionsmethode der Computertomographie, der gefilterten Rückprojektion (FBP), rekonstruierten CT-Bildern führen diese inkonsistenten Projektionswerte einerseits zu hellen, strahlenförmigen, vom Metallobjekt ausgehenden, das umliegende Gewebe überlagernden Streifenartefakten. Andererseits bilden sich dunkle Bereiche zwischen mehreren Metallobjekten oder anderen Objekten hoher Ordnungszahl im Periodensystem der Elemente aus.

Das Ziel dieser Arbeit bestand in der Entwicklung und Evaluierung unterschiedlicher, auf Interpolationen basierender Metallartefaktreduktions (MAR)-Verfahren und deren Anwendbarkeit auf Metallartefakte in CT-Bildern. Hierzu wurden 1D-, 1.5D- und 2D-Interpolationsmethoden dazu verwendet, die inkonsistenten Projektionen in den aufgenommenen Rohdaten zu reparieren und diese Ergebnisse sowohl nach Rekonstruktion mit der FBP als auch mit dem in dieser Arbeit entwickelten gewichteten iterativen λ-Maximum-A-Posteriori (MAP)-Verfahren, miteinander zu vergleichen. Einerseits wurden diese unterschiedlichen Mechanismen auf Phantomdaten eines Torsophantoms versehen mit Stahlmarkern und andererseits auf klinischen Datensätzen mit variierenden Metallartefakten getestet.

Zu den hier getesteten 1D-Interpolationen zählen die lineare Interpolation (LI) (siehe Kapitel 5.2.1.1), die Hermite-Interpolation (HI) (siehe Kapitel 5.2.1.2), die Spline-Interpolation (SPI) (siehe Kapitel 5.2.1.3) und die linear-senkrechte Interpolation (LSI) (siehe Kapitel 5.2.2.1). Bei den ersten drei Verfahren handelt es sich um Interpolationen innerhalb einer Projektion, aufgenommen unter einem festen Winkel. Die letzte

1D-Methode, die LSI, interpoliert immer senkrecht auf der Spur der inkonsistenten Projektionen in den aufgenommenen Sinogrammen.

Betrachtet man die Gesamtauswertung aller 1D-Interpolationsverfahren der unterschiedlichen getesteten Datensätze im Vergleich, so schneidet von diesen die SPI in Kombination mit der FBP am schlechtesten bezüglich ihrer Eignung zur MAR in CT-Bildern ab. Die beste 1D-Interpolationsmethode stellt die LSI dar.

Das gute Abschneiden der LSI ist jedoch abhängig von der Lage des Metallobjektes. Je zentraler die Position des Metallobjektes innerhalb der Schnittebene, beziehungsweise des Objektes ist, desto schlechter schneidet das Verfahren ab.

Einzig bei sehr kleinen Lücken innerhalb der aufgenommenen Rohdaten (vgl. klinischer Datensatz: Hüfte 4) ist eine Verwendung der 1D-Interpolationsverfahren generell als sinnvoll anzusehen. In diesem Fall lassen sich schon mit einfachen 1D-Interpolationsmechanismen die Kanten innerhalb der Sinogrammdaten sinnvoll verbinden und hierdurch ein insgesamt geeignetes Schließen der Lücke erzielen.

Die 1.5D-Interpolationsmethoden stellen eine Weiterentwicklung der 1D-Methode der LSI dar. Sie basieren auf der Idee, die Richtungsinformationen, die in den inkonsistenten Projektionen umgebenden Sinogrammdaten enthalten sind, zur Bestimmung der Interpolationsrichtung und somit schließlich zum Schließen der Lücke zu verwenden. Hierzu wird daher die 2D-Information der umliegenden Kanteninformationen, enthalten in den umliegenden Projektionen, verwendet, um die Interpolationsrichtung zu bestimmen. Anschließend wird in dieser Richtung eine 1D-Interpolation durchgeführt, so dass insgesamt dieses Verfahren als 1.5D-Interpolationsmethode bezeichnet wird. Insgesamt wurden zwei 1.5D- Methoden getestet, die Gradienten-basierte Interpolation (GBI) (siehe Kapitel 5.3.1) und die Hough-basierte Interpolation (HBI) (siehe Kapitel 5.3.2).

Die GBI verwendet zur Bestimmung der Interpolationsrichtung den Median bzw. Mittelwert der Senkrechten auf das Gradientenvektorfeld. Hierbei wurde gezeigt, dass eine Medianberechnung der Gradienten der des Mittelwertes überlegen ist. Der Median ist nicht so sensitiv gegenüber Ausreißern und kann diese gut eliminieren. Eine abschließende Glättung des gesamten GB-Interpolationsergebnisses mit einem Medianfilter sorgt des Weiteren dafür, dass verbleibende Unstetigkeitsstellen eliminiert werden.

Die in dieser Arbeit neu entwickelte Strategie der HBI hingegen nutzt die gesamte Kanteninformation zur Berechnung der Interpolationsrichtung und führt hierdurch zu sehr guten Ergebnissen bei der Restauration der Sinogrammdaten und den rekonstruierten CT-Bildern. Insgesamt lassen sich die Metallartefakte auf diese Weise gut reduzieren. Eine kantenerhaltende Interpolation mit der HBI führt insgesamt mit zu den besten hier erzielten Resultaten.

In allen Fällen, bei denen die Kanten nicht durch die verwendete Interpolationsform erhalten werden, entstehen neue Artefakte im rekonstruierten CT-Bild. Diese könne durch Verwendung der λ-MAP-Rekonstruktion weiter reduziert, jedoch nicht eliminiert werden.

Im Fall der PDE-basierten 2D-Interpolation (siehe Kapitel 5.4.1) wurden insgesamt drei verschiedene Ansätze getestet. Das Image-Inpainting (II) nach Bertalmio (siehe Kapitel 5.4.1.1), die ρ-Curvature-Driven-Diffusion (CDD) (siehe Kapitel 5.4.1.3), eine Weiterentwicklung des CDD-Verfahrens nach Chen sowie eine Kombination dieser beiden Verfahren, das Eulers-Elastica (EE) (siehe Kapitel 5.4.1.5) nach Chen. Alle diese iterativen Verfahren konvergieren auf Grund einer sehr kleinen Schrittweite nur sehr langsam. Es wurde gezeigt, dass durch eine in dieser Arbeit entwickelte modifizierte Form dieser Algorithmen, beruhend auf einer Vorwissens-basierten Ergänzung der Sinogrammdaten im Vorfeld der 2D-Methoden, eine deutliche Beschleunigung und somit eine Reduktion der benötigten Iterationsanzahl erzielt werden kann (siehe Kapitel 5.4.1).

Betrachtet man diese drei getesteten Verfahren im Vergleich, so führt nur das EE-Verfahren zu guten Restaurationsergebnissen. Einzig im Fall der Hüfte 2, einer beidseitigen Hüftprothese auf Höhe des Hüftknochens und somit dem größten getesteten Datenverlust, kann das EE-Verfahren nicht überzeugen. Hierbei zeigt sich, dass das Problem der MAR insbesondere für große Metallobjekte und der dadurch bedingten breiteren Lücke in den Sinogrammdaten weiterer Forschung bedarf.

Im Gesamtvergleich aller verwendeten Interpolationsverfahren zeigt sich, dass der Erhalt der Kanteninformationen in den reparierten Rohdaten eine zentrale Rolle für die Qualität der MAR spielt. Je besser die Kanten durch die Interpolation erhalten werden, desto besser fällt das MAR-Ergebnis aus. Dies führt des Weiteren dazu, dass der Gewichtungsfaktor λ während der λ-MAP-Rekonstruktion umso höher gewählt werden kann. Außerdem kann im Fall einer guten Wiederherstellung der Kanten bereits mit der FBP ein gutes Resultat in der CT-Bildrekonstruktion erzielt werden.

Abschließend lässt sich feststellen, dass einzig die beiden kantenerhaltenden Verfahren zur MAR, die HBI und das EE, in dieser Arbeit überzeugen. Diese beiden Reparaturmechanismen berücksichtigen beide die Strukturen innerhalb der Sinogrammdaten und vervollständigen diese weitestgehend kantenerhaltend.

Zusammenfassend kann somit festgestellt werden, dass mit Hilfe der hier präsentierten MAR-Strategien das Problem der Metallartefaktreduktion in CT-Bildern nicht vollständig gelöst werden konnte. Es wurde gezeigt, dass je größer das Metallobjekt in den aufgenommenen Schnittbildern ist, umso größer ist das zu lösende Problem. Ebenfalls erhöht sich mit steigender Anzahl der Metallobjekte die Komplexität des Problems. In der hier vorgestellten Arbeit wurden unterschiedliche Interpolations-basierte Verfahren zur MAR evaluiert, die mehr oder weniger zufriedenstellende Gesamtresultate liefern. Eine zusätzliche Gewichtung innerhalb der iterativen λ-MAP-Rekonstruktion führt zu einer weiteren Reduktion der Entropie und zu einem verbesserten Endergebnis. Offenbar ist das λ-MAP-Verfahren insgesamt besser zur Rekonstruktion der reparierten Sinogrammdaten geeignet als die klassisch verwendete FBP. Insgesamt liegt der Erfolg der unterschiedlichen Verfahren in ihrer Fähigkeit, die umliegenden Strukturen sinnvoll und vollständig in die Lücke fortzusetzen.

11

Ausblick

Zu den wesentlichen Erkenntnissen dieser Arbeit zählt die Tatsache, dass die konsistente Fortsetzung der Kanteninformation in die vorhandenen Lücken innerhalb der aufgenommenen Sinogrammdaten eine zentrale Rolle für den Erfolg der MAR in den CT-Bildern darstellt. Je besser das angewendete Interpolationsverfahren in der Lage ist, diese Kanten sinnvoll fortzusetzen und hierdurch zu erhalten, umso artefaktfreier erscheint letztendlich das CT-Rekonstruktionsergebnis. Falsch verbundene Kanten führen hingegen zu neuen Streifenartefakten im rekonstruierten Bild, die sich vorzugsweise zwischen der Position der Metallobjekte und vorhandenen Kanten im Bild ausbilden.

Innerhalb der hier vorgestellten Interpolationsmechanismen waren die HBI- sowie das EE-Verfahren in der Lage, dieser Forderung der Kantenerhaltung weitestgehend nachzukommen. Die bessere Methode von diesen beiden stellt jedoch die HBI dar. Ein denkbarer Schritt wäre folgend die Kombination dieser beiden Verfahren. So könnten in einem ersten Schritt dominante Kanten innerhalb der Sinogammdaten mit der HBI vervollständigt werden und abschließend die verbleibenden Lücken an Stelle mit der anisotropen Diffusion unter Verwendung des EE-Verfahrens geschlossen werden. Hierdurch lässt sich erhoffen, dass eine weitere Verbesserung des Endergebnisses und damit der MAR erzielt werden kann.

Eine Weiterentwicklung der HBI sowie des EE in den 3D-Raum stellt ebenfalls eine sehr vielversprechende Option dar. Insbesondere bei großen Metallobjekten hat sich gezeigt, dass die hier vorgestellten Restaurationsmethoden nicht zu einem vollkommen zufriedenstellenden Endresultat in der Restauration der Sinogrammdaten führen. Eine Erweiterung dieser Verfahren in den 3D-Raum ermöglicht das Einbeziehen nicht nur vollständiger Kanteninformationen sondern die Vervollständigung der Daten auf Grundlage vorhandener Flächeninformationen, die die Lücke, bzw. im 3D-Fall den Schlauch umgeben. Es kann somit erwartet werden, dass diese Erhöhung der Interpolationsdimension eine signifikante Vergrößerung der umliegenden Strukturinformation zur Folge hat und hierdurch eine wesentlich genauere Ergänzung fehlender Informationen auf Grund des zur Verfügung stehenden gesteigerten Informationsgehaltes erreicht wird. Allerdings ist an dieser Stelle ebenfalls zu bedenken, dass hierdurch die Berechnungskomplexität enorm ansteigen wird.

Innerhalb der PDE-basierten Interpolationen wurde durch die in dieser Arbeit eingeführte vorherige Vorwissen-basierte Vervollständigung der Sinogrammdaten eine Beschleunigung der iterativen Berechnung erreicht. Es ist zu vermuten, dass diese Verfahren noch weiter beschleunigt werden können, indem man sie mit der von Müller in [115] beschriebenen Normierung der Sinogrammdaten im Vorfeld der Restauration kombiniert. Diese Weglängennormierung bewirkt, dass die extremen Höhen und Tiefen innerhalb der Daten angeglichen werden. Hierdurch wird der Unterschied der die Lücke umgebenden Informationen verkleinert und die zu füllende Lücke könnte somit schneller verschlossen werden.

Abkürzungsverzeichnis

ART	Algebraic Reconstruction Technique; Algebraisches Rekonstruktionsverfahren
CDD	Curvature-Driven-Diffusion
CT	Computertomographie
EE	Eulers-Elastica
FBP	Filtered Back Projection; gefilterte Rückprojektion
GBI	Gradienten-basierte-Interpolation
GF	Gaußfilter
HBI	Hough-basierte-Interpolation
HU	Hounsfield Units; Hounsfield-Einheiten
II	Image-Inpainting
KI	Klassische Interpolation
LSI	Linear-senkrechte-Interpolation
MAP	Maximum-A-Posteriori
MAR	Metallartefaktreduktion
MF	Medianfilter
MLEM	Maximum-Likelihood-Expectation-Maximization
MRF	Markov Random Field
MRT	Magnetresonanztomographie
OSEM	Ordered-Subset-Expectation-Maximization

PDE	Partial Differential Equation; partielle Differentialgleichungen
PET	Positronen-Emissions-Tomographie
PI	Polynomiale Interpolation
RF	relativer Fehler
RMS	Root Mean Square; Wurzel aus dem quadratische Mittel
SAD	Summe der absoluten Differenzen
SNR	Signal to Noise Ratio; Signal- zu Rauschverhältnis
SPECT	Single-Photonen-Emissions-Tomographie
SPI	Spline-Interpolation
TV	Total Variation; Totale Variation

Literaturverzeichnis

[1] A. J. Duerinckx and A. Markovski. Nonlinear polychromatic and noise artifacts in x-ray computed tomography images. *Journal of Computer Assisted Tomography*, 3:519–526, 1979.

[2] A. J. Duerinckx and A. Markovski. Polychromatic streak artifacts in computed tomography images. *Journal of Computer Assisted Tomography*, 2:481–487, 1978.

[3] P. M. Joseph and R. D. Spital. A method for correcting bone induced artifacts in computed tomography scanners. *Journal of Computer Assisted Tomography*, 2:100–108, 1978.

[4] P. M. Joseph and C. A. Ruth. A method for simultaneous correction of spectrum hardening artefacts in CT images containing both bone and iodine. *Medical Physics*, 24:1629–1634, 1997.

[5] D. D. Robertson and H. K. Huang. Quantitative bone measurements using x-ray computed tomography with second order correction. *Medical Physics*, 13:474–479, 1986.

[6] J. M. Meagher, C. D. Mote, and H. B. Skinner. CT image correction for beam hardening using simulated projection data. *IEEE Transactions on Nuclear Science*, 37:1520–1524, 1990.

[7] G. H. Glover and N. J.Pelc. Nonlinear partial volume artefacts in x-ray computed tomography. *Medical Physics*, 7:238–248, 1980.

[8] P. M. Joseph and R. D. Spital. The effects of scatter in X-ray computed tomography. *Medical Physics*, 9:464–472, 1982.

[9] G. H. Glover. Compton scatter effects in CT reconstructions. *Medical Physics*, 9:860–867, 1982.

[10] B. De Man, J. Nuyts, P. Dupont, G. Marchal, and P. Suetens. Metal streak artifacts in x-ray computed tomography: A simulation study. *IEEE Transactions on Nuclear Science*, 46:691–696, 1999.

[11] B. De Man. *Iterative reconstruction for reduction of metal artifacts in computed tomography*. PhD thesis, University of Leuven, 2001.

[12] G. H. Glover and N. H. Pelc. An algorithm for the reduction of metal clip artifacts in CT reconstructions. *Medical Physics*, 8:799–807, 1981.

[13] R. M. Lewitt and R. H. T. Bates. Image reconstruction from projections III: Projection completion methods (theory). *Optik*, 50(3):189–204, 1978.

[14] T. Hinderling, P. Rügersegger, M. Anliker, and C. Dietsschi. Computed tomography reconstruction from hollow projections. An application to in vivo evaluation of artificial hip joints. *Journal of Computer Assisted Tomography*, 3:52–57, 1979.

[15] P. Seitz and P. Rüegsegger. CT bone densitometry of the anchorage of artificial knee joints. *Journal of Computer Assisted Tomography*, 9:621–622, 1985.

[16] J. C. Roeske, C. Lund, C. A. Pelizzari, X. Pan, and A. J. Mundt. Reduction of computed tomography metal artifacts due to the Fletcher-Suit applicator in gynecology patients recieving intracavitary brachytherapy. *Brachytherapy*, 2:207–214, 2003.

[17] M. Yazdia, L. Gingras, and L. Beaulieu. An adaptive approach to metal artifact reduction in helical computed tomography for radiation therapy treatment planning: Experimental and clinical studies. *International Journal of Radiation Oncology - Biology - Physics*, 62(4):1224–1231, 2005.

[18] J. Gu, L. Zhang, G. Yu, Y. Xing, and Z. Chen. X-ray CT metal artifact reduction through curvature based sinogram inpainting. *Journal of X-Ray Science and Technology*, 14:73–82, 2006.

[19] B. Kratz and T. M. Buzug. Metal Artifact Reduction in Computed Tomography Using Nonequispaced Fourier Transform. In *Proceedings of the IEEE Nuclear Science Symposium and Medical Imaging Conference*, pages 2720–2723, 2009.

[20] S. Zaho, D. D. Robertson, G. Wang, B. Whiting, and K. T. Bae. X-ray CT metal artifact reduction using wavelets: An application for image total hip protheses. *IEEE Transactions on Medical Imaging*, 19:1238–1247, 2000.

[21] S. Zaho, K. T. Bae, B. Whiting, and G. Wang. A wavelet method for metal artifact reduction with multiple metallic objects in the field of view. *Journal of X-Ray Science and Technology*, 10:67–76, 2002.

[22] G. Wang, D. L. Snyder, J. A. Sullivan, and M. W. Vannier. Iterative debluring for CT metal artefact reduction. *IEEE Transactions on Medical Imaging*, 15:657–664, 1996.

[23] D. D. Robertson, J. Yuan, G. Wang, and M. W. Vannier. Total hip prosthesis metal-artifact suppression using iterative debluring reconstruction. *Journal of Computer Assisted Tomography*, 21:293–298, 1997.

[24] O. Watzke and W. Kalender. A pragmatic approach to metal artifact reduction in CT: merging of metal artifact reduced images. *European Journal of Radiology*, 14:849–865, 2004.

[25] M. Bal and L. Spies. Metal artifact reduction in CT using tissue-class modeling and adaptive prefiltering. *Medical Physics*, 33(8):2852–2859, 2006.

[26] K. Y. Jeong and J. B. Ra. Reduction of artifacts due to multiple metallic objects in computed tomography. In *Proceedings SPIE Medical Imaging 2009*, volume 7258, 2009.

[27] C. Lemmens, D. Faul, and J. Nuyts. Supression of metal artifacts in CT using a reconstruction procedure that combines MAP and projection completion. *IEEE Transactions on Medical Imaging*, 28(2):250–260, 2009.

[28] H. K. Tuy. A post-processing algorithm to reduce metallic clip artifacts in CT images. *European Journal of Radiology*, 3:129–134, 1981.

[29] M Hahn. *Verfahren zur Metallartefaktreduktion und Segmentierung in der medizinischen Computertompgraphie.* PhD thesis, Universität Karlsruhe, Fakultät für Informatik, 2005.

[30] H. Morneburg. *Bildgebende Systeme für die medizinische Diagnostik.* Siemens, 1995.

[31] O. Dössel. *Bildgebende Verfahren in der Medizin.* Springer, 2000.

[32] Th. Laubenberger and J. Laubenberger. *Technik der medizinischen Radiologie.* 1994.

[33] T. M. Buzug. *Computed Tomography: From Photon Statistics to Modern Cone-Beam CT.* Springer-Verlag, 2008.

[34] J. Radon. Über die Bestimmung von Funktionen durch ihre Integralwerte längs gewisser Mannigfaltigkeiten. *Bericht der Sächsischen Akademie der Wissenschaft*, 69:262–267, 1917.

[35] M. Kachelrieß. *Reduktion von Metallartefakten in der Röntgen-Computertomographie.* PhD thesis, Universität Erlangen, 1998.

[36] ICRU. Tissue substitutes in radiation dosimetry and measurements. Technical report 44, International Commisison on Radiation Units and Measurements, Bethesda, MD, 1989.

[37] W. Kalender, R. Hebel, and J. Ebersberger. Reduction of CT artifacts caused by metallic implants. *Radiology*, 164(2):576–577, 1987.

[38] W. A. Kalender. *Computertomographie.* Pulicis NCD Verlag, 2000.

[39] P Sukovic and N. H. Clinthorne. Penalized weighted least squares as a metal streak artifacts removal technique in computed tomography. In *Nuclear Science Symposium Conference Record*, volume 3, pages 23/49 – 23/52, 2000.

[40] C. H. Yan, R.T. Whalen, G. S. Beaupre, S. Y. Yen, and S. Napel. Reconstruction

algorithm for polychromatic CT imaging: Application to beam hardening correction. *IEEE Transactions on Medical Imaging*, 19(1):1–11, 2000.

[41] I. A. Elbarki and J. A. Fessler. Statistical image reconstruction for polyenergetic x-ray computed tomography. *IEEE Transactiosn on Medical Imaging*, 21(2):89–99, 2002.

[42] L. Yu, E. Y. Sidky, and X. Pan. A novel method for determining source spectrum/-detector spectral response in x-ray imaging. In *IEEE Nuclear Science Symposium Conference Record, 2003*, volume 4, pages 2964–2967, 2003.

[43] E. Van de Casteele, D. Van Dyck, J. Sijbers, and E. Raman. A bimodal energy model for correcting beam hardening artefacts in X-ray tomography. In *Proceedings of the 29th Anual IEEE Bioengineering Conference 2003*, pages 57–58, 2003.

[44] E. Van de Casteele. *Model-based approach for beam hardening correction and resolution measurements in microtomography*. PhD thesis, University of Antwerpen, 2004.

[45] H. Sun, S. Qiu, S. Lou, J. Liu, C. Li, and G. Jiang. A correction method for nonlinear artifacts in CT imaging. In *Proceedings of the 26th Annual International Conference of the IEEE EMBS*, pages 1290–1293, 2004.

[46] R. Thierry, A. Flisch, A. Miceli, and J. Hofmann. Statistical beam-hardening correction for industrial x-ray computed tomography. In *ECNDT 2006*, 2006.

[47] D. Zerfowski. Motion artifact compensation in CT. In *Proceedings SPIE Medical Imaging 1998: Image Processing*, volume 3338, pages 416–424, 1998.

[48] I. Reitz. *Development and evaluation of a method for scatter correction in kV cone beam computer tomography*. PhD thesis, University of Heidelberg, 2008.

[49] J. August and T. Kanade. Fast streaking artifact reduction in CT using constrained optimization in metal masks. In Springer-Verlag Berlin Heidelberg 2004, editor, *Medicali Imaging Computing and Computer Assisted Intervention- MICCAI 2004*, volume 3217 of *Lecture Notes in Computer Science*, pages 1044–1045, 2004.

[50] T. Li, X. Li, J. Wang, J.Wen, H. Lu, J. Hsieh, and Z. Liang. Nonlinear sinogram smoothing for low-dose x-ray CT. *IEEE Transactions on Nuclear Science*, 51(5):2505–2513, 2004.

[51] R. L. Morin and D. E. Raeside. A pattern recognition method for the removal of streaking artifact in computed tomography. *Radiology*, 141:229–233, 1981.

[52] G. Henrich. A simple computational method for reducing streak artifacts in CT images. *Computerized Tomography*, 4:67–71, 1980.

[53] J. Hsieh. Adaptive streak artifact reduction in computed tomography resulting from exessive x-ray photon noise. *Medical Physics*, 25(11):2139–2147, 1998.

[54] P. J. La Rieviere and D. M. Billmire. Reduction of noise-induced streak artifacts in x-ray computed tomography through spline-based penalized likelihood sinogram smoothing. *IEEE Transactions on Medical Imaging*, 24(1):105–111, 2005.

[55] F. Kehren. *Vollständige iterative Rekonstruktion von dreidimensionalen Positronen-Emissions-Tomogrammen unter Einsatz einer speicherresidenten Systemmatrix auf Single- und Multiprozessor-Systemen.* PhD thesis, Berichte des Forschungszentrums Jülich, Institut für Medizin Jül-3906, 2001.

[56] N. Schramm. *Entwicklung eines hochauflösenden Einzelphotonen-Tomographen für kleine Objekte.* PhD thesis, Berichte des Forschungszentrums Jülich, Zentralinstitut für Elektronik Jül-3841, 2001.

[57] P. Toft. *The Radon transform- Theory and implementation.* PhD thesis, Departement of Mathematical Modelling, Technical University of Denmark, 1996.

[58] S. Kaczmarz. Angenäherte Auflösung von Systemen linearer Gleichungen. *Bull. Acad. Polon. Sci. Lett.*, A35:335–357, 1937.

[59] M. Jiang and Ge. Wang. Development of iterative algorithms for image reconstruction. *Journal of X-Ray Science and Technology*, 10:77–86, 2002.

[60] A. P. Dempster, N. M. Laird, and D. B. Rubin. Maximum likelihood from incomplete data via the EM algorithm. *Journal of the Royal Statistical Society*, B-39(1):1–38, 1977.

[61] K. Sauer and K. Bouman. A local update strategy for iterative reconstruction from projections. *IEEE Transactions on Signal Processing*, 41:534–548, 1993.

[62] C. A. Bouman and K. Sauer. A unified approach to statistical tomography using coordinate descent optimization. *IEEE Transactions on Medical Imaging*, 5:480–491, 1996.

[63] J. M Fitzpatrick. *Handbook of Medical Imaging*, volume 2, chapter 1, pages 1–71. SPIE Press, 2000.

[64] L. A. Shepp and Y. Vardi. Maximum likelihood reconstruction for emission tomography. *IEEE Transactions on Medical Imaging*, 1:113–121, 1982.

[65] K. Lange and R. Carson. EM reconstruction algorithms for emission and transmission tomography. *Journal of Computer Assisted Tomography*, 8:306–316, 1984.

[66] K. Lange, M. Bahn, and R. Little. A theoretical study of some maximum likelihood algorithms for emission and transmission tomograpy. *IEEE Transactions on Medical Imaging*, 6(2):106–114, 1987.

[67] J. Jank, W. Backfriede, H. Bergmann, and K.Kletter. Analyse des Konvergenzverhaltens von Rekonstruktionsalgorithmen anhand lokaler und globaler Parameter. *Medical Physics*, 11:246–254, 2001.

[68] K. Lange and J. A. Fessler. Globally convergent algorithm for maximum a posteriori transmission tomography. *IEEE Transactions on Image Processing*, 4:14430–1438, 1995.

[69] T. Herbert, R. Leahy, and M. Singh. Fast MLE for SPECT using an intermidiate polar representation and a stopping criterion. *IEEE Transactions on Nuclear Science*, 35(1):615–619, 1988.

[70] E. Veklerov and J. Lacer. Stopping rule for the MLE algorithm based on statistcal hypothesis testing. *IEEE Transactions on Medical Imaging*, 6(4):313–319, 1987.

[71] P. J. Green. Bayesian reconstruction from emission tomography data using a modified EM algorithm. *IEEE Transactions on Medical Imaging*, 9:84–93, 1990.

[72] J. A. Fessler. Analytical approach to regularization design for isotropic spatial resolution. In *Nuclear Science Symposium Conference Record*, volume 3, pages 2022 – 2026, 2003.

[73] J. A. Fessler. Penalized weighted least-squares image reconstruction for positron emission tomography. *IEEE Transactions on Medical Imaging*, 13:290–300, 1994.

[74] S. Geman and D. Mc Clure. Bayesian image analysis: An application to single photon emission tomography. In *Proceedings of the Statistical Computing Section of the American Statistical Association*, pages 12–18, Washington D.C., 1985.

[75] J. Besag. On the statistical analysis of dirty pictures. *Journal of the Royal Statistics Socoiety / Applied Statistics*, 48(3):259–302, 1986.

[76] S. Geman and D. Geman. Stochastic relaxation, Gibbs distributions and the Bayesian restoration of images. *IEEE Transaction on Pattern Analysis and Machine Intelligence*, 6:721–741, 1984.

[77] T. Herbert and R. Leahy. A generalized EM algorithm for 3D Bayesian reconstruction from Poisson data using Gibbs priors. *IEEE Transactions. on Medical Imaging*, 8:194–202, 1989.

[78] R. Kindermann and J. L. Snell. *Markov random fields and their applications.* American Mathematical Society, Providence, R: I., 1980.

[79] B. Mayr. Zufällige Markov-Felder und Gibbs-Potentiale, 2006.

[80] E. Pelikan und R. Repges T. Lehmann, W. Oberschlep. *Bildverarbeitung für die Medizin.* Springer; Berlin, 1997.

[81] B. De Man and S. Basu. Generalized Geman prior for iterative reconstruction. In *Proceedings of Biomedizinische Technik 2005*, volume 50(1), pages 358–359, 2005.

[82] K. Lange. Conevergence of EM image reconstruction algorithms with Gibbs priors. *IEEE Transactions on Medical Imaging*, 9:439–446, 1990.

[83] S. Saquib, C. A. Bouman, and K. Sauer. ML parameter estimation for Markov random fields with apllications to Bayesian tomography. Technical Report TR-ECE95-24, School of Electrical and Computer Engineering; Purdue University, Westlafayette, IN 47907, 1995.

[84] C Bouman and K. Sauer. A generalized gaussian image model for edge preserving MAP-estimation. *IEEE Transactions on Image Processing*, 2(3):296–310, July 1993.

[85] D. Yu and J. A. Fessler. Edge-preserving tomographic reconstruction with nonlocal regularization. *IEEE Transactions on Medical Imaging*, 21(2):159–173, February 2002.

[86] J. A. Fessler, E. P. Ficaro, N. H. Clintgorne, and K. Lange. Grouped - coordinate ascent algorithm for penalized-likelihood transmission image reconstruction. *IEEE Transactions on Medical Imaging*, 16(2):166–175, 1997.

[87] E. U. Mumcuoglu, R. M. Leahy, and S. R. Cherry. Bayesian reconstruction of PET images: methodology and performance analysis. *Physics in Medicine and Biology*, 41:1777–1807, 1996.

[88] Y. Chen, J. Ma, Q.. Feng, L. Luo, P. Shi, and W. Chen. Nonlocal prior Bayesian reconstruction. *Journal of Mathematical Imaging and Vision*, 30:133–146, 2008.

[89] I.-T. Hsiao, A. Rangarajan, and G. Gindi. A new convex edge-preserving median prior with application to tomography. *IEEE Transactions on Medical Imaging*, 2(5):580–585, May 2003.

[90] J. Nuyts, D. Beque, P. Dupont, and L. Mortelmans. A concave prior penalizing relative differneces for maximum-a-posteriori reconstruction in emission tomography. *IEEE Transactions on Nuclear Science*, 49(1):56–60, February 2002.

[91] P. Charbonnier, L. Blanc-Feraud, G. Aubert, and M. Barlaud. Deterministic edge-preserving regularization in computed imaging. *IEEE Transactions on Image Processing*, 6(2):298–311, February 1997.

[92] H. M. Hudson and R. S. Larkin. Accelerate image reconstruktion using ordered subsets of projection data. *IEEE Transactions on Medical Imaging*, 13(4):601–609, 1994.

[93] H. Erdogan, G. Gualtieri, and J. A. Fessler. Ordered subsets algorithm for transmission tomography. *Physics in Medicine and Biology*, 44:2835–2851, 1999.

[94] Computerized Imaging Reference Systems (CIRS) Inc., 2009.

[95] T. Rohlfing, D. Zerfowski, J. Beier, P. Wust, N. Hosten, and R. Felix. Reduction of metal artifacts in computed tomographies for the planning and simulation of radiation therapy. In *Proceedings of the 12th International Symposium: Computer Assisted Radiology and Surgery 1998*, 1998.

[96] N. Harmati, R. B. Staron, K. Mazel-Sperling, K. Freeman, E. L. Nickoloff, C. Barax, and F. Feldman. CT scans through metal scanning technique versus hardware composition. *Computerized Medical Imaging and Graphics*, 18(6):429–434, 1994.

[97] J. A. Veiga-Pires and M. Kaiser. Artefacts in CT scanning. *The British Journal of Radiology*, 523:189–204, 1979.

[98] N. A. Ebraheim, R. Coombs, J. J. Rusin, and W. T. Jackson. Reduction of postoperative CT artifacts of pelvic fractures by use of titanium implants. *Orthopedics*, 13:1357–1358, 1990.

[99] D. D. Robertson and P. J. Weiss. Evaluation of CT techniques for reducing artifacts in the presence of metallic orthopedic implants. *Journal of Computer Assisted Tomography*, 12(2):236–241, 1988.

[100] D. D. Robertson, D. Magid, R. Poss, E. K. Fishman, A. F. Brooker, and C. B. Sledge. Enhanced computed tomographic techniques for the evaluation of total hip arthoplasty. *The journal of arthoplasty*, 4(3):271–276, 1989.

[101] D. Zerfowski. Kompensation von Metallartefakten in der Computertomographie. In *Proceedings of the Workshop: Bildverarbeitug für die Medizin 1998*. Springer, 1998.

[102] W. J. H. Veldkamp, R. M. S. Joermai, A. J. van der Molen, and J. Geleijns. Development and validation of segmentation and interpolation techniques in sinograms for metal artifact suppression in CT. *Medical Physics*, 37(2):620–628, February 2010.

[103] A. H. Mahnken, R. Raupach, J.E. Wildberger, B. Jung, N. Heussen, T. G. Flohr, R. W. Günther, and S. Schaller. A new algorithm for metal artifact reduction in computed tomography. *Investigative Radiology*, 38:769–775, 2003.

[104] M. Yazdi and L. Beaulieu. A novel approach for reducing metal artifacts due to metallic dental implants. In *IEEE Nuclear Science Symposium Conference Record 2006*, pages 2260–2263, 2006.

[105] J. J. Liu, S. R. Watt-Smith, and S. M. Smith. CT reconstruction using FBP with sinusodial amendment for metal artifact reduction. In *Proceedings of the 7th Image Computing Techniques and Applications*, pages 439–447, Sydney, 2003.

[106] J. J. Liu, S. R. Watt-Smith, and S. M. Smith. Reconstruction of computed tomography with metal implants. In *Procceedings of the 27th Annual International Conference of the IEEE Engineering in Medicine and Biology 2005*, 2005.

[107] X. Duan, L. Zhang, Y. Xiao, J. Chen, Z. Chen, and Y Xing. Metal Artifact Reduction in CT images by Sinogram TV Inpainting. In *2008 IEEE Nuclear Science Symposium Conference Record*, pages 4175–4177, 2008.

[108] H. Xue, L Zhang, Y. Xiao, Z. Chen, and Y. Xeng. Metal artifact reduction in dual energy CT by sinogram segmentation based on active contour model and TV

inpainting. In *2009 IEEE Nuclear Science Symposium Conference Record*, pages 904–908, 2009.

[109] M. Kachelrieß, O. Watzke, and W. A. Kalender. Generalized multi dimensional adaptive filtering for conventional and spiral single-slice, multi-slice, and cone-beam CT. *Medical Physics*, 28(4):475–490, 2001.

[110] J. August. Decoupling the equations of regularized tomography. In *Proceedings of the IEEE International Symposium on Biomedical Imaging*, pages 653–656, 2002.

[111] B. De Man, J. Nuyts, P. Dupont, G. Marchal, and P. Suedtens. Reduction of metal streak artefacts in x-ray computed tomography using transmission maximum a posteriori algorithm. *IEEE Transactions on Nuclear Science*, 47:977–981, 2000.

[112] B. De Man, J. Nuyts, P. Dupont, G . Marchal, and P. Suetens. An iterative maximum-likelihood polychromatic algorithm for CT. *IEEE Transactions on Medical Imaging*, 23(4):401–412, 2001.

[113] J. Nuyts and S. Stroobants. Reduction of attenuation correction artifacts in PET-CT. In *IEEE Nuclear Science Symposium Conference Record 2005*, volume 4, page 5pp., 2005.

[114] C. Lemmens, D. Faul, J. Hamill, S. Strrbants, and J. Nuyts. Supression of metal streak artifacts in CT using a MAP reconstruction procedure. In *IEEE Nuclear Science Symposium and Medical Imaging Conference Record 2006*, 2006.

[115] J. Müller and T. M. Buzug. Intersection line length normalization in CT projection data. In *Bildverarbeitung für die Medizin*, pages 77–81, Berlin, 2008. Springer.

[116] Esther Meyer, Frank Bergner, Rainer Raupach, Thomas Flohr, and Marc Kachelrieß. Normalized Metal Artifact Reduction (NMAR) in Computed Tomography. In *Proceedings of the IEEE Nuclear Science Symposium and Medical Imaging Conference 2009*, volume M09-206, pages 3251–3255, 2009.

[117] M. Oehler. Maximum-Likelihood Rekonstruktionsverfahren in der Computertompographie zur Reduktion von Metallartefakten, 2005.

[118] M. Knorrenschild. *Numerische Mathematik*. Fachbuchverlag Leipzig, 2005.

[119] W. Schweizer. *MATLAB kompakt*. Oldenbourg Wissenschaftsverlag, 2006.

[120] M. Bender and M. Billmire. *Computergrafik: Eine anwendungsorientiertes Lerhrbuch*. Hanser, 2006.

[121] M. Bertram, G. Rose, D. Schäfer, J. Wiegert, and T. Aach. Directional interpolation of sparsely sampled cone-beam CT sinogram data. In *Proceedings of the IEEE International Symposium on Biomedical Imaging*, pages 928–931, 2004.

[122] P. V. C. Hough. Method and means for recogcognizing complex patterns, December 1962.

[123] Patentanmeldung DE 102010 054 158 A1 2012.06.14, Verfahren zur Dateninterpolation in zweidimensionalen Bildern. Angemeldet am 10. Dezember 2010, veröffentlicht am 14. Juni 2012, Anmelder: Universität zu Lübeck, Erfinder: May Oehler und Thorsten M. Buzug , 2010.

[124] P. Perona and J. Malik. Scale-space and edge detection using anisotropic diffusion. *IEEE Transactions on Pattern Analysis and Machine Intelligence*, 12(7):629–639, 1990.

[125] T. Chan and J. Shen, editors. *Image Processing and Analysis: Variational, PDE and Stochastical Methods*. SIAM, 2005.

[126] N. Paragios, Y. Chen, and O. Faugeras, editors. *Handbook of Mathematical Models in Computer Vision*. Springer, 2006.

[127] M. Bertalmio and G. Sapiro. Image inpainting. In *Computer Graphics; SIGGRAPH 2000*, pages 417–424, 2000.

[128] T. Chan and J. Shen. Non-texture inpainting by curvature-driven diffusions. *Journal of Visual Communication and Image Representation*, 12(4):436–449, 2001.

[129] C. Ballester, M. Bertalmio, V. Caselles, G. Sapiro, and J. Verdera. Filling-in by joint interpolation of vector fields and gray levels. *IEEE Transactions on Image Processing*, 10(8):1200–1211, 2001.

[130] T. Chan, S. Kang, and J. Shen. Eulers elastica and curvature based inpaintings. *SIAM Journal on Applied Mathematics*, 63(2):564–592, 2003.

[131] T. F. Chan, A. M. Yip, and F. E. Park. Simultaneous total variation image inpainting and blind deconvolution. Technical report, UCLA CAM Report 04-45, 2004.

[132] T. Chan and J. Shen. Variational image inpainting. *Communications in Pure and Applied Mathematics*, 58(5):579–619, 2005.

[133] R. F. Chan and J. Shen. Morphologically invariant PDE inpainting. Technical report, UCLA CAM Report 01-15, 2001.

[134] T. F. Chan, J. Chen, and H. Zhou. Total variation wavelet inpainting. *Journal of Mathematical Imaging and Vision*, 25:107–125, 2006.

[135] S. Esedoglu and J. Shen. Digital inpainting based on the Mumford-Shah-Euler image model. *European Journal of Applied Mathematics*, 13:3353–379, 2002.

[136] J. A. Dobrosotskaya and A. L. Bertozzi. A Wavelet-Laplace variational technique for image deconvolution and inpainting. *IEEE Transactions on Imge Processing*, 17(5):557–663, 2008.

[137] S. Osher, A. Sole, and L. Vese. Image decpomposition, image restoration and texture modelling using total variation minimization and the H^{-1} Norm. In *Pro-*

ceedings of the IEEE International Conference on Image Processing, 2003 (ICIP 2003), volume 1, pages 689–692, 2003.

[138] A. Rares, M. J. T. Reinders, and J. Biemond. Edge-based image restoration. *IEEE Transactions on Image Processing*, 14(10):1454–1468, 2005.

[139] L. Demanet, B. Song, and T. F. Chan. Image inpainting by correspondence maps: a deterministic approach. Technical report, UCLA CAM Report 03-40, 2003.

[140] M. Sznaier and O. Camps. A Hankel operator approach to texture modelling and inpainting. In *Proceedings of the 4th International Workshop on Texture Analysis and Synthesis*, pages 125–130, 2005.

[141] C. Allene and N. Paragois. Image renaissance using discrete optimization. In *Proceedings of the18th International Conference on Pattern Recognition, 2006. ICPR 2006*, pages 631–634, 2006.

[142] M. Bertalmio, V. Caselles, B. Rouge, and A. Sole. TV based image restoration with local constraints. *Journal of Scientific Computing*, 19:95–122, 2003.

[143] A. Criminsi, P. Perez, and K. Toyana. Object removal by exempalr based inpainting. In *Proceedings of the IEEE Computer Vision and Pattern Recognition 2003*, volume 2, pages 721–728, 2003.

[144] S. D. Rane, G. Sapiro, and M. Bertalmio. Structure and texture filling-in of missing image blocks in wireless transmission and compression applications. *IEEE Transactions on Image Processing*, 12(3):296–303, 2003.

[145] J. Shen. Inpainting and the fundamental problem of image processing. *SIAM News*, 36(5):1–4, 2003.

[146] M. Bertalmio, A. L. Bertozzi, and G. Sapiro. Navier-Stokes, fluid dynamics, and image and video inpainting. In *IEEE Computer Society Conference on Computer Vision and Pattern Recognition (CVPR 2001)*, volume 1, 2001.

[147] W. Au and R. Takei. Image inpainting with the Navier-Stokes equations. Technical report, UCLA APMA Report 930, 2002.

[148] Y. R. Tsai and S. Osher. Total variation and level set methods in total variation in image science. *Acta Numerica*, pages 1–61, 2005.

[149] Alexei A. Efros and Thomas K. Leung. Texture synthesis by non-parametric sampling. In *IEEE International Conference on Computer Vision*, pages 1033–1038, Corfu, Greece, September 1999.

[150] Levin. Learning how to inpaint from global image statistics. In *Proceedings of the 9th IEEE International Conference on Computer Vision, 2003.*, volume 1, pages 305–312, 2003.

[151] L. Rudin, S. Osher, and E. Fatemi. *Nonlinear total variation based noise removal algorithms*, volume 60(1-4). Elsevier Science Publishers B. V, 1992.

[152] D. Mumford and J. Shah. Optimal approximations by piecewise smooth functions and associated variational problems. *Communications on Pure and Applied Mathematics*, 42(5):577–685, 1989.

[153] D. Mumford. *Geometry driven diffusion in computer vision*, chapter The Bayesian rational for energy functionals, pages 141–153. Kluwer Academic, 1994.

[154] S. Masnou and J. M. Morel. Level lines based disocclusion. In *Proceedings of the 5th IEEE International Conference on Image Processing*, 1998.

[155] M. Nitzberg, D. Mumford, and T.Shiota. *Filtering, Segmentation and Depth.* Springer Verlag Berlin, 1993.

[156] T. Chan and J. Shen. Mathematical models for local deterministic inpaintings. *SIAM Journal on Applied Mathematics*, 62(3)(00-11):1019–1043, 2001.

[157] J. Verdera, M. Bertalmio, and G. Sapiro. Inpainting surface holes. In *Proceedings of the International Conference on Image Processing (ICIP 2003)*, pages 903–906, 2003.

[158] S. H. Kang, T. F. Chan, and S. Seoatto. Image inpainting from multiple views. Technical report, UCLA CAM Report 02-31, 2002.

[159] S. Morita. *Adavances in Natural Computation*, volume 4222 of *Lecture Notes in Computer Science*, chapter Three dimensional image inpainting, pages 752–761. Springer Berlin Heidelberg, 2006.

[160] H. Grossauer and O. Scherzer. *Lecture Notes in Computer Sciene*, chapter Using the complex Ginzburg Landau equation for digital inpainting in 2D and 3D, pages 225–236. Springer Heidelberg/ Berlin, 2003.

[161] M. J. Fadili and J.-L. Starck. Inpainting and zooming using sparse representations. *The Computer Journal*, 52(1):64–79, 2007.

[162] R. Courant, K. Friedrichs, and H. Lewy. On the partial difference equations of mathematical physics. *IBM Journal*, pages pp. 215–234, March 1967. English translation of the 1928 German original.

[163] T. Chan, S. Esedoglu, F. Park, and A. Yip. Recent developments in total variation image restoration. In *Mathematical Models of Computer Vision*. Springer Verlag, 2005.

[164] A. Marquina and S. Osher. Explicit algorithms for an new time dependent model based on level set motion for nonlinear deblurring and noise removal. *SIAM Journal of Scientific Computing*, 22(2):387–405, 2000.

[165] J. Weickert. *Anisotropic diffusion in image processing.* PhD thesis, Universität Kaiserslautern, 1996.

[166] P. Mrazek. *Nonlinear diffusion for image filtering and monotonicity enhancement.* PhD thesis, Czech Technical University Technicka 2, 2001.

[167] L. Alvarez, P. L. Lion, and J. M. Morel. Image selective smoothing and edge detection by nonlinear diffusion. *SIAM Journal of Numerical Analysis*, 29(3):845–866, 1992.

[168] L. Alvarez, F. Guichard, P. L. Lions, and J.-M. Morel. Axioms and fundamental equations of image processing. *Archive for Rational Mechanics and Analysis*, 123(3):199–257, 1993.

[169] S. Li and H. Wang. Image Inpainting using Curvatur-Driven Diffusions Based on P-Laplace Operator. In *Fourth International Conference on Innovative Computing, Information and Control*, 2009.

[170] R. Levien. The Elastica: a mathematical history. Technical report, UC Berkeley, EECS-2008-103, 2008.

Aktuelle Forschung Medizintechnik

Herausgeber:

Prof. Dr. Thorsten M. Buzug

Institut für Medizintechnik, Universität zu Lübeck

Themen
Werke aus folgenden Themengebieten werden gerne in die Reihe aufgenommen: Biomedizinische Mikro- und Nanosysteme, Elektromedizin, biomedizinische Mess- und Sensortechnik, Monitoring, Lasertechnik, Robotik, minimalinvasive Chirurgie, integrierte OP-Systeme, bildgebende Verfahren, digitale Bildverarbeitung und Visualisierung, Kommunikations- und Informationssysteme, Telemedizin, eHealth und wissensbasierte Systeme, Biosignalverarbeitung, Modellierung und Simulation, Biomechanik, aktive und passive Implantate, Tissue Engineering, Neuroprothetik, Dosimetrie, Strahlenschutz, Strahlentherapie.

Autorinnen und Autoren
Autoren der Reihe sind in der Regel junge Promovierte und Habilitierte, die exzellente Abschlussarbeiten verfasst haben.

Leserschaft
Die Reihe wendet sich einerseits an Studierende, Promovenden und Habilitanden aus den Bereichen Medizintechnik, Medizinische Ingenieurwissenschaft, Medizinische Physik, Medizinische Informatik oder ähnlicher Richtungen. Andererseits stellt die Reihe aktuelle Arbeiten aus einem sich schnell entwickelnden Feld dar, so dass auch Wissenschaftlerinnen und Wissenschaftler sowie Entwicklerinnen und Entwickler an Universitäten, in außeruniversitären Forschungseinrichtungen und der Industrie von den ausgewählten Arbeiten in innovativen Gebieten der Medizintechnik profitieren werden.

Begutachtungsprozess
Die Qualitätssicherung erfolgt in drei Schritten. Zunächst werden nur Arbeiten angenommen die mindestens magna cum laude bewertet sind. Im zweiten Schritt wird ein Mitglied des Editorial Boards die Annahme oder Ablehnung des Werkes empfehlen. Im letzten Schritt wird der Reihenherausgeber über die Annahme oder Ablehnung entscheiden sowie Änderungen in der Druckfassung empfehlen. Die Koordination übernimmt der Reihenherausgeber.

Kontakt

Prof. Dr. Thorsten M. Buzug
Institut für Medizintechnik
Universität zu Lübeck
Ratzeburger Allee 160
23538 Lübeck, Germany

Tel.: +49 (0) 451 / 500-5400
Fax: +49 (0) 451 / 500-5403
E-Mail: buzug@imt.uni-luebeck.de
Web: http://www.imt.uni-luebeck.de

Abraham-Lincoln-Straße 46
D-65189 Wiesbaden
Tel. +49 (0)6221. 345 - 4301
www.springer-vieweg.de

GPSR Compliance

The European Union's (EU) General Product Safety Regulation (GPSR) is a set of rules that requires consumer products to be safe and our obligations to ensure this.

If you have any concerns about our products, you can contact us on ProductSafety@springernature.com

In case Publisher is established outside the EU, the EU authorized representative is:

Springer Nature Customer Service Center GmbH
Europaplatz 3
69115 Heidelberg, Germany

Zeitfracht Medien GmbH
Ferdinand-Jühlke-Straße 7
99095 Erfurt, Deutschland
produktsicherheit@kolibri360.de